3D打印系列教材

化学工业出版社“十四五”普通高等教育规划教材

3D打印
——Geomagic Design X
逆向建模设计实用教程

（第二版）

刘纪敏　刘然慧　主编

化学工业出版社

·北京·

内容简介

《3D 打印：Geomagic Design X 逆向建模设计实用教程（第二版）》以当今流行的设计软件 Geomagic Design X 2020 为平台阐述了逆向工程的操作基础、模式应用、领域划分、实体建模、曲面建模、建模精灵和建模特征应用，并结合设计案例进行了实际操作演示（扫二维码获取程序文件和视频），具有较强的实际应用价值。

本书可作为高等院校机械制造及其自动化、机械电子工程、材料科学与工程、电机产品逆向设计等专业师生教学用书，也可供广大机械制造、材料成型、医疗器械、服装设计等领域相关专业人员参考。

图书在版编目（CIP）数据

3D打印：Geomagic Design X逆向建模设计实用教程/刘纪敏，刘然慧主编．—2版．—北京：化学工业出版社，2023.3（2024.11 重印）
化学工业出版社“十四五”普通高等教育规划教材
ISBN 978-7-122-42684-0

Ⅰ.①3… Ⅱ.①刘… ②刘… Ⅲ.①快速成型技术-高等学校-教材 Ⅳ.①TB4

中国版本图书馆CIP数据核字（2022）第258721号

责任编辑：刘丽菲　　文字编辑：张瑞霞　沙　静
责任校对：杜杏然　　装帧设计：关　飞

出版发行：化学工业出版社（北京市东城区青年湖南街13号　邮政编码100011）
印　　装：北京缤索印刷有限公司
787mm×1092mm　1/16　印张11½　字数284千字　　2024年11月北京第2版第3次印刷

购书咨询：010-64518888　　售后服务：010-64518899
网　　址：http://www.cip.com.cn
凡购买本书，如有缺损质量问题，本社销售中心负责调换。

定　　价：59.80元

本书编写团队

主　　编：刘纪敏（山东科技大学）

　　　　　刘然慧（山东科技大学）

副 主 编：王旭晖（沈阳职业技术学院）

　　　　　谷连旺（滕州市安川自动化机械有限公司）

　　　　　吴　涛（山东大学）

　　　　　陈　杰（上海大学）

参编人员：段彩云（山东商务职业学院）

　　　　　董　燕（阿克苏职业技术学院）

　　　　　姜文革（潍坊职业学院）

　　　　　陈建荣（江西现代职业技术学院）

　　　　　吕晓军（胶州市职业教育中心学校）

　　　　　孙振全（高密市高级技工学校）

　　　　　邹宗峰（泰安市岱岳区职业教育中心）

　　　　　曹　燕（滨州市教育科学研究院）

　　　　　鲁铭琛（日照市海洋工程学校）

　　　　　周子璇（滕州市安川自动化机械有限公司）

　　　　　徐帆颖（江西现代职业技术学院）

　　　　　刘玲成（滕州市安川自动化机械有限公司）

　　　　　徐继图（鲁中中等专业学校）

　　　　　张　宣（滕州市安川自动化机械有限公司）

　　　　　孟宪志（青岛市财经职业学校）

　　　　　宋成忠（高密市高级技工学校）

　　　　　谷　宏（滕州市安川自动化机械有限公司）

前 言

随着科学技术的飞速发展，传统制造业市场环境发生了巨大变化。一方面由于市场壁垒的淡化或打破，制造商不得不着眼于全球市场的激烈竞争，产品快速研发、设计创新等技术成为企业赢得全球竞争的第一要素；另一方面表现为消费者兴趣的快速转移和消费者需求的日益个性化、多元化和自主化。

党的二十大报告中提出："坚持把发展经济的着力点放在实体经济上，推进新型工业化，加快建设制造强国、质量强国、航天强国、交通强国、网络强国、数字中国。"高端制造业离不开3D打印技术。3D打印逆向建模设计技术的崛起，为产品设计创新提供了一种非常有效的手段。逆向工程是对产品设计过程的一种描述。一般的产品设计是根据产品的用途和功能，设计人员首先构思产品的外形、性能和大致的技术参数，再利用CAD等技术建立产品的三维数字化模型，通过加工制造而最终定型定产，这样的产品设计过程我们称之为"正向设计"。逆向设计则是根据已有的实物，通过激光扫描和点采集等手段，反向推导实物的三维数据和空间几何形状，并通过相关专业设计软件生成图纸，用于生产制造的过程。逆向设计是技术消化、吸收、改进和提高产品功能及质量的重要技术手段，是产品快速创新研发的重要途径。随着3D建模理论的日趋成熟，出现了许多优秀的建模技术与软件，其应用领域也越来越广泛。

本书从逆向工程实际应用的要求出发，注重理论与实践相结合，创新与改进相结合，力求体现坚持基本性，注重应用性，增强适应性等特点。本书参照教育部"三维建模数字化设计制造大赛"和"全国机械行业职业院校技能大赛逆向建模创新设计与制造大赛"的基本要求，努力做到"注重理论、强化实践、通俗易懂、容易吸收"，从而进一步促进教学质量的提高。

本书以当今流行的设计软件Geomagic Design X 2020为平台阐述了逆向工程的操作基础、模式应用、领域划分、实体建模、曲面建模、建模精灵和建模特征应用，并结合设计案例进行了实际操作演示（扫二维码获取程序文件和视频，视频在相关内容处作了图标设计），具有较强的实际应用价值。本书可作为高等院校机械制造及其自动化、机械电子工程、材料科学与工程、电机产品逆向设计等专业师生的教学用书，也可供广大机械制造、材料成型、医疗器械、服装设计等领域相关专业人员参考。本书将产品创新设计与创新性思维培养融为一体，使读者从有趣的实例中领会创新性思维方法的奥秘。

由于编者水平有限，书中难免存在不足之处，敬请广大读者不吝指正。

编者

2022年12月

目 录

第1章 绪 论 / 1

第2章 Geomagic Design X 2020操作基础 / 8

第3章 模式应用 / 24

第4章 领域划分 / 37

第5章 实体建模 / 42

第6章 曲面建模 / 59

第7章 建模精灵 / 73

第8章 建模特征应用 / 89

第9章 案例 / 112

参考文献 / 178

第1章

绪 论

英国《经济学人》杂志在《第三次工业革命》一文中，将3D打印技术作为第三次工业革命的重要标志之一，引发了世人对3D打印的关注。3D打印（3D printing）是制造业领域正在迅速发展的一项新兴技术，运用该技术进行生产的主要流程是：应用计算机软件，设计出立体的加工样式，然后通过特定的成形设备（俗称“3D打印机”），用液化、粉末化、丝化的固体材料逐层“打印”出产品。

3D打印是“增材制造”(Additive Manufacturing）的主要实现形式。“增材制造”的理念区别于传统的“减材制造”。传统数控制造一般是在原材料基础上，使用切割、磨削、腐蚀、熔融等办法，去除多余部分得到零部件，再以拼装、焊接等方法组合成最终产品。而“增材制造”与之截然不同，无需模具，直接根据计算机图形数据，将材料逐层堆积制造出任何形状物体，简化产品的制造程序，缩短产品的研制周期，提高效率并降低成本。这体现了信息网络技术与先进材料技术、数字制造技术的密切结合，是先进制造业的重要组成部分。

1.1 3D打印简介

1.1.1 3D打印定义

3D打印，是一种快速成形技术，它以计算机三维设计模型为蓝本，通过软件分层离散和数控成型系统，利用激光束、热熔喷嘴等方式，将粉末状金属、塑料、陶瓷粉末、细胞组织等特殊的可黏合材料，进行逐层堆积黏结，最终叠加成型，制造出实体产品。通俗地说，就是将液体或粉末等“打印材料”装入打印机，与电脑连接后，通过电脑控制把“打印材料”一层层叠加起来，最终把计算机上的蓝图变成实物。

3D打印通常是采用数字技术材料打印机来实现的。传统制造技术中，一方面，使用模具有助于提高产品的一致性，便于流水线生产，可降低批量生产的成本，但单个模具价格很高、加工周期长。另一方面，由于研发阶段产品外形常需多次调试，研发阶段所用模具无法应用于随后的生产中，故模具的使用也占用较多研发成本。3D打印技术特别适合此类产品的研发，大大缩短研发周期，降低研发成本。

1.1.2 3D 打印所需的关键技术

3D 打印需要依托多个学科领域的尖端技术，至少包括以下几方面。

（1）信息技术，要有先进的设计软件及数字化工具，辅助设计人员制作出产品的三维数字模型，并且根据模型自动分析打印的工序，自动控制打印器材的走向；

（2）精密机械，3D 打印以“每层的叠加”为加工方式，要生产高精度的产品，对打印设备的精准程度、稳定性有较高的要求；

（3）材料科学，用于 3D 打印的原材料有一定要求，必须能够液化、粉末化、丝化，在打印完成后又能重新结合起来，并具有合格的物理、化学性质。

1.1.3 3D 打印的应用领域

3D 打印常在模具制造、工业设计等领域被用于制造模型，现在正逐渐用于一些产品的直接制造，目前，已经有使用这种技术打印而成的零部件。与传统铸造技术相比，3D 打印技术最大的优势在于不需要模具即可实现各种形状产品的制造。因此，3D 打印技术特别适合应用于利用模具铸造困难、形状复杂、个性化强的产品。主要应用于以下领域。

（1）工业制造。在工业领域，工业级 3D 打印机可以打印出汽车、航天器等需要的零部件，如图 1-1 所示，3D 打印技术的应用有效规避了传统零部件研发和检测高投入和长耗时的弊端。如汽车制造前期的零部件研发测试阶段，只是一个小批量生产过程，3D 打印可缩短开发周期、降低研发成本，其快速成型的优势，能够及时对关键的零部件进行可行性测验和调整。

3D 打印在产品概念设计、原型制作、产品评审、功能验证、制作模具原型或直接打印模具、直接打印产品等方面优势突出。目前 3D 打印的小型无人机、小型汽车等概念产品已问世，3D 打印的家用器具模型，也被用于企业的宣传、营销活动中。

（2）建筑工程。在建筑领域，工程师和设计师们已经接受了用 3D 打印机打印的建筑模型，如图 1-2 所示。这种方法速度快、成本低、环境友好，同时制作精美，完全合乎设计者的要求，并能节省大量材料。打印建筑所使用的原理与一般的 3D 打印机基本相同，不过原料却换成了水泥和玻璃纤维的混合物，而这种特殊的建筑材料还可回收利用，大大减轻了建筑废料造成的环境压力。

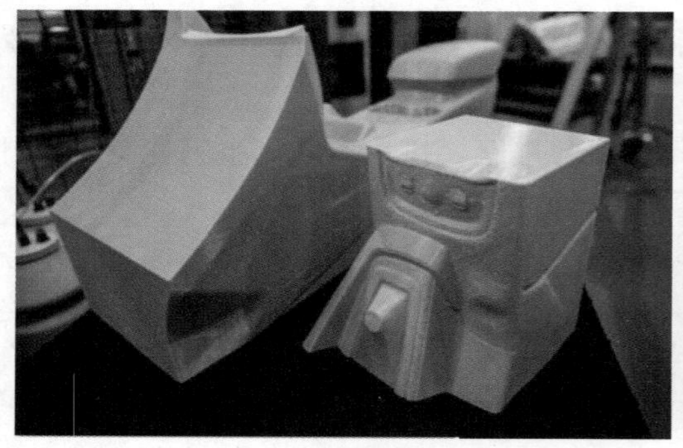

图 1–1 3D 打印的大型一体式汽车零部件

图 1–2 3D 打印技术建造的别墅

（3）生物医疗。生物医疗应用是目前最受关注的下游行业，比较成熟的是骨骼类。牙齿、手臂、下颌骨及关节等都已经在动物身上得到验证并在人体移植上获得成功。

2017 年 7 月，上海长征医院骨肿瘤外科研发团队成功地为一名 28 岁女患者植入了 3D 打印颈椎，如图 1-3 所示。该院为患者实施了 6 节段颈椎切除术，并为她安装上首个全颈椎的 3D 打印人工颈椎椎体，令其颈椎“再生”，这在全世界范围内，无先例报道。该手术的成功实施，标志着中国在超长节段颈椎个体化 3D 打印人工椎体的研究和应用方面迈出了坚实的一步。

此外，3D 打印还成功打印出外骨假肢、头盖骨甚至心脏，如图 1-4 所示为英国某假肢制造企业通过 3D 打印技术制造的仿生肌电手，相比传统肌电手，3D 打印肌电手在价格上具有明显优势，在外观造型上也可以更加灵活地进行定制。

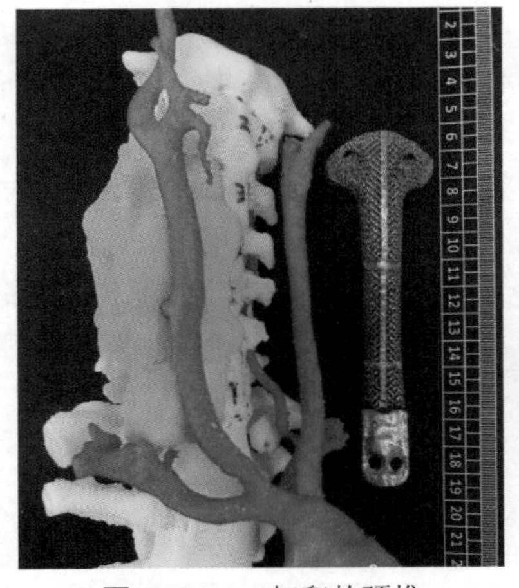

图 1–3　3D 打印的颈椎

图 1–4　3D 打印外骨假肢

（4）消费品。随着桌面级 3D 打印机的销售量持续增长，许多珠宝、服饰、鞋类、玩具、工具、创意作品等都可以由 3D 打印机打印出来，如图 1-5 所示。

（5）航空航天、国防军工。复杂形状、尺寸细微、特殊性能的零部件、机构的直接制造。

（6）文化创意和数码娱乐。形状和结构复杂、材料特殊的艺术表达载体，如图 1-6 所示。科幻类电影《阿凡达》运用 3D 打印塑造了部分角色和道具；3D 打印的小提琴接近了手工制作的水平。

图 1–5　3D 打印服装

图 1–6　3D 技术打印的装饰石窟

（7）教育。模型验证科学假设，用于不同学科实验、教学。

（8）个性化定制。基于网络的数据下载、电子商务的个性化打印定制服务。

1.1.4　3D 打印的主要技术优势

与传统制造相比，3D 打印技术的优势主要体现在以下几方面。

（1）产品制造的复杂程度降低。3D 打印将三维实体变为若干个二维平面，通过对材料处理并逐层叠加进行生产，而传统制造业是通过模具、车铣等机械加工方式对原材料进行定型、切削以最终形成产品，大大降低了制造的复杂度。

（2）生产制造的范围扩大。3D 打印对工艺、机床、人力的要求降低，它直接从计算机图形数据中生成任何形状的零件，使生产制造得以向更广的生产范围延伸，可以造出任何形状的物品。

（3）更大程度满足客户个性化需求。企业可以根据用户订单使用 3D 打印机制造出特别的或定制的产品以满足客户需求。

（4）生产制造效率提高。3D 打印技术可以将制造出一个模型的时间缩短为数个小时，而用传统方法通常需要更长的时间。

（5）提高原材料的利用效率。与传统的金属制造技术相比，3D 打印机制造产品时产生较少的副产品，而随着打印材料的进步，“净成型”制造可能成为更环保的加工方式。

1.2　3D 打印行业现状

目前，3D 打印技术仍处于技术发展阶段。由于受到技术的限制，3D 打印对新的商业模式参与仍较少。整个 3D 打印市场可分为上游 3D 打印原材料、中游 3D 打印机制造、下游 3D 打印服务以及外围技术培训等。

1.2.1　3D 打印材料现状

原材料的发展仍是制约 3D 打印技术广泛应用的主要因素。按照所使用原材料的不同，可将 3D 技术分为金属 3D 打印、高分子 3D 打印、陶瓷 3D 打印、生物 3D 打印等，如表 1-1 所示。其中金属 3D 打印技术多属于工业级，其壁垒远高于高分子 3D 打印，而陶瓷、生物 3D 打印技术仍多处于研发状态。

对于一个较成熟的产业，往往是由下游需求带动上游的供应，继而带动周边产品；而对于技术仍处于发展当中、市场仍待发育的 3D 打印产业来讲，境况有所不同，目前 3D 打印的发展仍然受到 3D 打印原材料发展及 3D 打印机技术发展的制约。可用的原材料，在很大程度上决定了对应可用的 3D 打印技术，进而决定了相关产品可应用于何种领域；某些领域虽然也符合定制化、个性化等特征，但由于其对应的原材料无法在现有的 3D 打印技术下进行加工，市场就无法放开。例如，铝合金是目前使用最广泛的结构材料，但目前可用于 3D 打印的铝合金仅 1、2 种。

表 1–1　3D 打印技术决定应用领域

使用材料类型	打印技术全称	应用领域
金属材料	选择性激光熔化成型 SLM	军事、航空航天、汽车、医疗
	选择性激光烧结成型 SLS	
	激光直接烧结技术 DMLS	
	电子束熔化技术 EBM	
高分子材料	熔融沉积式成型 FDM	工业设计、模具、医疗、珠宝
	选择性热烧结 SHS	
	立体平版印刷 SLA	
	数字光处理 DLP	
陶瓷材料	三位打印技术 3DP	航空航天、军工
生物材料	细胞绘图打印 CBP	组织工程

1.2.2　金属 3D 打印行业现状

欧洲在金属 3D 打印市场占据着重要的地位，特别是德国的公司在金属 3D 打印市场占据了半壁江山；美国企业在粉床技术上起步相对较晚，主要业务在熔覆成型和黏结剂领域；近年来中国科研院所的技术在积淀多年后，也孵化出一批优秀的企业进入了金属 3D 打印市场；日韩企业金属 3D 打印系统设备数量相对较少。

目前 3D 打印制造金属部件的工艺路线主要可以分为以下 5 种。

（1）粉床烧结，其特点是制造接近于 100% 密度的金属器件，包括电子 / 激光束选区烧结。纳米材料喷印低温烧结技术因其所使用的纳米“溶液”在打印完成后具有更大的收缩率，制造大尺寸的器件失败率较高；同时纳米材料的成本高昂，也抑制了其使用的经济性。

（2）黏结烧结，其特点为可以制造大型器件，直接烧结的产品有较大的孔隙率，可以通过后处理渗透提高密度。在黏结剂成形后进行烧结处理。

（3）熔覆成形，其特点为可以在曲面成形，实现多功能梯度材料，成形大尺寸器件，并且能够进行零件的修复。包括粉末熔覆、焊丝熔覆成形。

（4）超声冷焊，其特点为可以实现低温金属冷焊接，实现功能性梯度材料和复合材料，并且可以嵌入传感器等。

（5）原型铸造，其特点为可以成形大型器件，生成效率高，能够与传统铸造结合使用，包括砂型铸造、失蜡铸造。

1.3　我国 3D 打印产业发展现状

我国已有部分 3D 打印技术处于世界先进水平，其中，激光直接加工金属技术发展较快，已基本满足特种零部件的机械性能要求；生物细胞 3D 打印技术取得显著进展，已可以制造立体的模拟生物组织，为我国生物医学领域尖端科学研究提供了关键的技术支撑。

目前，已有部分企业依托高校成果，对 3D 打印设备进行产业化运作，这些公司都已实现了一定程度的产业化，部分公司生产的便携式桌面 3D 打印机的价格已具备国际竞争力，成功进入欧美市场。

一些中小企业成为国外 3D 打印设备的代理商，经销全套打印设备、成型软件和特种材料。还有一些中小企业购买了国内外各类 3D 打印设备，专门为相关企业的研发、生产提供服务。他们发挥科技人才密集的优势，向国内外客户提供服务，取得了良好的经济效益。

1.4 我国发展 3D 打印产业的重要战略意义

发展 3D 打印产业，可以提升我国工业领域的产品开发水平，有助于攻克技术难关，并且形成新的经济增长点，促进就业。

当前，全球正在兴起一轮数字化制造浪潮。发达国家面对近年来制造业竞争力的下降，大力倡导“再工业化，再制造化”战略，提出智能机器人、人工智能、3D 打印是实现数字化制造的关键技术，并希望通过这三大数字化制造技术的突破，巩固和提升制造业的主导权。

（1）发展 3D 打印产业，可以提升我国工业领域的产品开发水平，提高工业设计能力。

传统的工业产品开发方法，往往是先开发模具，然后再做出样品，而运用 3D 打印技术，无需开发模具，可以把制造时间降低为以前的 1/10 到 1/5，费用降低到 1/3 以下。一些好的设计理念，无论其结构和工艺多么复杂，均可利用 3D 打印技术，在短时间内制造出来，从而极大地促进了产品的创新设计，有效克服我国工业设计能力薄弱的问题。

（2）发展 3D 打印产业，可以生产出复杂、特殊、个性化产品，有利于攻克技术难关。

3D 打印可以为基础科学技术的研究提供重要的技术支持。在航天、航空、大型武器等装备制造业，零部件种类多、性能要求高，需要进行反复测试，运用 3D 打印，除了在研制速度上具有优势外，还可以直接加工出特殊、复杂的形状，简化装备的结构设计、化解技术难题，实现关键性能的赶超。

（3）发展 3D 打印产业，可以形成新的经济增长点，促进就业。

随着 3D 打印的普及，“大批量的个性化定制”将成为重要的生产模式，3D 打印与现代服务业的紧密结合，将衍生出新的细分产业、新的商业模式，创造出新的经济增长点。

如自主创业者可以通过购置或者租赁低成本的 3D 打印设备，利用电子商务等平台提供服务，为大量消费者定制生活用品、文体器具、工艺装饰品等各类中小产品，激发个性化需求，形成一个数百亿甚至数千亿元规模的文化创意制造产业，增加社会就业。

1.5 我国 3D 打印产业的发展前景

与智能机器人、人工智能并称为实现数字化制造三大关键技术的 3D 打印技术属于新一代绿色高端制造业，这项技术及其产业构成了新一轮数字化制造浪潮的重要基础。大力发展增材制造是我国多年来在制造业领域的政策布局，增材制造业的发展是促进高端装备与新材料产业发展突破、引领中国制造在“十四五”期间实现新跨越的重要举措。3D 打印因其固有的“去模具、减废料、降库存”等特点，已经逐渐成为当前制造方式的重要补充。加快 3D 打印产业发展，符合我国发力增材制造产业的目标，有利于国家在全球科技创新和产业竞争中占领高地，进一步推动我国由“工业大国”向“工业强国”转变，促进创新型国家建设，加快创造性人才培养。

在我国产业升级的大变革背景下，3D 打印技术自然而然得到国家层面的重视。近年来，中国 3D 打印行业受到各级政府的高度重视和国家产业政策的重点支持。《2021 年度实施企业标准“领跑者”重点领域》《知识产权重点支持产业目录（2018 年本）》《增材制造标准领航行动计划（2020—2022 年）》等产业政策为 3D 打印行业的发展提供了明确、广阔的市场前景。内容涉及 3D 打印产业化、发展目标、应用范围、技术创新、标准规范等多方面。2021 年 6 月，3D 打印行业标准已被纳入国家企业标准“领跑者”重点领域。此外，《增材制造标准领航行动计划》，提出到 2022 年，立足国情、对接国际的增材制造新型标准体系基本建立。《增材制造标准领航行动计划》对我国 3D 打印产业进行指导，预计 3D 打印产业年均增速在 25% 以上。受政策利好，3D 打印行业前景可期。

3D 打印技术作为新一轮产业革命的代表性技术之一，关系到我国许多行业健康发展。目前，中国制造业正处于“中国制造”向“中国智造”过渡的转型期。由于 3D 打印技术具有降低成本、提高生产效率、优化质量等优势，中国制造企业积极引进 3D 打印技术，代替或改进原有的生产方式以此提高企业生产的智能化水平。2019 年我国 3D 打印产业规模 157.5 亿元，2021 年增至 261.5 亿元，预计 2022 年产业规模将达到 330 亿元，2024 年有望突破 500 亿元。

未来十年，全球 3D 打印产业仍将处于高速增长期，而中国在航空航天、汽车、航海、核工业以及医疗器械领域对金属 3D 打印的需求旺盛，应用端呈现快速扩展趋势。未来，3D 打印技术的应用已经从简单的概念模型向功能部件直接制造方向发展。更具针对性和应用价值的 3D 打印设备的制造和普及，将成为我国 3D 打印产业下一步发力重点。

第2章

Geomagic Design X 2020 操作基础

学习目标

了解逆向工程的工作流程，熟悉 Geomagic Design X 2020 界面，以及命令的使用和操作。

本章首先介绍逆向工程的工作流程，然后介绍 Geomagic Design X 2020 的界面，以及视图、选择模式、常用工具设置、测量等操作。

2.1 逆向工程的工作流程

（1）数据采集，通过对产品的分析选择合适的数据采集设备（激光扫描仪、光栅式三维扫描仪、三坐标测量仪等）。

（2）数据处理，对点云数据进行优化处理后，封装成三角面片 STL 格式（Geomagic Wrap 等）。

（3）模型重构，通过逆向软件进行产品的 CAD 数据模型的构建（Geomagic Design X 等）。

（4）产品创新设计，采用正向软件对重构的 CAD 数据模型进行创新设计（Siemens NX、Creo、CATIA 等）。

（5）产品模具开发、生产；数控加工；快速成型等。

通过学习 Geomagic Design X 这款逆向设计软件的使用，结合逆向建模案例的学习，从而掌握逆向设计技术，创建出产品的 CAD 数据模型（STP、IGS 等格式）。

2.2 Geomagic Design X 2020 的界面介绍

2.2.1 操作界面简介

双击桌面上的 Geomagic Design X 2020 快捷方式图标Dx，进入操作界面。Geomagic Design X 2020 基本操作界面由菜单栏、工具栏、子工具栏、特征树、模型树、显示 / 帮助 /

视点、精度分析、属性等部分组成，如图 2-1 所示。

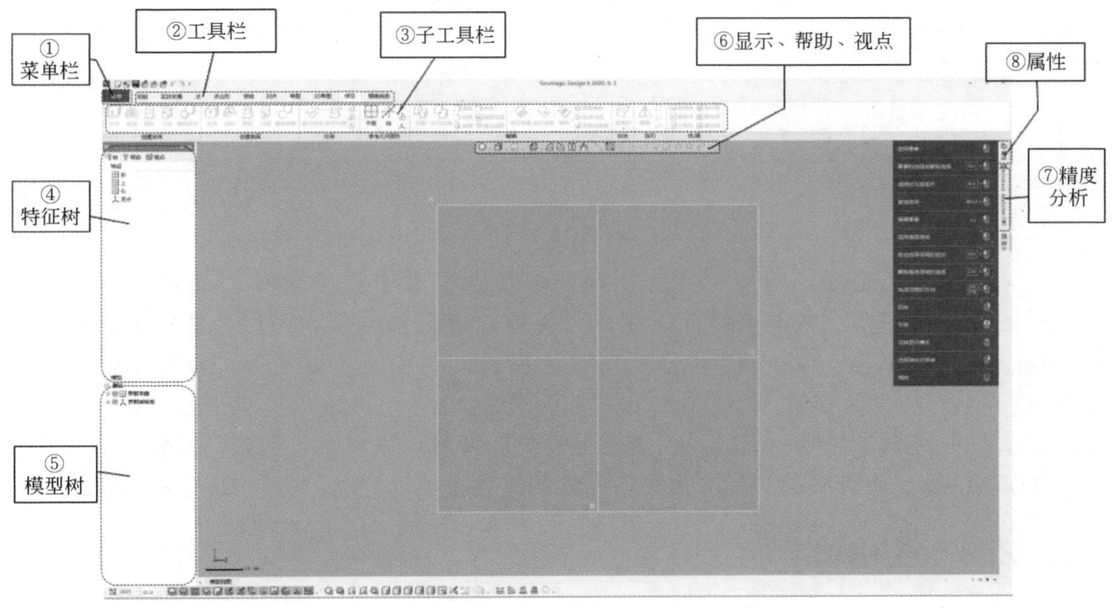

图 2–1　Geomagic Design X 2020 基本操作界面

下面分别介绍：

① 菜单栏：包含程序中所有的功能，如文件操作等。

② 工具栏：由初始、实时采集、点、多边形、领域、对齐、草图、3D 草图、模型、精确曲面十部分构成，每一种模式都有其对应的子工具栏，便于创建和编辑特征，在工具栏空白区域单击鼠标右键，选择“自定义功能区”，可以定制工具栏。

③ 子工具栏：在工具栏中，会根据工具栏的选择跳转对应的子工具栏。例如点击“模型”，“拉伸、回转”等编辑实体的命令就会显示。在子工具栏空白区域单击鼠标右键，同样也可以编辑工具栏。

④ 特征树：Geomagic Design X 2020 使用参数化履历建模的模式。参数化履历建模的模式允许存储构建几何形状并创建实体，同样也可存储操作的顺序和它们彼此之间的关系。在重新编辑更改特征时，可以双击特征，也可以选中某一特征单击鼠标右键选择编辑，若删除特征，则关联特征也将失效。

无论何时创建特征（诸如草图、实体、曲面等），特征都会按照时间顺序排列在特征树中。特征树像履历一样按时间顺序显示所有创建的特征和所做的更改。特征的顺序可通过拖拽特征来更改，在编辑菜单中使用前移、后移、移至最后命令返回到特征树里的指定位置，这就是履历模式。

⑤ 模型树：通过分类显示所有创建的特征。此窗口可以用来选择和控制特征实体的可见性。单击显示 / 隐藏图标可以在隐藏和显示之间切换。

⑥ 显示、帮助、视点：显示、帮助、视点、特征树和模型树都在同一个窗口显示，具体功能见表 2-1。

表 2–1　显示、帮助、视点的功能

按钮	功能
显示	显示窗口可以用来管理显示多少个特征实体。例如，一个模型可以设置为隐藏或者可见，同样地，其纹理、法线、面、境界等也可以设置为可见或隐藏
帮助	帮助窗口显示了用户指南目录的选项。在帮助窗口的目录选项中选择标题，或是在模型视图中显示命令对话框时按 F1 键，可以激活帮助文件
视点	视点窗口可以保存当前正在使用的视点状态。它类似于照相机。如果打开视点，实体的状态和视图方向就会被保存

⑦ Accuracy Analyzer（TM）精度分析：精度分析对于检查实体、面片、草图的质量方面来说非常重要。在创建曲面之后，可直接检查扫描数据和所创建的曲面之间的偏差。Accuracy Analyzer（TM）精度分析在默认模式、面片模式以及 2D/3D 草图模式下均可用。

⑧ 属性：选择一个特征之后，其属性是可见的并且可以更改。例如，选择一个面片之后，可在属性窗口内查看其边界框大小，面片的颜色也可以更改，实体的材质也可以更改。

2.2.2 常用操作

常用操作是最基本的操作，除了可以通过菜单完成以外，一些常用操作还可以利用快捷按钮快速完成，如图 2-2 所示。

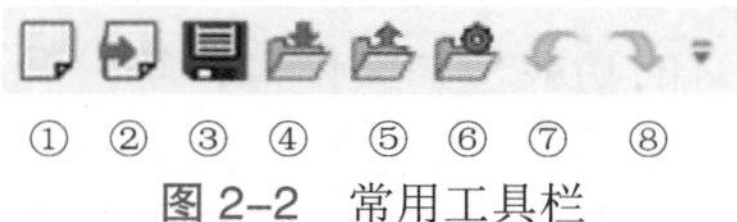

① ② ③ ④ ⑤ ⑥ ⑦ ⑧

图 2–2　常用工具栏

① 新建：创建新文件（Ctrl+N）；
② 打开：打开既存文件（Ctrl+O）；
③ 保存：保存作业中的文件（Ctrl+S）；
④ 导入：导入文件；
⑤ 输出：输出选择的要素；
⑥ 设置：变更设置（可更改鼠标操作方式等）；
⑦ 撤销：撤销前面的操作（Ctrl+Z）；
⑧ 恢复：恢复前面操作（Ctrl+Y）。

2.3 视图操作

2.3.1 显示和隐藏视图

Geomagic Design X 2020 提供了一系列对视图进行控制的按钮，按钮功能及其快捷键如表 2-2 所示。

表 2-2　对视图进行控制的按钮功能及其快捷键

按钮	功能（快捷键）	按钮	功能（快捷键）
面片	显示或隐藏面片 (Ctrl+1)	草图	显示或隐藏草图 (Ctrl + 6)
领域	显示或隐藏领域 (Ctrl + 2)	3D 草图	显示或隐藏 3D 草图 (Ctrl+7)
点云	显示或隐藏点云 (Ctrl + 3)	参照点	显示或隐藏参照点 (Ctrl + 8)
曲面	显示或隐藏曲面 (Ctrl + 4)	参照轴	显示或隐藏参照轴 (Ctrl + 9)
实体	显示或隐藏实体 (Ctrl + 5)	参照平面	显示或隐藏参照平面 (Ctrl + 0)
参照坐标系	显示或隐藏参照坐标系	测量	显示或隐藏测量
参照多段线	显示或隐藏参照多段线	—	—

2.3.2　视点

根据世界坐标系，应用视点功能可以从不同的定义方向查看模型，如图 2-3 所示。

图 2-3　视点按钮

每个视点按钮的功能及其快捷方式：

① 主视图：将视点改为主视图（Alt+1）；

② 后视图：将视点改为后视图（Alt+2）；

③ 左视图：将视点改为左视图（Alt+3）；

④ 右视图：将视点改为右视图（Alt+4）；

⑤ 俯视图：将视点改为俯视图（Alt+5）；

⑥ 仰视图：将视点改为仰视图（Alt+6）；

⑦ 等轴视图：将视点改为标准的等轴视图（Alt+7）；

⑧ 逆时针旋转视点：90° 逆时针旋转视点；

⑨ 顺时针旋转视点：90° 顺时针旋转视点；

⑩ 翻转视点：沿垂直轴水平翻转视点；

⑪ 法向：将视图定向到垂直法线方向的所有要素法向（Ctrl+Shift+A）。

2.4　选择模式的操作

2.4.1　选择模式的技巧

在模型视图中，鼠标的光标有两种模式。一种是选择模式，另一种是视图模式，见表 2-3。点击鼠标中间的按键可切换这两种模式。只有在鼠标光标是选择模式时才可以选择特征，选择特征的方法见表 2-4。

表 2-3　鼠标的光标模式

模式	功能
选择模式	旋转——右击鼠标 放大——Shift + 右击鼠标（或者滚动滚轮） 平移——Ctrl + 右击鼠标（或者同时按住鼠标左右键）
视图模式	旋转——左击鼠标（或右击鼠标） 放大——Shift + 左击或右击鼠标（或者滚动滚轮） 平移——Ctrl + 左击或右击鼠标（或者同时按住鼠标左右键）

表 2-4　选择特征的方法

选择方式	操作方法
拖拽选择	点击并拖动的方法可以选择单个特征或多个特征
点击选择	在单个特征上点击，可仅选择此特征
从特征树、模型树中选择	可以从特征树或模型树中直接选择单个或多个特征
选择大量特征	使用 Shift 按键可选择大量特征。撤销选择用 Ctrl 键

2.4.2　选择模式的使用

选择模式一般在领域组模式、参照平面和参照线中使用，如图 2-4 所示。

图 2-4　选择模式工具条

由于面片是由成千上万的线和面组成的复杂面片，所以想在领域组模式中手动划分领域组或者选择一个特定的区域来编辑参照面或参照线可能会很困难。位于应用程序底部左侧的选择模式工具条，提供了多种方式来选择参照面和参照线。在管理面片或点云数据时，使用此工具条可提高工作速度。通过选择模式中的“圆柱”来拾取面片上的圆柱特征，在“参照线”命令下，检索圆柱轴线，如图 2-5 所示。

在领域组模式下，选择 Alt + 鼠标左键可改变选择范围大小。

工具条最后的图标仅选择可见模式，可以在模型视图中仅显示所选择的参照面或参照线。此模式可以避免背景参照面或参照线对所做选择发生干扰。

2.4.3　选择过滤器的使用

在应用程序中，可以利用选择过滤器选择创建出面片、领域、体、面、边线、草图、尺寸等，如图 2-6 所示。选择过滤命令可以仅选择目标特征，并且在任意一种命令或选择模式下可直接应用，也可以在模型显示区单击右键，直接选取过滤的元素，在参照平面下通过“选择多个点”创建平面时，就要在选择过滤器下选择“单元点云”，如图 2-7 所示。

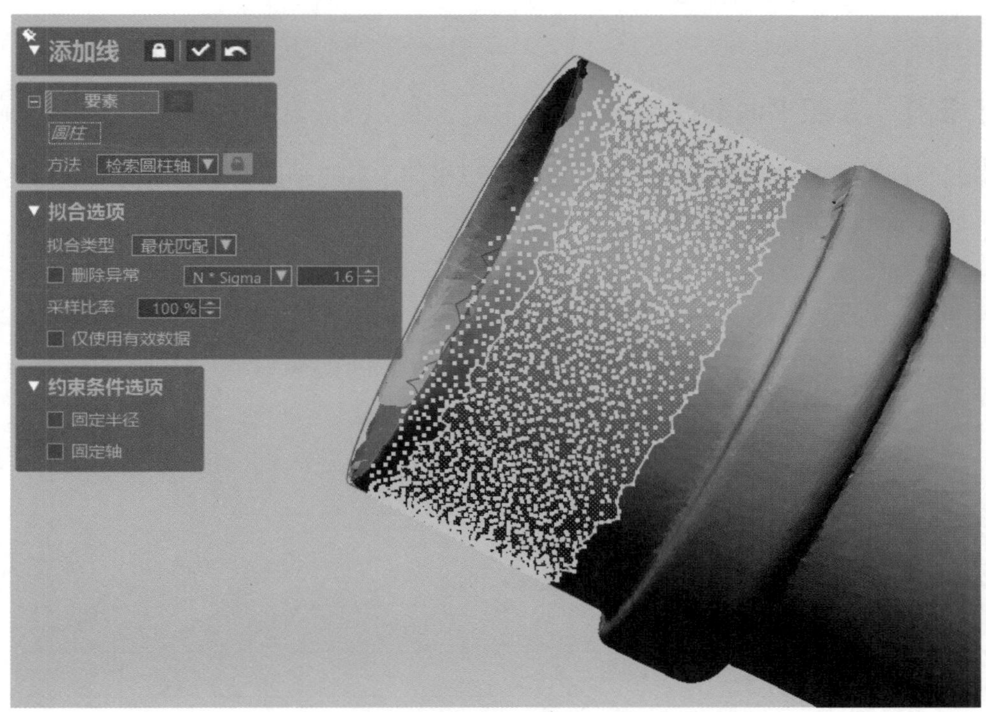

图 2-5　拾取面片上的圆柱特征

图 2-6　选择过滤按钮

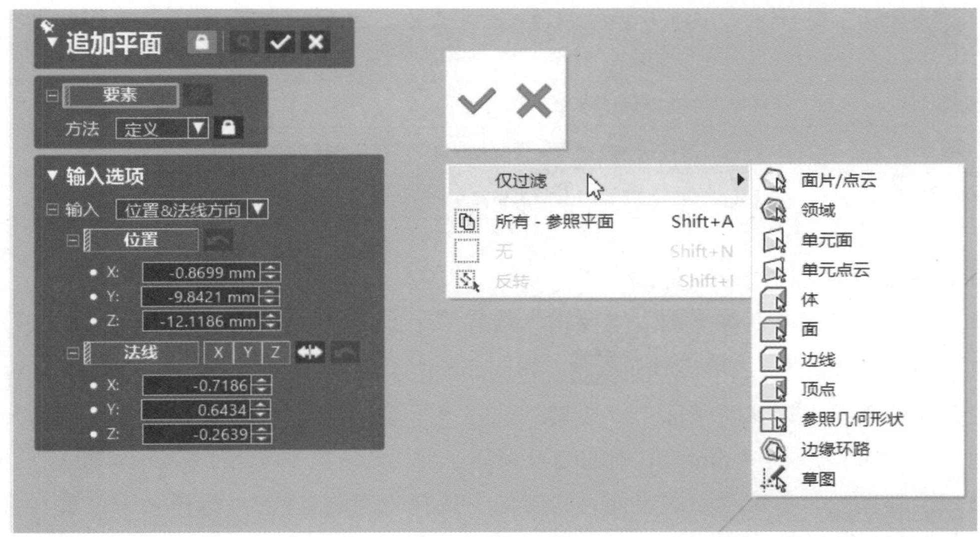

图 2-7　通过快捷键选取过滤的元素

2.5 常用工具设置

2.5.1 参照平面的使用

参照平面是具有法线方向及无限尺寸的虚拟平面。参照平面并不是曲面，它们是用来创建其他特征的。参照平面的创建方法见表 2-5。

表 2–5 参照平面的创建方法

方法	功能
定义	可使用平面的数字定义来创建参照平面。这个值可以是输入数值，也可以是在模型视图中提取的某个点
提取	使用拟合运算从选定的要素中提取平面
投影	通过将平面要素投影为直线要素的方法来创建平面
选择多个点	选择 3 个点或多个点来创建平面
选择点和法线轴	选择一个点（位置）和一条法线轴来创建平面
选择点和圆锥轴	利用圆锥轴创建平面
变换	利用已选择的要素创建平面
N 等分	等分所选择的要素来创建平面，将会创建与选定要素垂直且平均分布的多个平面
偏移	指定偏移距离和数量，创建平面
回转	通过旋转平面要素创建多个平面
平均	通过两个选择要素的平均创建一个参照平面。所选择的平面要素不必平行
视图方向	在当前视图方向上创建平面
相切	创建与选定要素相切的平面
正交	创建一个与面片上所选择的点（点元素要素）相正交的平面。也可以使用一个点和两个实体面
绘制直线	在屏幕上绘制一条直线来创建平面
镜像	自动在面片上创建对称平面。要执行该命令，需要选择初始平面和面片
极端位置	创建选定要素极大或极小位置上指定方向的平面

常用参照平面的使用方法有：

（1）提取　单击“参照平面”，“要素”选择“平面”领域，“方法”选择“提取”，“拟合类型”为“最优匹配”，单击预览，如图 2-8 所示。

（2）偏移　单击“参照平面”，“要素”选择“平面”领域，“方法”选择“偏移”，“数量”为“2”，“距离”为“5mm”，如图 2-9 所示。

（3）绘制直线　单击“参照平面”，“方法”选择“绘制直线”，选择某一位置，绘制直线，如图 2-10 所示。

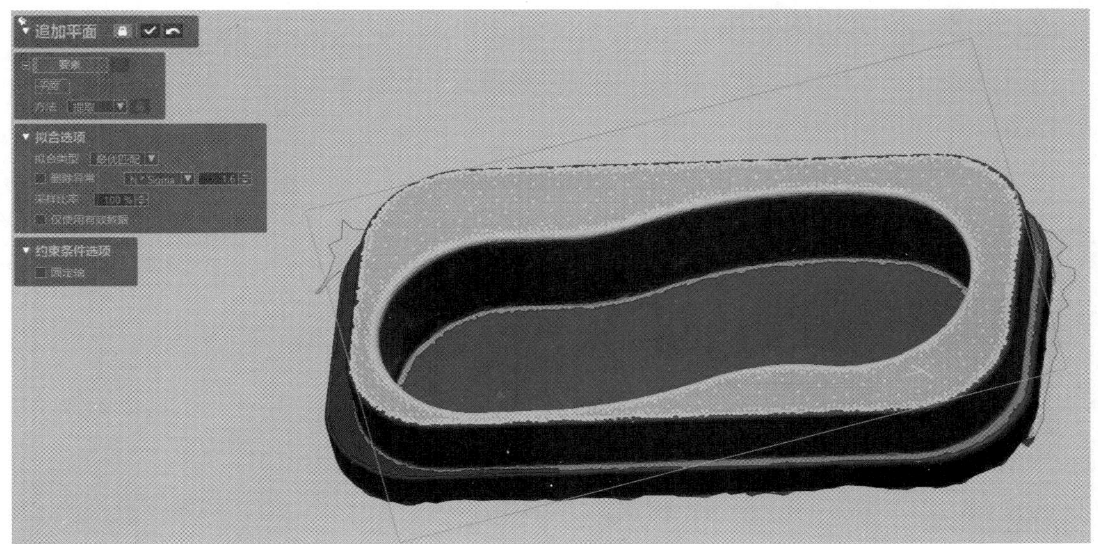

图 2-8　提取参照平面

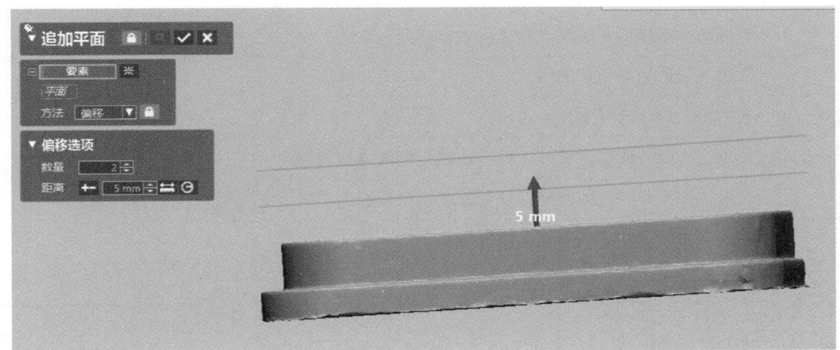

图 2-9　偏移参照平面

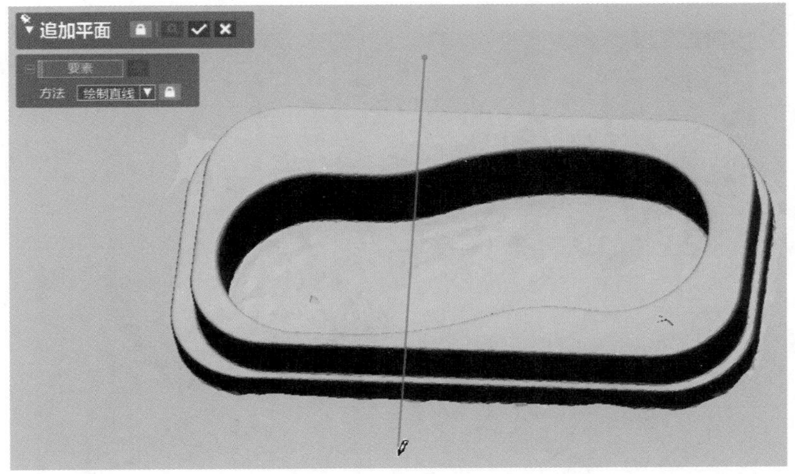

图 2-10　绘制直线

2.5.2 参照线的使用

参照线是具有方向及无限尺寸的虚拟轴。参照线并不是直线要素，它们是用来创建其他特征的。参照线的创建方法，见表 2-6。

表 2-6 参照线的创建方法

方法	功能
定义	可使用线的数字定义来创建参照平面。这个值可以是输入数值，也可以是在模型视图中提取的某个点
提取	使用拟合运算，从选定的要素中提取线
检索腰形孔轴	使用拟合运算，在选定的实体上创建一个槽的向量。拟合选项与提取方法相同
检索圆柱轴	使用拟合运算，在选定的要素上创建圆柱轴
检索圆锥轴	使用拟合运算，在选定的要素上创建圆锥轴。拟合选项与检索圆柱轴方法相同
投影	通过将平面要素投影为直线要素的方法来创建线
选择多个点	选择 3 个点或多个点来创建线
选择点和直线	选择一个点作为位置，选择一条直线作为方向来创建线
变换	利用已选择的要素创建线
2 平面相交	利用两个相交平面创建线
平均	通过两个选择要素的平均创建一条参照线
相切	创建与选定要素相切的线
2 直线相交	利用两个相交直线要素创建线
回转轴	利用旋转面片特征创建线。拟合选项与提取方法相同
拉伸轴	利用拉伸面片的拉伸方向特征创建线。拟合选项与提取方法相同
回转轴阵列	利用旋转阵列特征的中心轴创建轴线
移动轴阵列	利用阵列特征创建阵列方向的轴线

常用参照线的使用方法：

（1）检索圆柱轴　单击“参照线”，“要素”选择“圆柱”领域，“方法”选择“检索圆柱轴”，如图 2-11 所示。

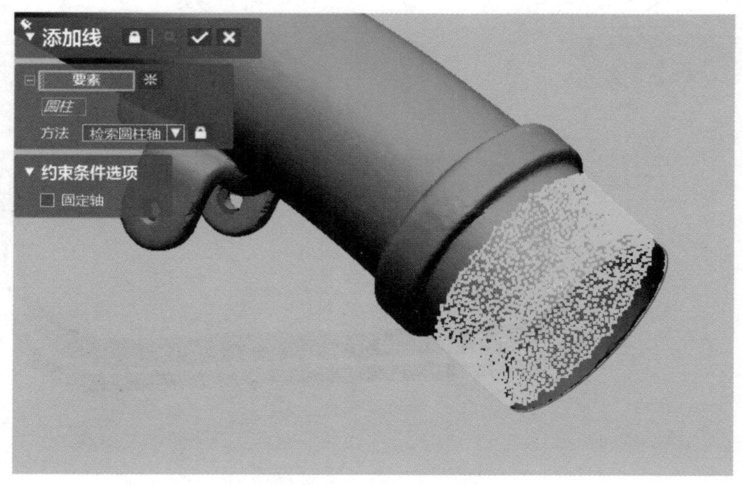

图 2-11　检索圆柱轴

（2）平面相交　单击“参照线”，“要素”选择相邻的两个平面领域，“方法”选择“2平面相交”，如图 2-12 所示。

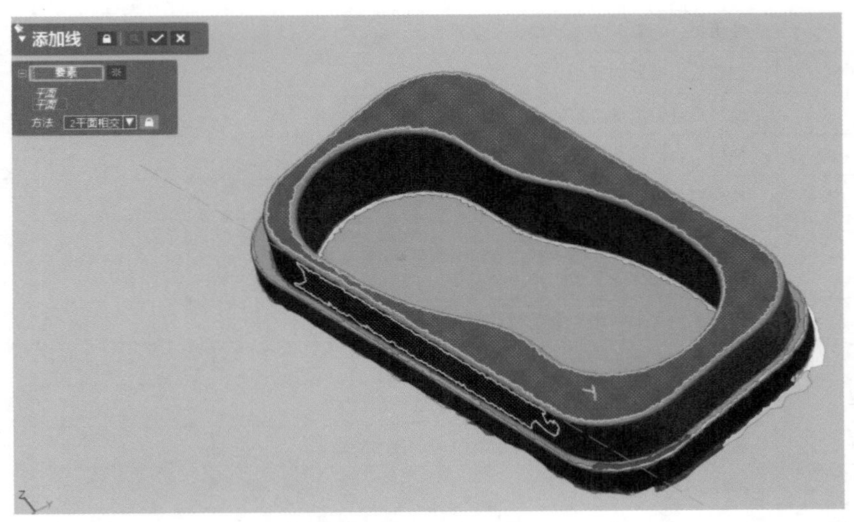

图 2–12　平面相交

（3）回转轴阵列　单击“参照线”，“要素”选择阵列的几个平面领域，“方法”选择“回转轴阵列”，单击🔍预览，如图 2-13 所示。

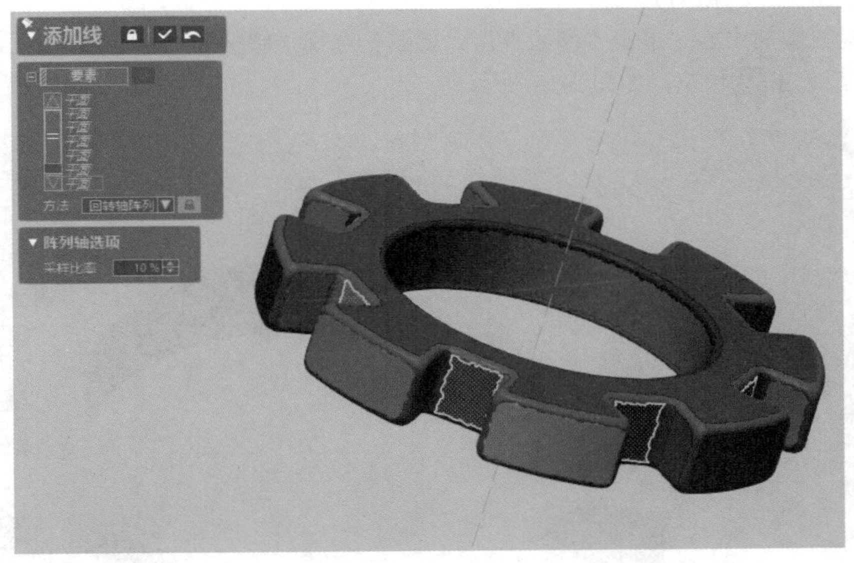

图 2–13　回转轴阵列

2.5.3　参照点的使用

参照点是一个零维的要素。参照点用于标记模型或空间的指定位置。参照点的创建方法，见表 2-7。

表 2-7　参照点的创建方法

方法	功能
定义	可使用数字定义的点来创建参照点。这个值可以是输入数值，也可以是在模型视图中提取的某个点
提取	使用拟合运算从选定的要素中创建点
检索圆的中心	创建选定要素的圆心点
检索长穴中心	使用拟合运算从选定的要素中提取长穴的中心点
检索矩形中心	使用拟合运算从选定的要素中提取矩形的中心点
检索多边形中心	使用拟合运算从选定的要素中提取多边形的中心点
检索球中心	使用拟合运算从选定的要素中提取球的中心点
投影	利用投影到其他要素的方法提取点
选择多个点	选择多个点来创建平均点
变换	创建选定要素的中心点
N 等分	通过等分曲线、线段、面片数据来创建多个点
中间点	通过比例值确定位置的方法创建两个点之间的点
2 线相交	创建 2 条交线的交点
相交线＆面	创建面与曲线的交点
3 平面相交	创建三个平面要素的交点
导入	导入 ASC Ⅱ 文件创建点。使用 ASC Ⅱ 变换器可以导入包含由符号或逗号分隔的 *X*、*Y*、*Z* 坐标的文本文件

常用的参照点的使用方法：

（1）检索圆的中心　单击“参照点”，“要素”选择“圆柱”领域，“方法”选择“检索圆的中心”，单击🔍预览，如图 2-14 所示。

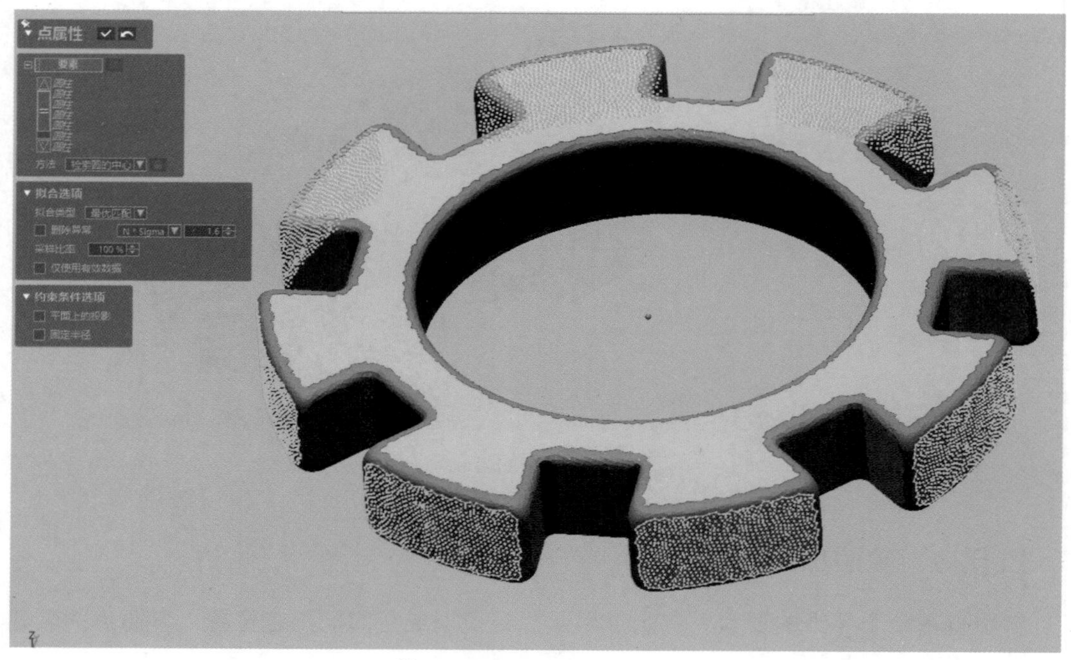

图 2-14　检索圆的中心

（2）相交线&面　单击“参照点”，“要素”选择“平面、线”，“方法”选择“相交线&面”，如图 2-15 所示。

图 2-15　相交线&面

（3）平面相交　单击“参照点”，“要素”选择三个相交的平面领域，“方法”选择“3 平面相交”，如图 2-16 所示。

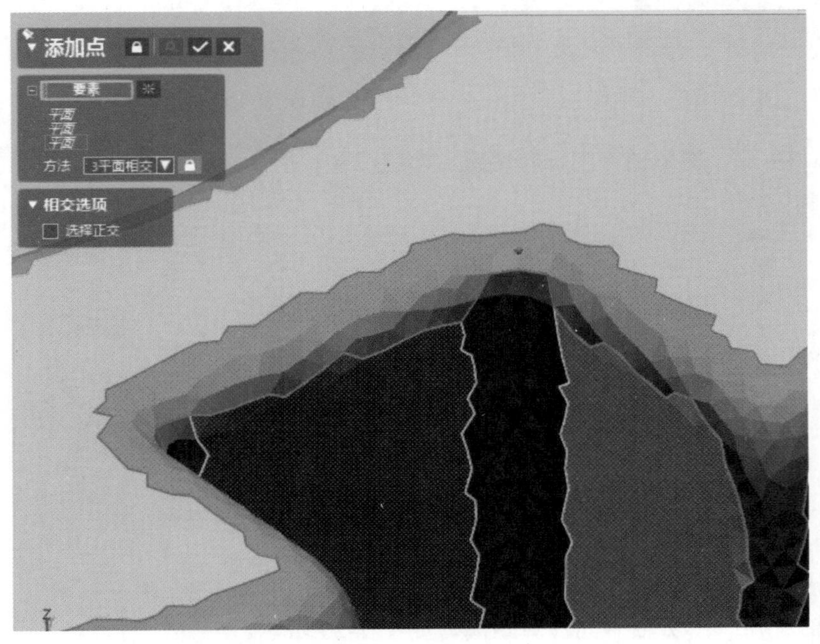

图 2-16　平面相交

2.6 测量

2.6.1 测量距离

测量距离操作可以测量要素间的距离。在工具栏中，单击“测量”→“距离”，弹出“测量距离”对话框。

测量距离的方式有：线形、沿面片。

轴的对齐方式有：自由、*X*轴对齐、*Y*轴对齐、*Z*轴对齐。可应用于自动、线与点、平面与点、平面与线、2 点、2 线、2 平面，如图 2-17 所示。

（1）自由　测量要素之间的距离，如图 2-18 所示。

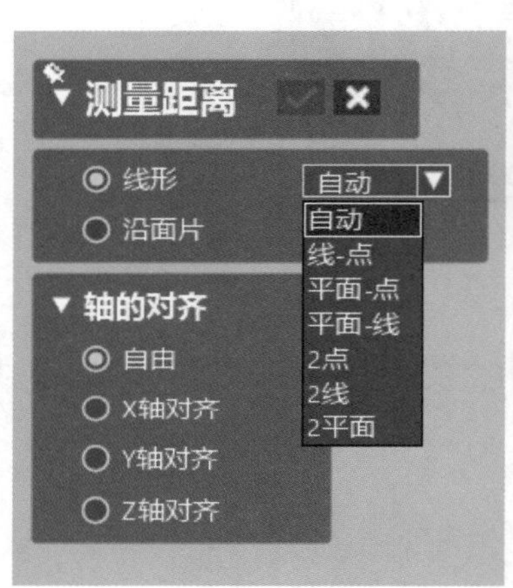

图 2-17 “测量距离”对话框

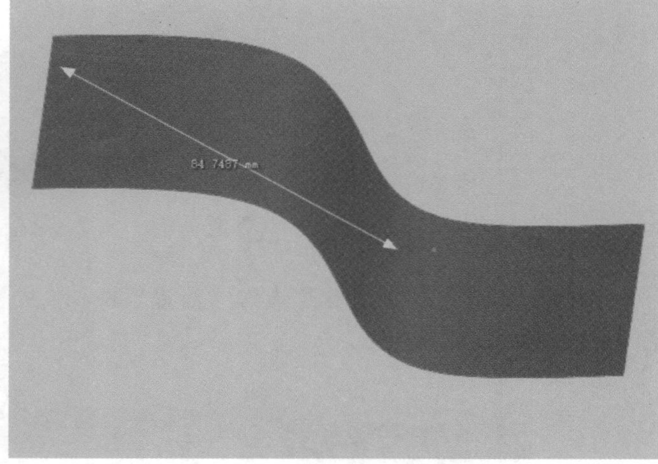

图 2-18 自由测量

（2）*X*轴对齐　在*X*轴方向计算距离，如图 2-19 所示。

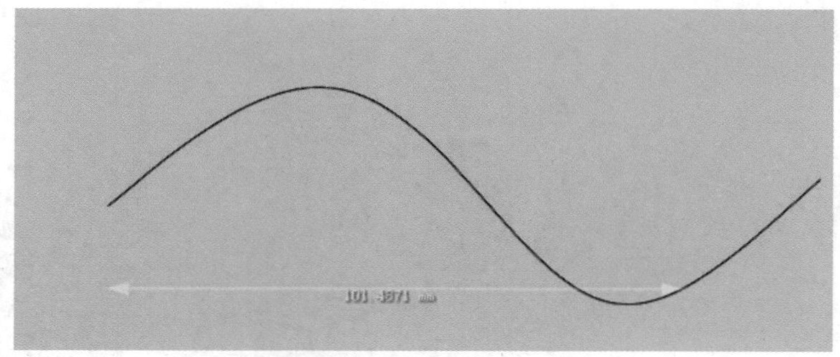

图 2-19 在*X*轴方向计算距离

（3）*Y*轴对齐　在*Y*轴方向计算距离，如图 2-20 所示。

（4）*Z*轴对齐　在*Z*轴方向计算距离，如图 2-21 所示。

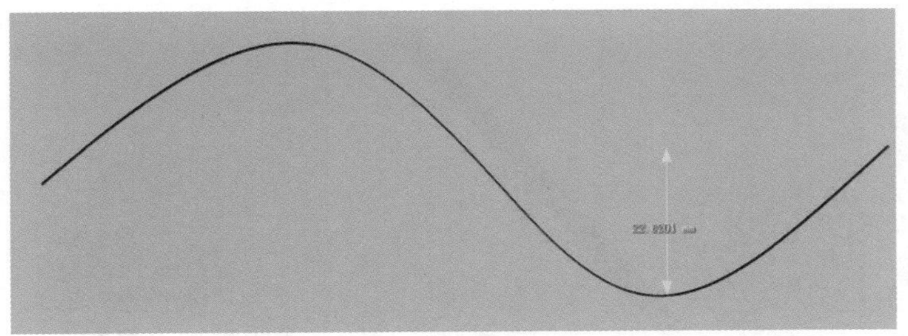

图 2-20　在 Y 轴方向计算距离

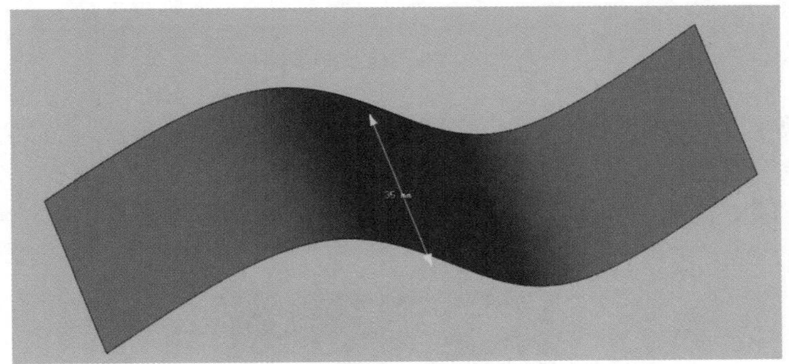

图 2-21　在 Z 轴方向计算距离

注意：如果要测量距离，2 平面、平面与线、2 线之间应当是平行的。

2.6.2　测量角度

测量角度操作可以测量两条边线和三点之间的角度。在工具栏中，单击“测量”→“角度”，弹出“测量角度”对话框。

测量角度的方法有自动、线与 2 点、平面与线、3 点、2 线、2 平面，如图 2-22 所示。

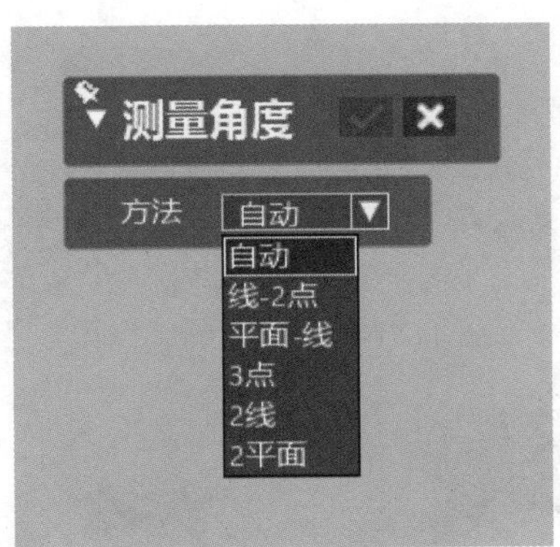

图 2-22　“测量角度”对话框

在“测量角度”对话框的方法下，选择“2 平面”，然后选取如图 2-23 所示的两个平面即可显示测量结果。

图 2-23　显示测量结果

测量半径操作可以测量边线或三点之间的半径。在工具栏中，单击“测量”→“半径”，弹出“测量半径”对话框。

测量角度方法有自动、3 点两种，如图 2-24 所示。

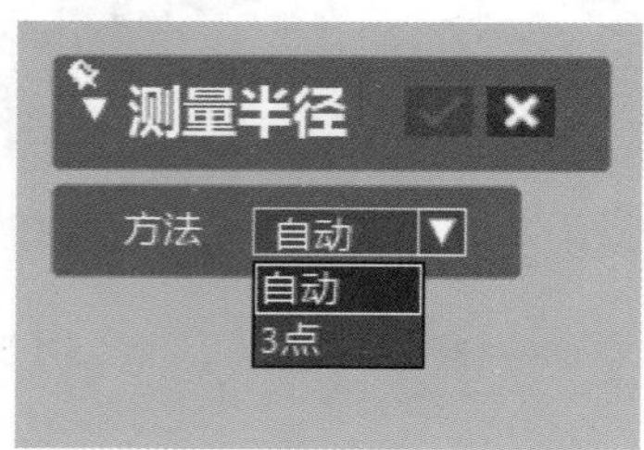

图 2-24　测量半径图

在“测量半径”对话框中，选择“自动”，然后选取图 2-25 所示的圆柱领域即可显示测量结果。

图 2-25　显示测量结果

思考题

1. 什么是逆向工程？其工作流程是怎样的？

2. Geomagic Design X 2020 操作界面包含几个部分？

3. 如何通过使用快捷键来进行显示隐藏特征？

4. 在重新编辑更改特征时如何进行操作？

5. 在 Geomagic Design X 2020 运用何种功能查看模型？如何从不同的定义方向查看模型？

6. 鼠标光标有几种模式？分别可进行哪几种操作？

7. 通过三平面交叉创建参照点与通过相交线 & 平面创建参照点有何区别？

8. 如何对要素间距离进行测量？

9. 测量角度的方法有哪些？具体操作是怎样的？

10. 测量半径的方法有哪些？具体操作是怎样的？

第 3 章

模式应用

学习目标

了解 Geomagic Design X 2020 中各个模式的应用，包括领域组模式、面片草图模式、草图模式、3D 面片草图模式、3D 草图模式、点云模式、多边形模式。

Geomagic Design X 2020 软件中包含多种模式，不同模式具有不同的功能，可根据所需的功能不同来选择相应的模式进行操作。本章主要介绍领域的划分与草图的绘制，为后续准确建模打下基础。在进入某一种模式时，工作环境（工具面板、工具栏、选择栏以及精度分析面板下的选项）会自动设置当前模型的状态。

3.1 领域组模式

领域 “领域组模式”——包含用颜色和组来划分特征的功能。在领域组模式中，自动分割后会根据面片上的特征自动划分领域。但是有时候根据特征会分得不恰当，需要通过手动分割去重新划分领域。

打开软件将 STL 格式文件导入后，单击 领域 进入“领域组模式”，单击 自动分割 打开“自动分割”对话框，我们根据模型的复杂程度，输入合适的敏感度值，模型越复杂相应的敏感度值应设的相对高一些，敏感度值越高，分割的时间也会越长。如图 3-1 所示，输入敏感值“35”，单击 ✓ 确定。

领域组划分完之后，会自动显示不同的颜色，分割出模型相应的特征领域，便于建模。例如，平面领域、圆柱领域等，有些特征没有分割出来，需要手动分割，主要命令有：

合并 “合并”：合并选中的单元面或领域，到新的领域或已有领域。

插入 “插入”：通过选择选项自定义插入新领域。

如图 3-2 中的两个平面领域，应当是一个平面领域，我们选中两个平面领域后，单击“合并”，即可将其合并成一个领域，为了避开圆角，可单击“缩小”命令。

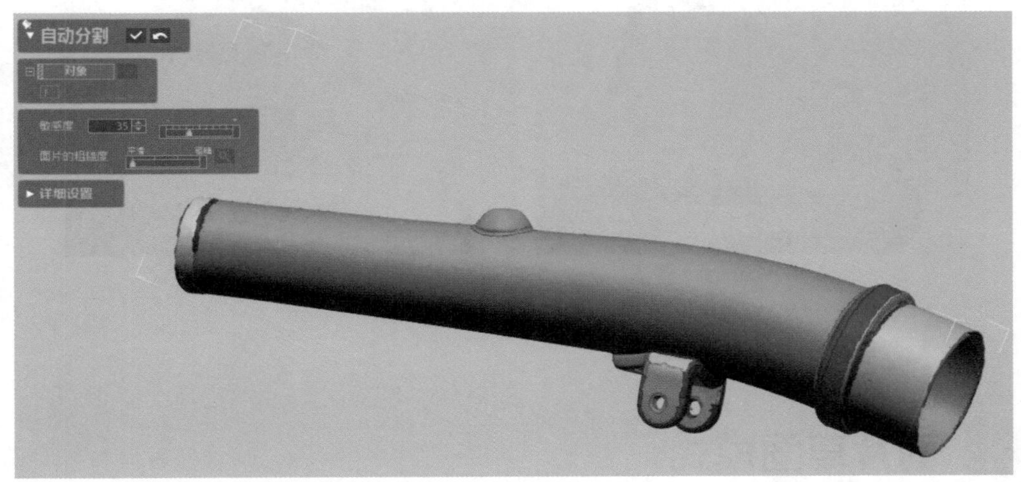

图 3–1　领域组模式

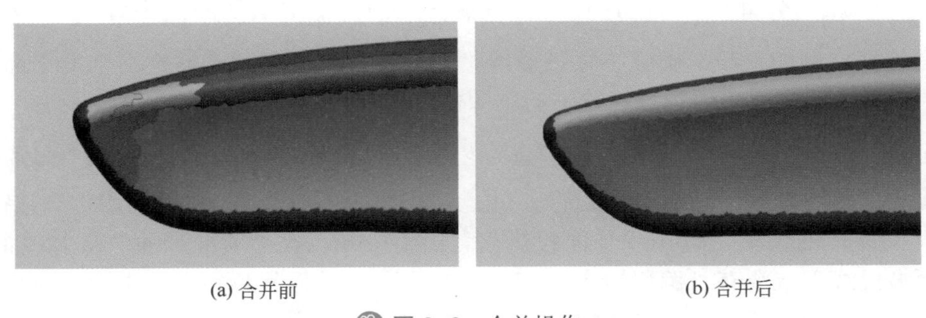

(a) 合并前　　(b) 合并后

图 3–2　合并操作

如果领域组划分得不恰当，应将圆角和圆柱领域划分成两部分，如图 3-3（a）所示，单击“分割”命令，选择图中的区域，完成分割的操作，如图 3-3（b）所示。

(a) 分割前　　(b) 分割后

图 3–3　分割操作

此处的领域组划分得不恰当，应该将此处的平面领域划分出来，单击“插入”命令，在选择选项中，选取“矩形选择模式”按钮，划分出如图 3-4 所示的平面领域，完成插入新领域的操作。

领域组划分完成后，单击其他工具栏，退出领域组模式。

(a) 插入前

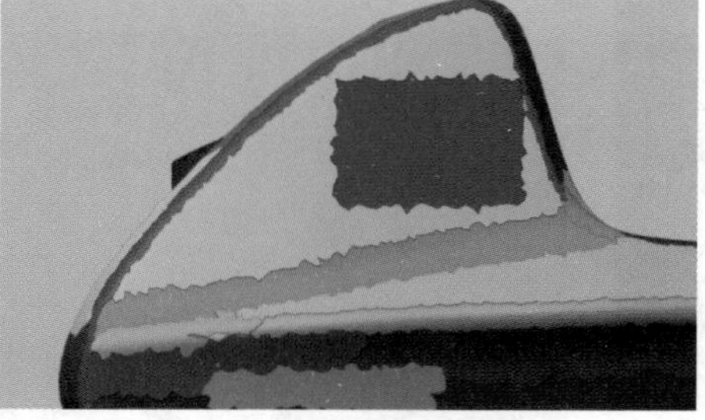
(b) 插入后

图 3–4　插入新领域

3.2 面片草图模式

面片草图模式——可以通过拟合从点云或面片上提取的断面多段线来进行绘制、编辑草图特征，例如直线、圆弧、样条曲线。进入面片草图模式，需定义基准平面，可以是参考平面、某平面或平面领域。绘制的草图便可用于创建曲面或实体。

退出领域组模式后，首先要对模型进行坐标系对齐，然后单击进入“面片草图”，弹出“面片草图的设置”对话框，设置好“由基准面偏移的距离”，单击“确定”按钮。

对于拉伸体的模型，选用“平面投影”，如图 3-5 所示，“基准平面”选择“前”，这时在断面多段线下就会有“偏移的断面 1”，通过输入基准面偏移距离，来创建面片的断面 (粉色轮廓线)。如果模型需要多个断面完成，则需要单击按钮，在断面多段线下就会有“偏移的断面 2”，输入基准面偏移的距离，便可追加断面。选择完成后，单击确定，进行草图绘制。

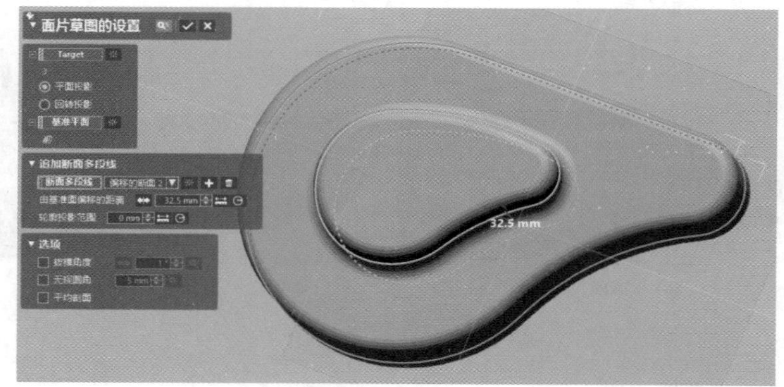

图 3–5　拉伸案例

完成面片草图的设置后，模型将呈现出面片的断面（粉色轮廓线）；在面片草图下，需参考面片的断面（粉色轮廓线）绘制二维草图，绘制的草图要尽量与粉色的轮廓线相重合，面片草图下的指令有拟合的功能，如图 3-6 所示。

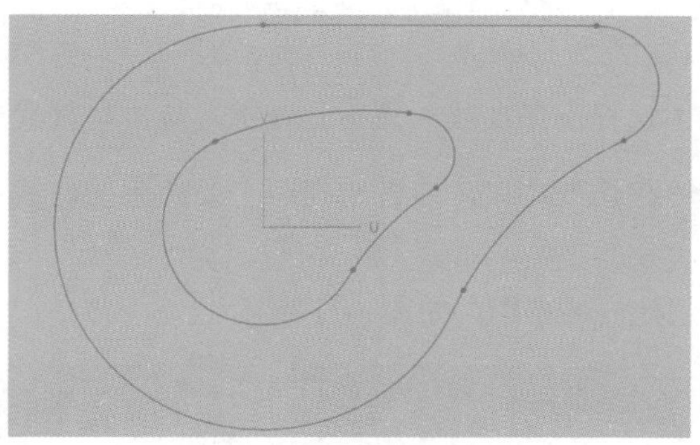

图 3-6　二维草图绘制

绘制草图的具体步骤：

（1）单击 直线 “直线”按钮，双击点选如图 3-7 所示的所有的直线。

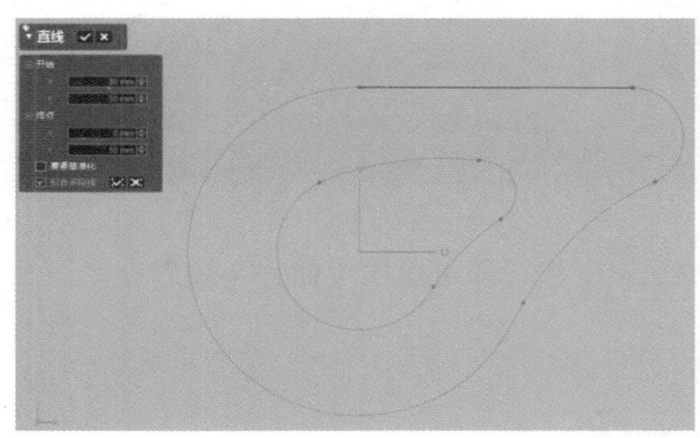

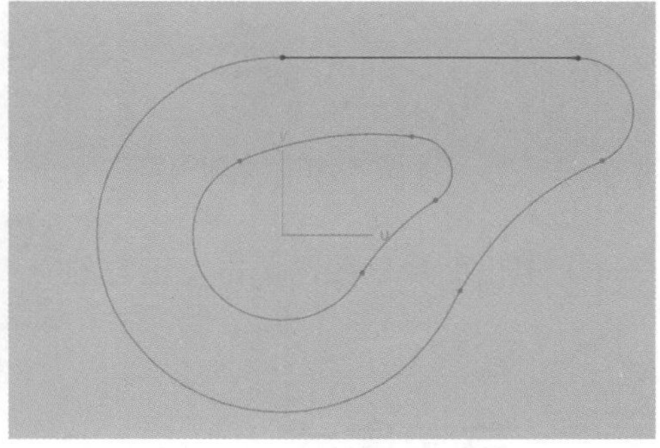

图 3-7　选取直线

（2）单击 切线圆弧 “切线圆弧”按钮，绘制如图 3-8 所示的三段圆弧，单击 智能尺寸 “智能尺寸”按钮，可更改其半径值。

（3）单击 “圆角”命令，先左键单击一段圆弧，然后单击另一段圆弧时一直按住左键，拖动所绘制的圆角与粉色曲线相重合，绘制如图 3-9 所示的圆角，双击圆角半径，更改其半径值。

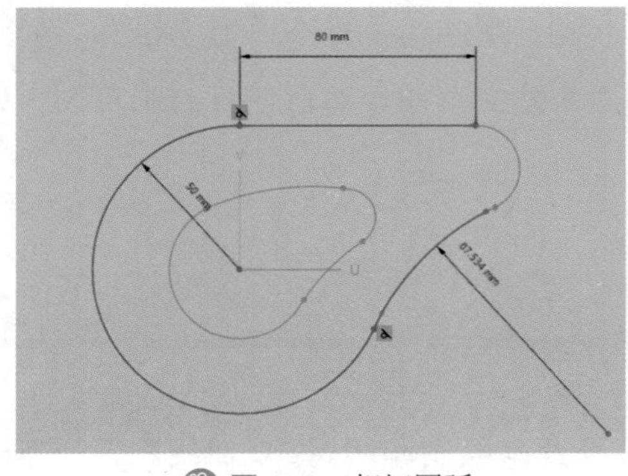

图 3-8　相切圆弧

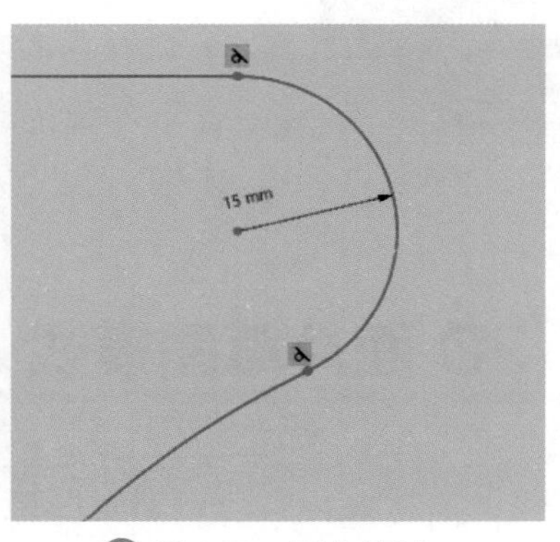

图 3-9　圆角绘制

（4）草图绘制后，检查模型，设置约束。

直线约束：双击草图中的直线，弹出“直线约束”对话框，可进行“固定、水平、垂直”约束。

相切约束：在草图中选择一条曲线，按下 Ctrl 键，双击与直线连接的曲线，弹出“约束条件”对话框，选择“相切”约束，或者选择两个要约束的曲线单击 约束条件 “约束条件”如图 3-10 所示。

（5）使用同样方法创建内部草图。如图 3-11 所示。

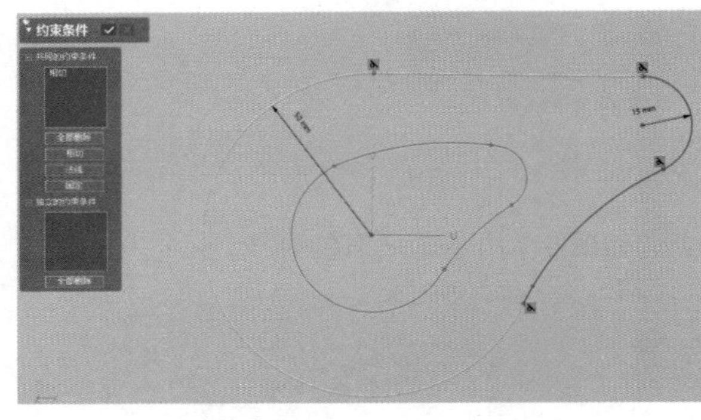

图 3-10　添加约束

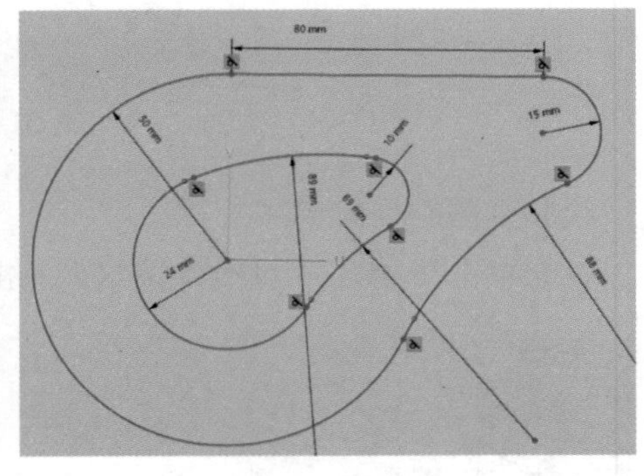

图 3-11　完成草图

（6）退出面片草图，单击左上方的 退出 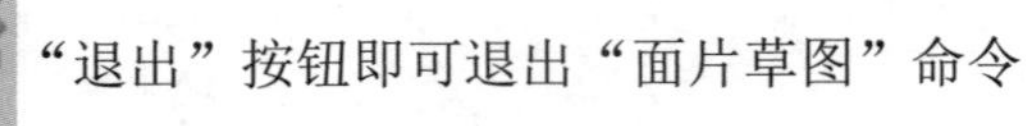“退出”按钮即可退出“面片草图”命令。

3.3 草图模式

草图 草图模式——可在有或没有面片、点云的情况下绘制、编辑特征。草图模式里的工具与面片草图中的工具一样，但是不具备拟合功能。这些草图可在没有点云、面片断面信息的情况下创建附加曲面或实体。

草图模式是正向设计模块，草图的绘制与正向软件中的绘制方式大致相同，单击 草图 进入“草图模式”后，需要选择一个基准平面来建立草图，然后便可绘制草图。如图 3-12 所示。

图 3-12　草图模式

3.4 3D 面片草图模式

3D面片草图 3D 面片草图——可根据点云或面片来绘制和编辑 3D 曲线。无论何时绘制或编辑曲线，曲线会投影到点云或面片上。在这种模式下创建的曲线可应用于创建境界拟合曲面。

单击 3D面片草图 进入“3D 面片草图模式”，如图 3-13 所示，在“3D 面片草图模式”下，主要是创建 3D 曲线以及编辑 3D 曲线，用来创建境界拟合的曲面。

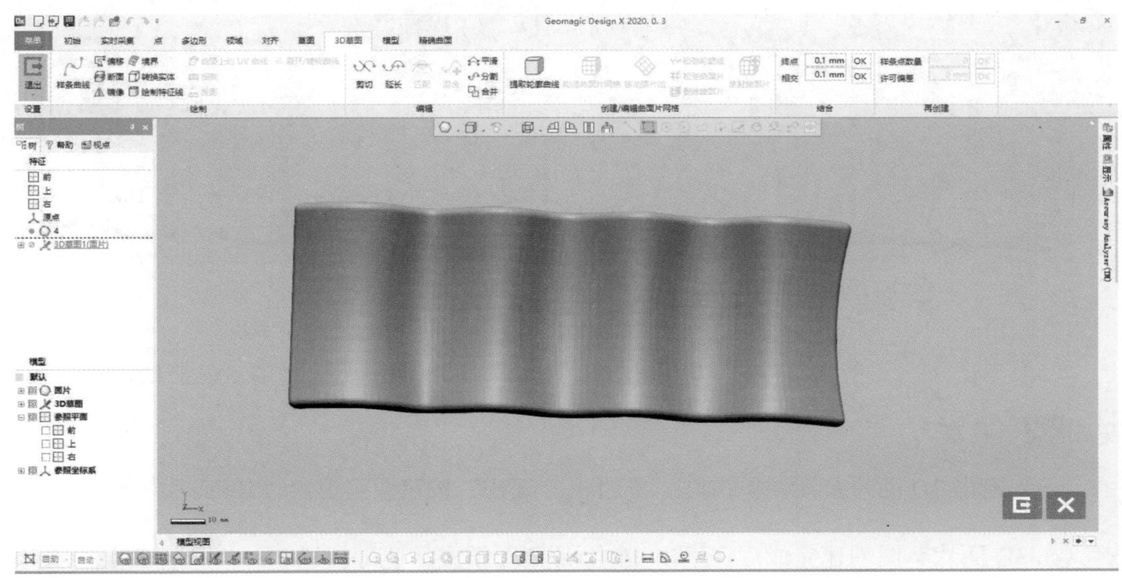

图 3–13　3D 面片草图模式

创建步骤如下：

（1）单击 样条曲线 “样条曲线”按钮，绘制样条，描绘出实体的大致轮廓边缘，所有的曲线均是与面片贴合的，单击“确定”，如图 3-14 所示。

（2）单击 断面 “断面”按钮，选择“绘制画面上的线”，绘制平面来截取模型的断面线，绘制的断面线要求在实体上分布较为均匀，且能反映实体特征，单击“确定”，如图 3-15 所示。

（3）单击 平滑 “平滑”按钮，框选所有的曲线，根据所构建实体的复杂程度，选取适当的平滑值，单击“确定”，如图 3-16 所示。

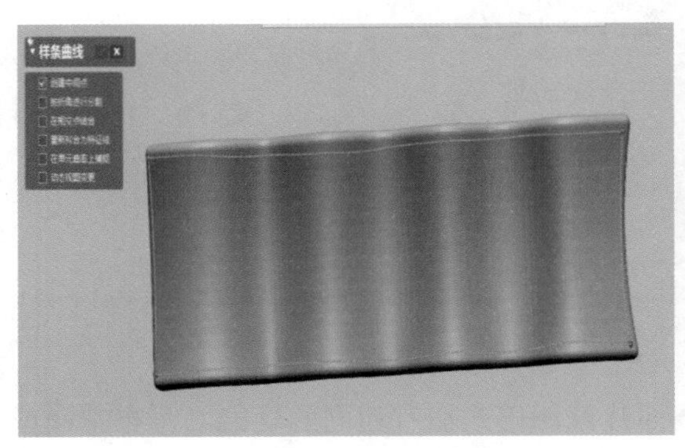

图 3–14　样条曲线

图 3–15　断面

（4）单击 分割 “分割”按钮，框选所有的曲线，选择“与线的相交点”，将出现红色的圈即为曲线的相交点，单击 “确定”，完成曲线的分割，如图 3-17 所示。

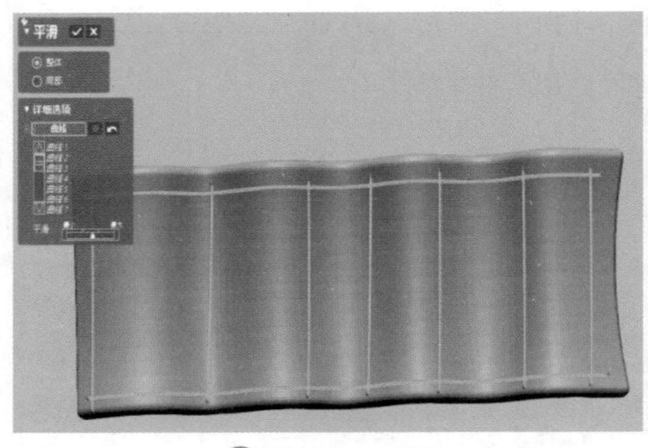

图 3–16　平滑　　图 3–17　分割

（5）单击 剪切 “剪切”，选择“剪切曲线”，如图 3-18 所示，选择多余的曲线进行剪切，单击 “确定”。

（6）退出 3D 面片草图，单击左上方的 退出 “退出”按钮即可退出“3D 面片草图”命令。

在 3D 面片草图创建完成后，退出 3D 面片草图模式，便可创建 拟合曲面 “拟合曲面”(必须将境界线通过分割，成为单独封闭的环)。

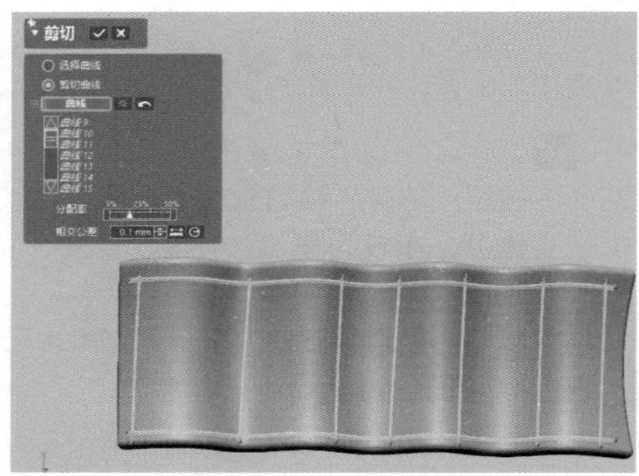

图 3–18　剪切多余曲线

3.5 3D 草图模式

3D草图 3D 草图模式——3D 草图模式与 3D 面片草图模式拥有相同的功能，可在空间或任意特征上自由绘制 3D 曲线。不同的是，用 3D 草图模式创建的曲线并不是投影到面片上的。在这种模式下创建的曲线可应用于获得管道的中心线或创建放样、扫描的路径。

单击 3D草图 进入“3D 草图模式”，在“3D 草图模式”下，可在空间或任意特征上自由绘制 3D 曲线，如图 3-19 所示。在这种模式下创建的曲线可应用于获得管道的中心线或创建放样、扫描的路径。

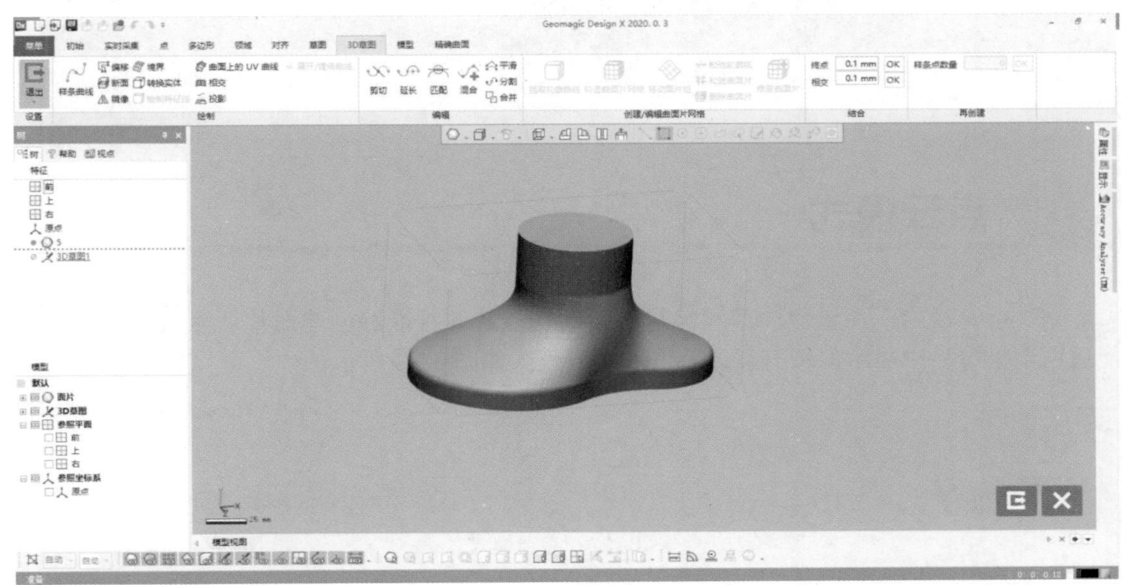

图 3–19　3D 草图模式

绘制创建放样曲面的 3D 曲线，步骤如下：

（1）单击 断面 “断面”按钮，在“对象要素”下选取“自由曲面领域”，单击 “下一步”按钮，选择“选择平面”，在“基准平面”下，选取“前”，上下拖动蓝色的箭头，在图 3-20 的自由曲面领域中创建三个曲线环，单击 “确定”按钮，即为放样的三个轮廓。

（2）单击 样条曲线 “样条曲线”按钮，在实体的边缘绘制三条 3D 曲线，即为放样的三条向导曲线。要求所绘制的 3D 曲线，必须与曲线环相交，否则无法放样。如果不能选择曲线环，则可以在“选择过滤器”下，单击 “边线”按钮，绘制最后一个点后，单击鼠标右键，便可完成一条曲线的绘制。单击 “确定”，如图 3-21 所示。

（3）退出 3D 草图，单击左上方的 退出 “退出”按钮或者单击视图右下方显示区的 “退出”按钮即可退出“3D 草图”命令。退出 3D 面片草图模式，便可创建 放样 “放样”曲面。

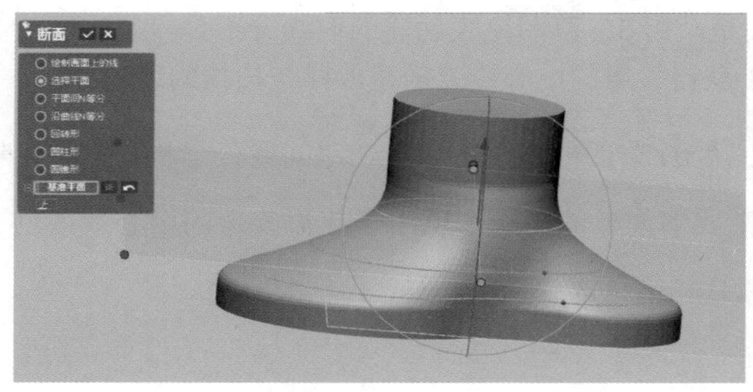

图 3-20　创建曲线环

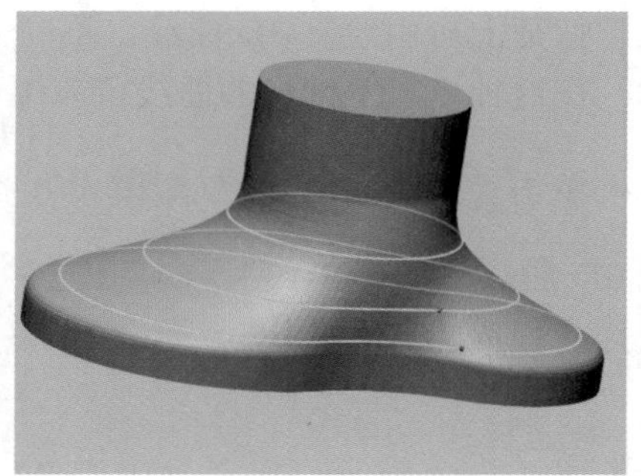

图 3-21　绘制曲线

3.6 点云模式

点 点云模式——包含清理和编辑点云的功能，并且能够创建面片。点云模式中的功能适用于模型树中显示的所有点云。进入点云模式如图 3-22 所示。

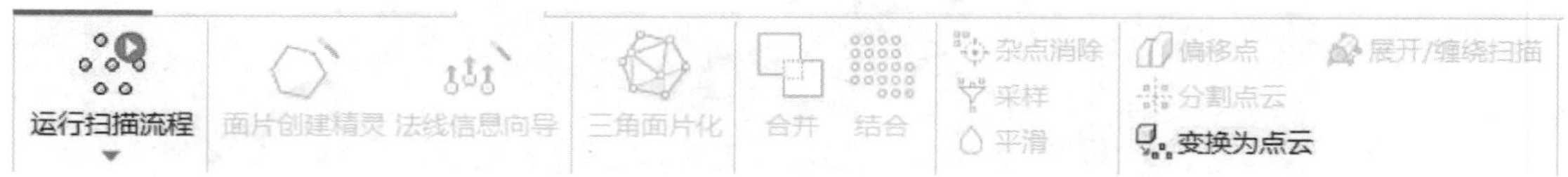

图 3-22　点云模式

点云模式里面常用的命令有杂点消除、采样、平滑、构造面片等。

3.6.1　过滤杂点

杂点消除 “杂点消除”命令，如图 3-23 所示，可以自动过滤点云数据中的一些干扰杂点，通过设置过滤噪音点云，可以去除不需要的部位，使点云数据进行更合理地设置，该命令效果如图 3-24 所示。

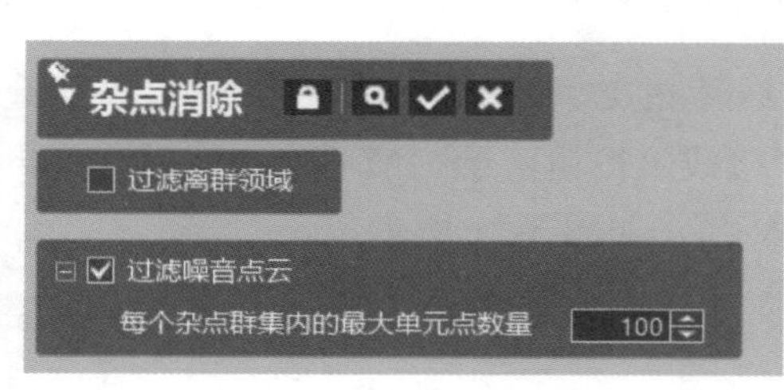

图 3-23　杂点消除

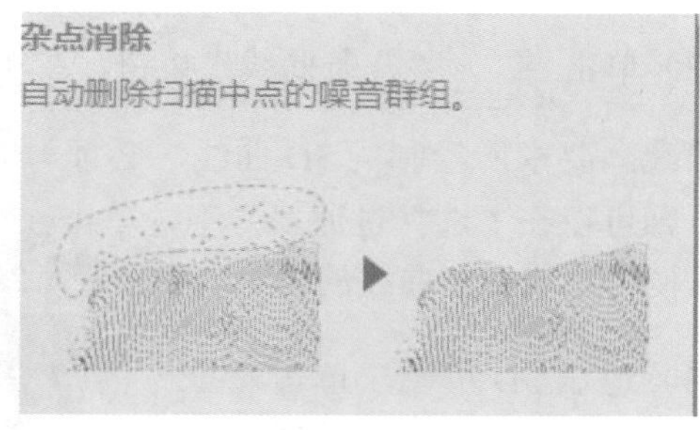

图 3-24　消除噪音点云

过滤离群领域：选取合理的领域，去除在定义区域之外的所有点。

过滤噪音点云：通过设置杂点群集内的最大单元点数量，去除杂点。

3.6.2 采样

采样 采样主要功能是根据曲率比例、距离和许可公差来减少单元面数量，用于处理大规模点云或者删除点云中多余的点，该命令如图 3-25 所示。

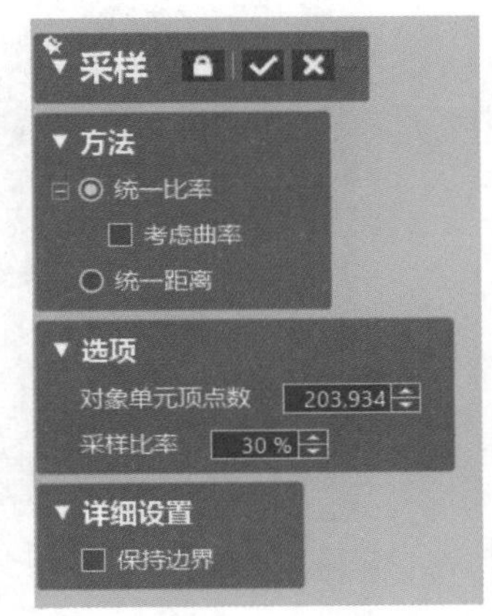

图 3-25 数据采样

统一比率：使用统一的单元点比率减少单元点的数量，如图 3-26 所示。

考虑曲率：根据点云的曲率流采样点云。勾选此复选框，对于高曲率区域采样的单元点数将比低曲率区域的少，因此可以保证曲率的精度。

采样比率：使用指定的数值采样数据点。如果比率设置为 100%，就使用全部选定的数据。如果设置为 50%，只使用选定数据的一半。

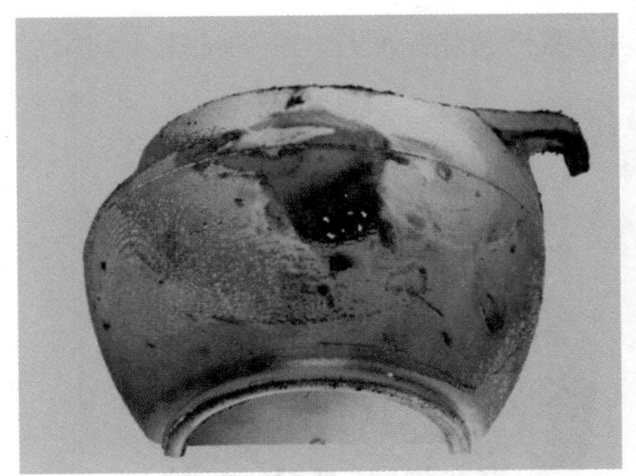
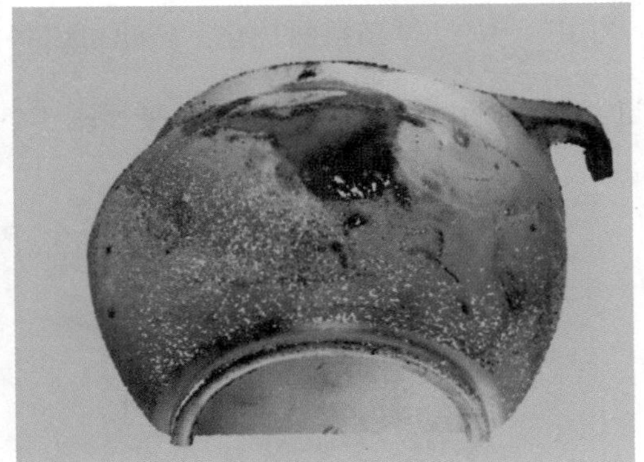

图 3-26 采样效果

目标单元点数：设置在采样后留下的单元点的目标数量。

保留边界：保留境界周围的单元点。

3.6.3 平滑

利用 平滑 “平滑”命令，如图 3-27 所示，可以根据设计需要，设置点云的强度和平滑度，为接下来的面片形成提供前提条件。

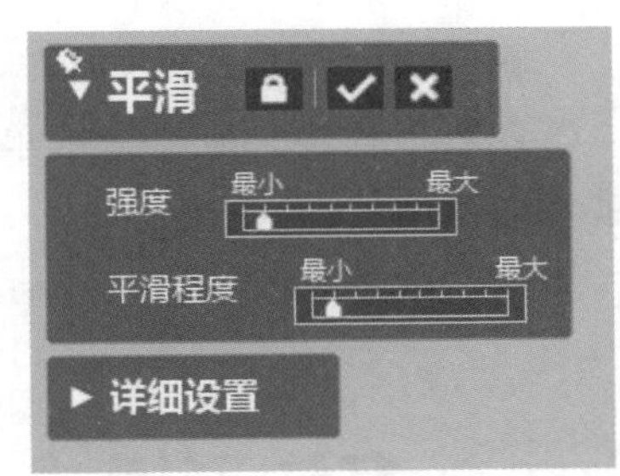

图 3-27 点云平滑

目标：需要编辑的点云数据。

强度：增加或者减少点云数据的影响。

平滑程度：增减或者降低点云粗糙度，如图 3-28 所示。

许可偏差：设置许可偏差的范围，平滑过程中在许可偏差内限制单元点的变形。

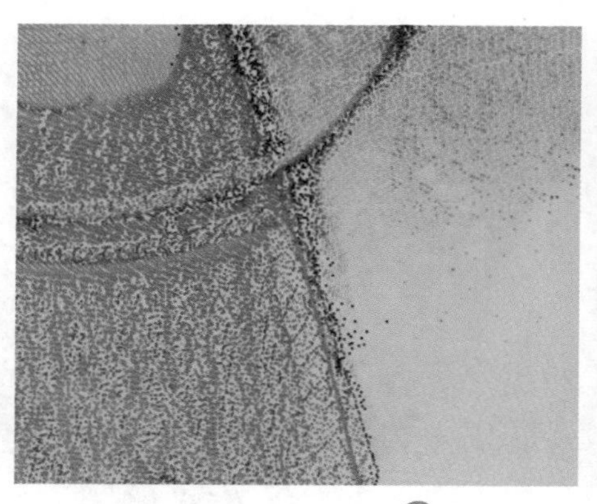
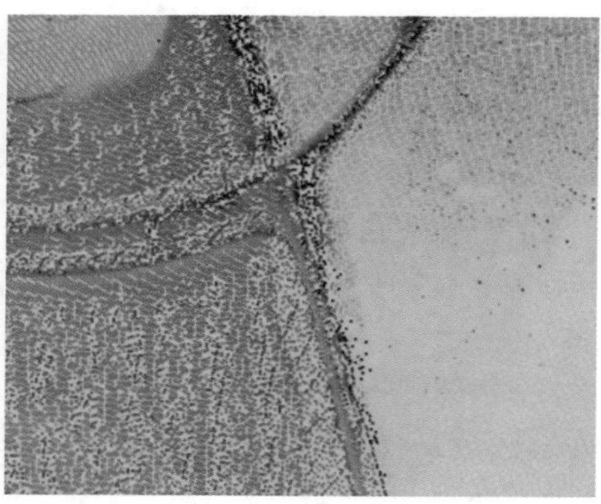

图 3–28　平滑程度效果图

3.6.4　三角面片化

利用 三角面片化 “三角面片化”按钮可以将点云数据转化为面片，主要应用于利用点云的局部区域创建面片，该命令执行效果如图 3-29 所示。

图 3–29　创建三角面片

点云：选择点云或者局部单元点作为目标要素。

删除原始数据：在面片单元化后，删除原始的 3D 扫描数据。

在特征树中抑制结果：单击特征树中特征名称旁边的复选框可以将创建的特征抑制，或者接触抑制。

消除杂点：删除杂点单元。

3.7　多边形模式

多边形 多边形模式——包含编辑、修正、加强和优化面片功能。注：必须选择面片后，才可进入多边形模式。利用 多边形 “多边形”命令可以检测面片的缺陷和对面片的缺陷进行修复。

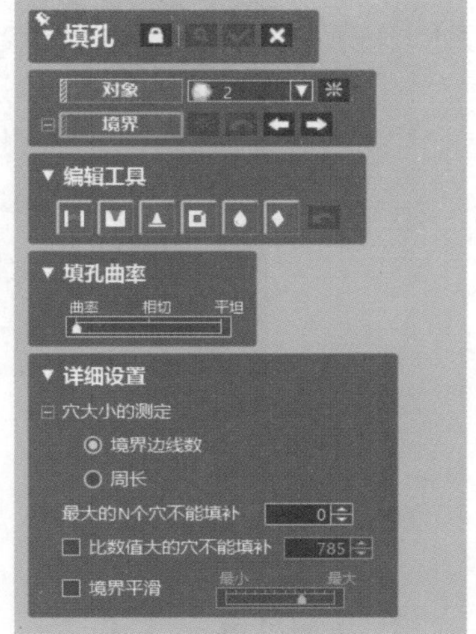

图 3–30　填孔命令

3.7.1　三角网格面片修补

修补精灵 “修补精灵”按钮：主要应用于对点云数据缺陷的自动检测。

填孔 “填孔”命令，如图 3-30 所示，根据面片的特征形状使用单元面来填补缺失的孔洞。

“填孔”命令具备改善边界或者删除边界特征形状的高级编辑功能，主要根据面片的特征形状手动使用单元面填补缺失的孔洞，效果如图 3-31 所示。

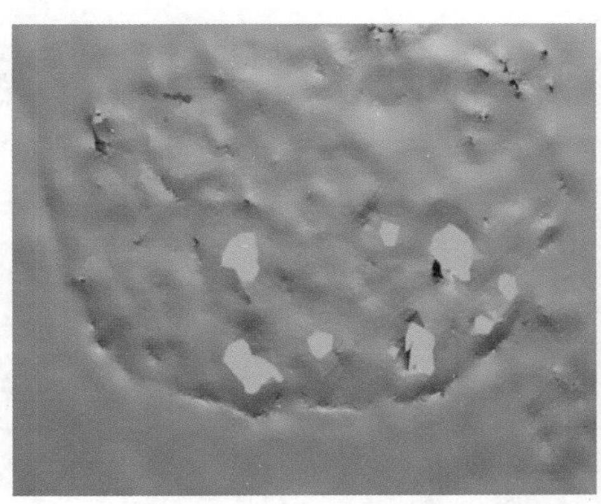
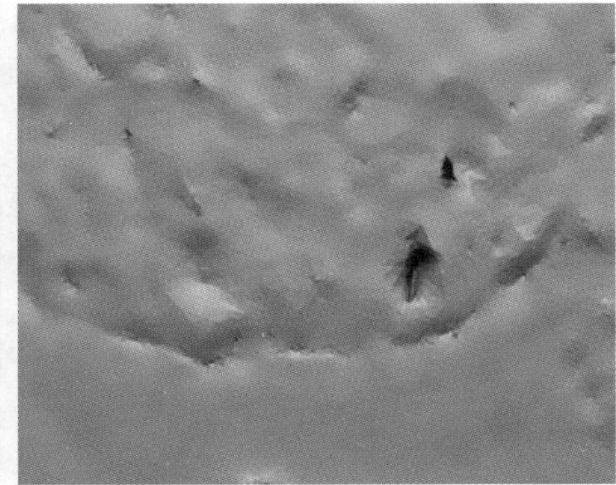

图 3–31　填孔效果

填补的方式主要有“平坦”和“曲率”两种方式。

平坦：使用平坦的单元面填补目标境界，如图 3-32 所示。

曲率：使用境界的曲率单元面填补目标境界，如图 3-33 所示。

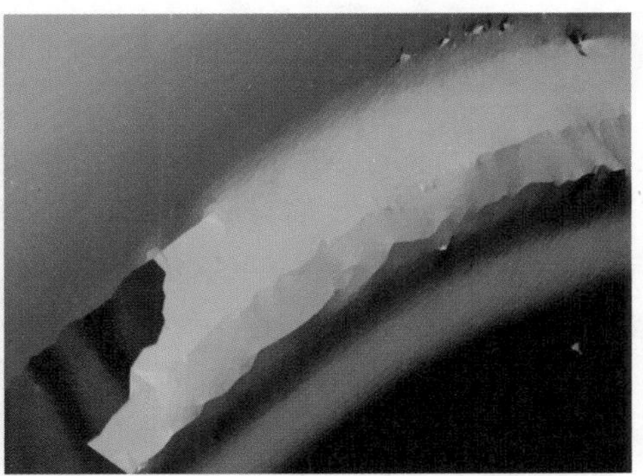

图 3–32　平坦填补效果

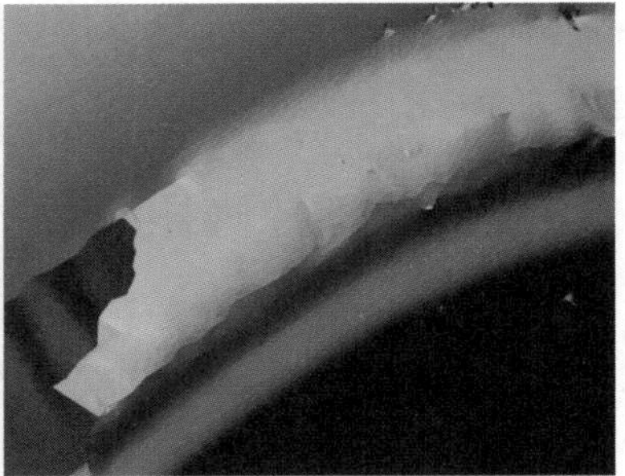

图 3-33　曲率填补效果

3.7.2　面片优化

利用 平滑 “平滑”命令，如图 3-34 所示，可以消减杂点，降低面片的粗糙度，让面片更加光滑。

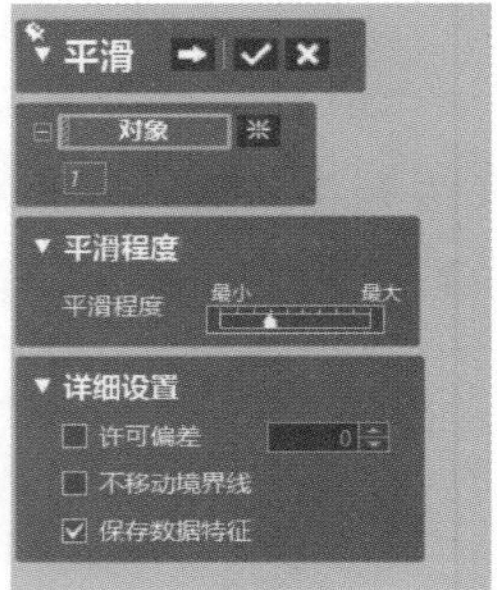

图 3-34　面片平滑

“平滑”可以用在整个面片，也可以用在局部的面片中，主要应用于消除杂点的影响，提高面片品质，如图 3-35 所示。

许可偏差：设置在平滑操作过程中单元面变形的许可偏差。

不移动境界线：保留单元点的移动量。

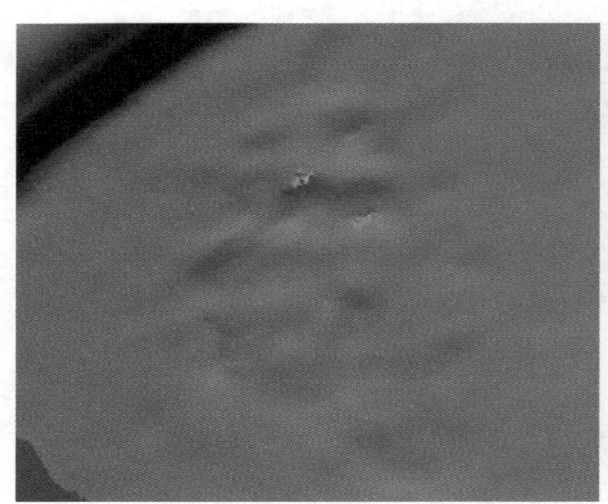
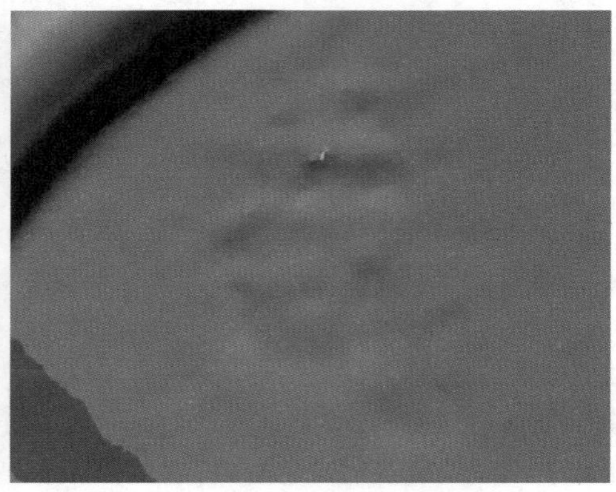

图 3-35　平滑程度效果

思考题

1. Geomagic Design X 2020 中有哪几种模式？各自的主要功能是什么？

2. 在领域组模式中，有时候自动分割后特征会分得不恰当，需要通过手动分割去重新划分领域，主要的划分方式有哪些？

3. 叙述一下点云处理的主要命令有哪些？都具有什么功能？

4. 面片修复的主要命令有哪些？都具有什么功能？

第4章

领域划分

学习目标

了解领域划分以及各个处理领域的相关命令和应用，如自动分割、重分块、领域合并、领域分离等命令。

领域是导入曲面模型按相似度划分成不同的区域，是曲面模型部分点云集合。领域划分即对原有模型进行切分，是将不规则曲面模型按照点云集相似度划分成不同的点云集，曲面模型建模是以领域划分为基础的。领域分割后可使用合并、分离、插入、扩大和缩小等操作对生成的领域特征进行领域编辑，根据相邻分割领域的特征选择不同的操作，对领域进行手动编辑以便于建模。

4.1 自动分割

“自动分割”通过自动识别点云数据的3D特征，实现特征领域分类。分类后的特征领域具有几何特征信息，可用于快速创建特征。

具体操作步骤如下：

（1）在工具栏中单击“初始”→ 导入 “导入”命令，导入要处理的点云数据。

（2）在工具栏中单击 领域 “领域”按钮，进入“领域组”模式，单击 自动分割 “自动分割”对话框，如图4-1所示。

（3）设置敏感度。在“自动分割”对话框中，根据模型的复杂程度，输入适当的“敏感度”，越复杂的模型设置“敏感度”越高，分割的领域面越多。

（4）设置面片粗糙度。在“自动分割”对话框中，根据点云数据杂点水平调整“面片粗糙度”，单击 “估算”按钮显示一个合适的粗糙度值。

（5）单击 “确定”按钮完成自动分割操作，同一模型在敏感度为30和90的领域分割的对比图，如图4-2(a)、(b)所示。

图 4-1 自动分割

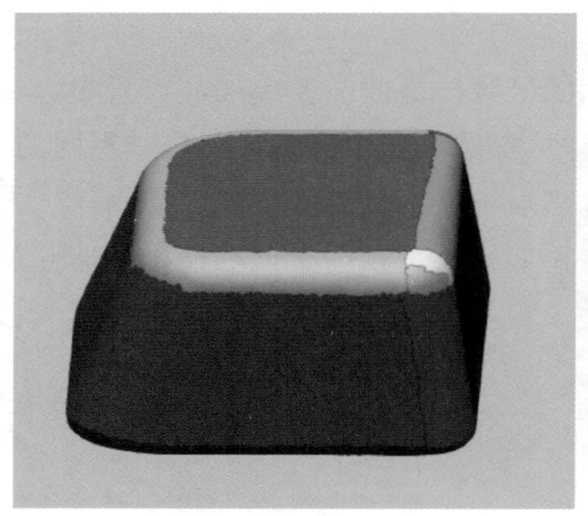

(a) 敏感度 30

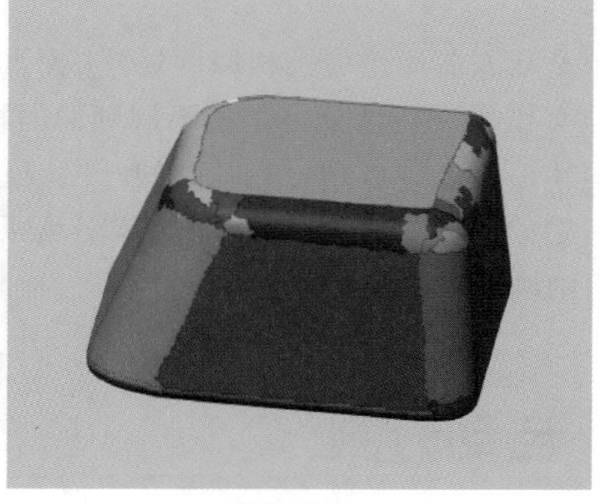

(b) 敏感度 90

图 4-2 不同敏感度分割领域对比图

领域组划分之后，会以不同颜色标注不同的领域，分割出模型相应的特征，以便于建模。自动分割领域时尽量将模型分割成平面领域、圆柱领域等规则领域。

4.2 重分块

“重分块”操作可对“自动分割”产生的领域特征重新划分领域，选中某领域特征，重新设置敏感度和面片粗糙度进行领域划分。

具体操作步骤如下：

（1）在“领域组”模式下，单击“重分块”按钮，弹出“重分块”对话框。

（2）选中需要重新分块的领域，设置“敏感度值”和“面片的粗糙度”，如图 4-3 所示。

（3）单击✓“确定”按钮完成重分块操作，如图 4-4 所示。

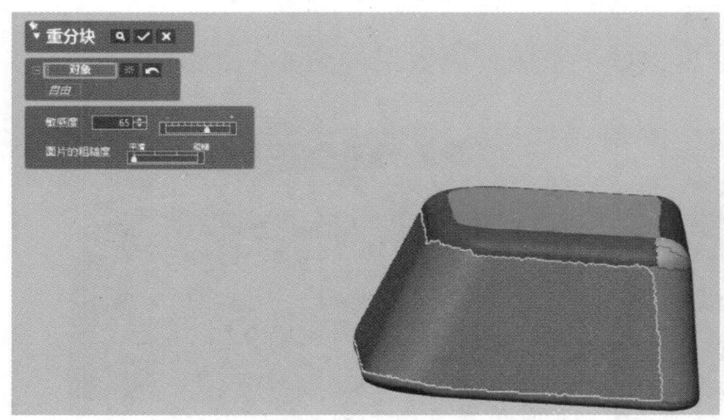

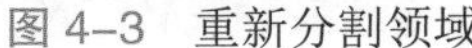
图 4–3　重新分割领域

图 4–4　分割完毕

4.3 领域合并

如果相邻的领域相似度较大，合并后可以在同一曲面中，可将其合并成一个新的领域。具体操作步骤如下：

（1）在“领域组”模式下，选择要合并的领域组；

（2）单击 合并 “合并”按钮，选中要合并的领域，生成新的领域，领域合并效果如图 4-5 所示。

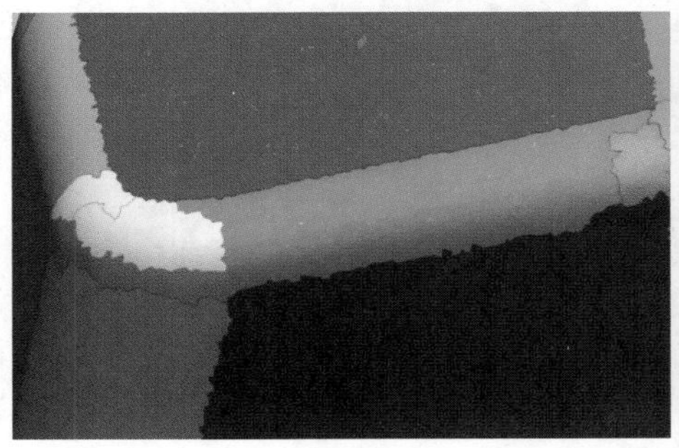

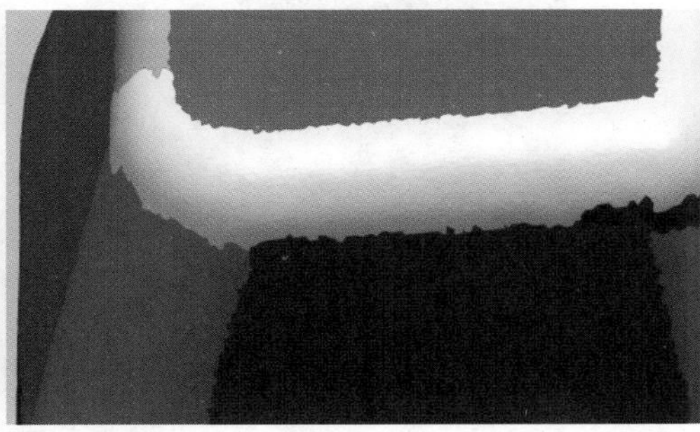
图 4–5　领域合并

4.4 领域分离

因为敏感度过小，将两个不同特征的领域划分在同一个领域中，可以通过分离命令将其分割成多个领域以便于建模操作。

具体操作步骤如下：

（1）在“领域组”模式下，单击 分割 “分割”按钮；

（2）在选中的领域上进行自定义分离领域，领域分离效果如图 4-6 所示。

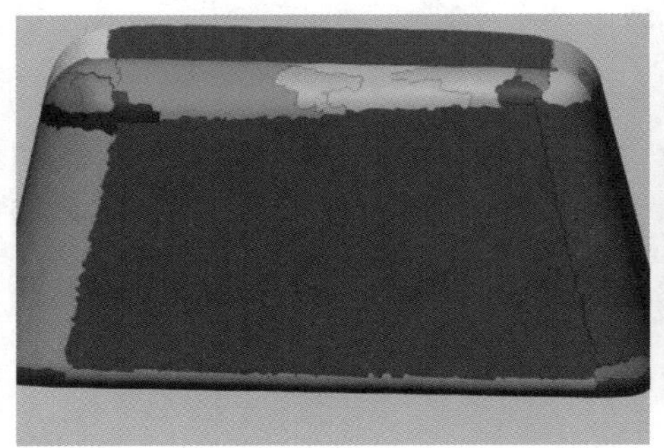

图 4–6　领域分离

4.5 领域插入

如果领域组划分中需要增加新的领域，可以选中要插入的领域，单击 插入 “插入”命令，在选择选项中，选取 按钮，划分出需要的领域，完成插入新领域的操作，领域插入效果如图 4-7 所示。

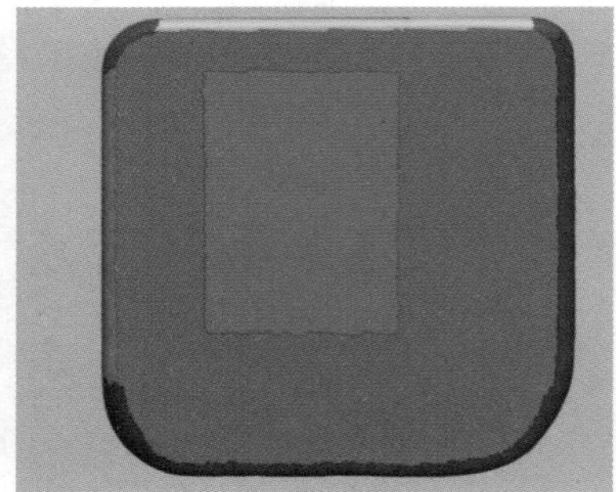

图 4–7　领域插入

在“选择选项”中，选取合适的模式来划分领域。如在 四个选项下，所分割的领域无法识别，可调整粗糙度等选项，识别领域的要素。Esc 键可以取消所选择的领域。

领域组划分完成后，单击其他工具栏，退出领域组模式。

4.6 领域缩小 / 扩大

“领域缩小 / 扩大”按钮可对选中的区域进行缩小或扩大操作，可以避开相邻的特征领域。

具体操作步骤如下：

（1）在“领域组”模式下，选取领域，如图 4-8 所示。

图 4–8　选取领域

（2）单击 缩小 “缩小”命令或者单击 扩大 “扩大”命令，对领域面做适当的调整，领域缩小和扩大的效果如图 4-9、图 4-10 所示。

图 4–9　领域缩小

图 4–10　领域扩大

思考题

1. 领域分割后，怎样进行领域特征合并？
2. 怎样进行领域特征的插入和分离？

第5章

实体建模

学习目标

了解相关实体建模命令及应用，如拉伸、回转、扫描、放样、实体偏移、赋厚曲面、壳体切割、布尔运算等命令。

实体建模通过选定“面片草图模式”和“草图模式”下绘制的封闭轮廓曲线、中心轴线等可以创建拉伸实体、回转实体、扫描实体、放样实体等。对已存在的实体可以通过偏移、赋厚、抽壳、剪切、布尔运算等操作创建新的实体。

5.1 拉伸

拉伸实体是将封闭的截面轮廓曲线沿截面所在某矢量运动而形成的实体。通过选定“面片草图模式”和“草图模式”下绘制的封闭轮廓曲线可以创建拉伸实体。

具体操作步骤如下：

（1）打开“拉伸”对话框。在菜单栏中单击“插入”→“实体”→ 拉伸“拉伸”命令，或者在工具栏中单击 拉伸“拉伸”按钮，弹出“拉伸”对话框，如图5-1所示。

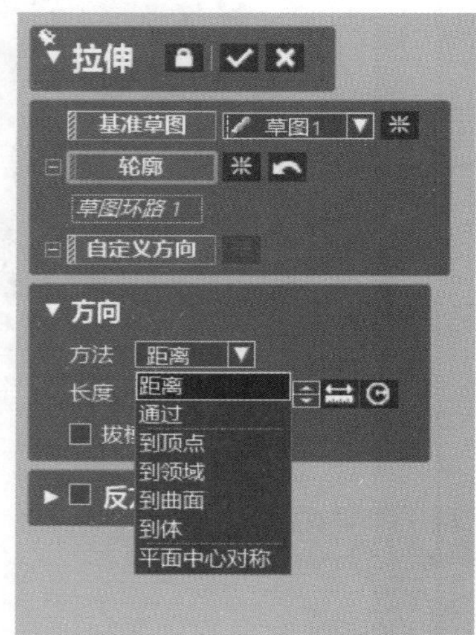

图5-1 “拉伸”对话框

（2）选取封闭轮廓曲线。在“拉伸”对话框的“基准草图”下选择“草图1”(面片)，单击“轮廓”选取“草图1”(面片)中的“草图环路1”。

（3）选择拉伸方向。在“拉伸”对话框的“方法”下选择一种拉伸方式。拉伸方式有7种，7种拉伸方法均可使用“拔模”命令，在“到顶点”“到领域”“到曲面”方法中还可以使用“偏移”命令，如有多个实体时，可以在结果运算下，使用“剪切”“合并”的命令。拉伸方向默认为基准草图的法线方向。

① 距离。拉伸将从轮廓截面开始算起，沿箭头指定方向拉伸指定距离，如图 5-2 所示。

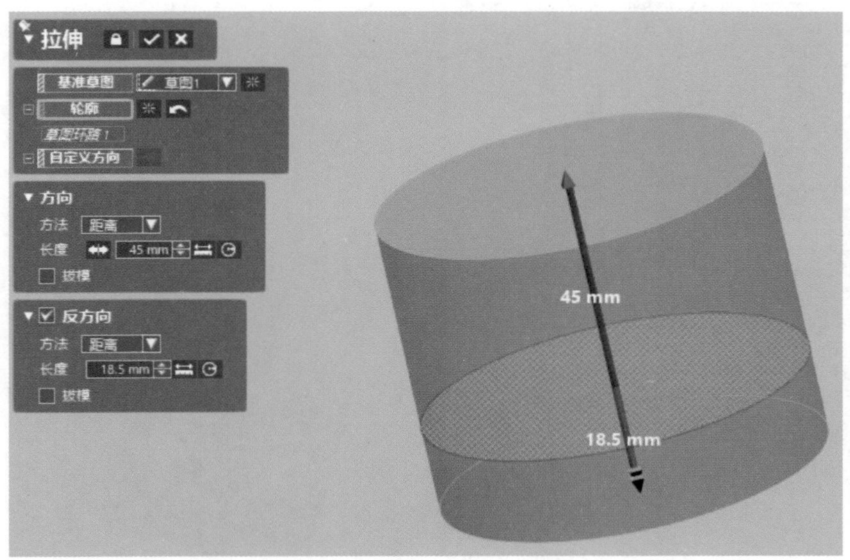

图 5–2　等距离拉伸

② 通过。沿着拉伸方向，穿过其他实体的拉伸高度，如图 5-3 所示。
③ 到顶点。在拉伸方向上选取某一个线或体上的点作为拉伸终点，如图 5-4 所示。
④ 到领域。沿着拉伸方向，在面片上选择一个领域作为拉伸终点。

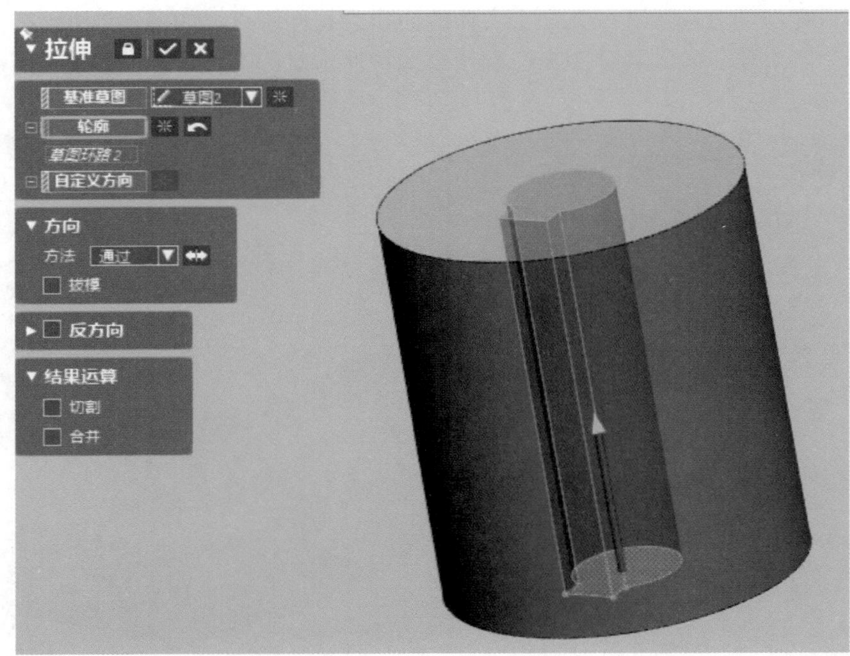

图 5–3　通过其他实体拉伸

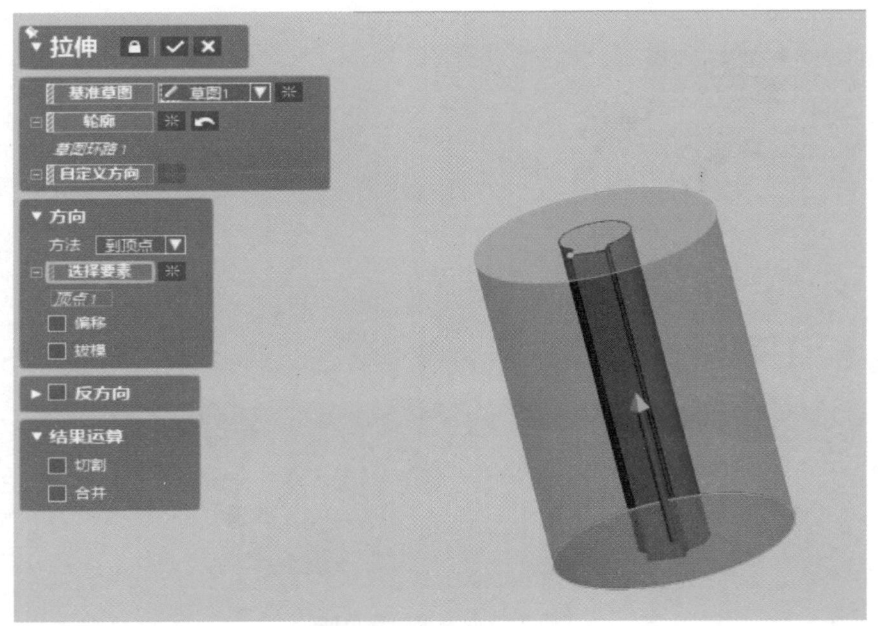

图 5-4　拉伸到顶点

在“拉伸”对话框的“方向”下，选择“到领域”方法，“选择要素”为“平面”，勾选“拔模”，拔模角度为“10°”，反方向采用同样的方法，如图 5-5 所示。

⑤ 到曲面。在拉伸方向上选取某一个面作为拉伸终点，如图 5-6 所示。

⑥ 到体。在拉伸方向上选取某一个实体的面作为拉伸终点，如图 5-7 所示。

⑦ 平面中心对称。输入拉伸距离，利用草图拉伸出对称的实体，如图 5-8 所示。

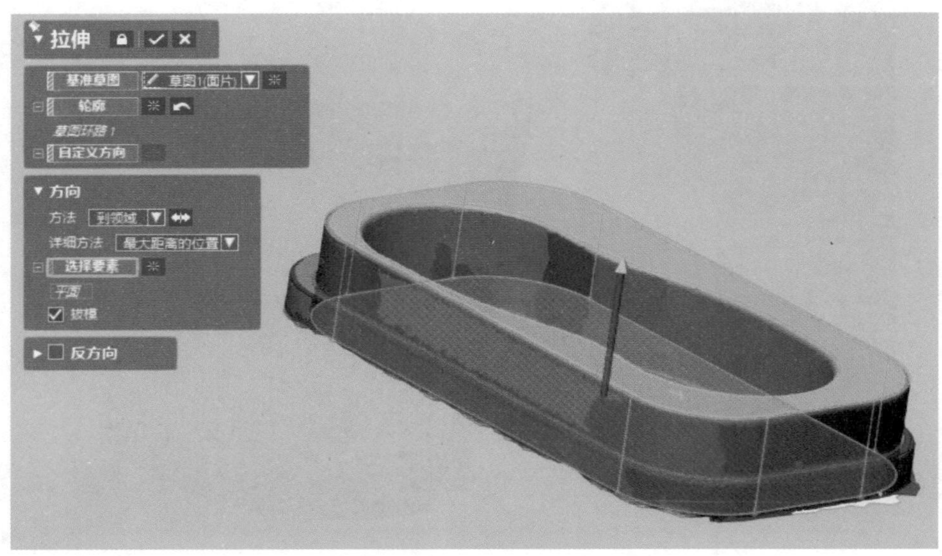

图 5-5　拉伸到领域

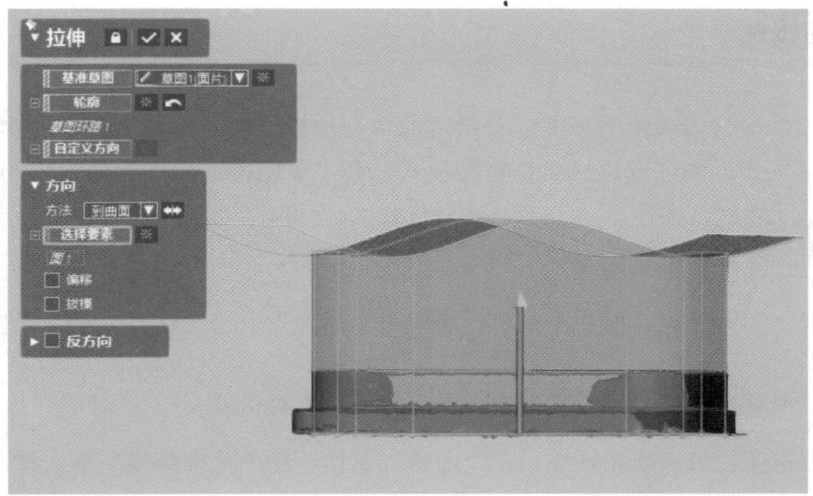

图 5-6 拉伸到曲面

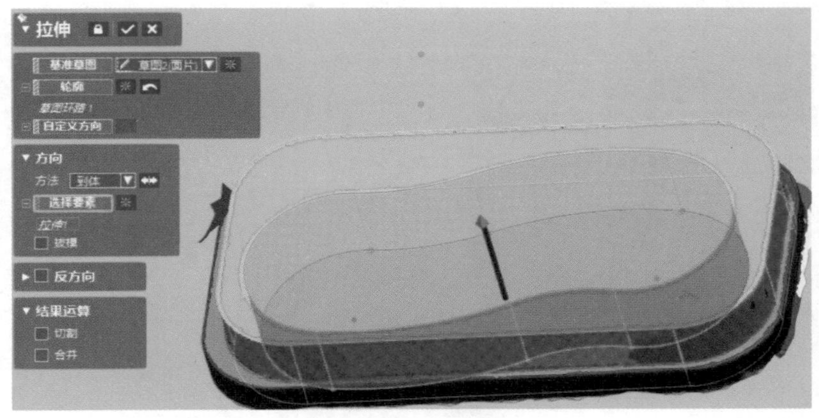

图 5-7 拉伸到体

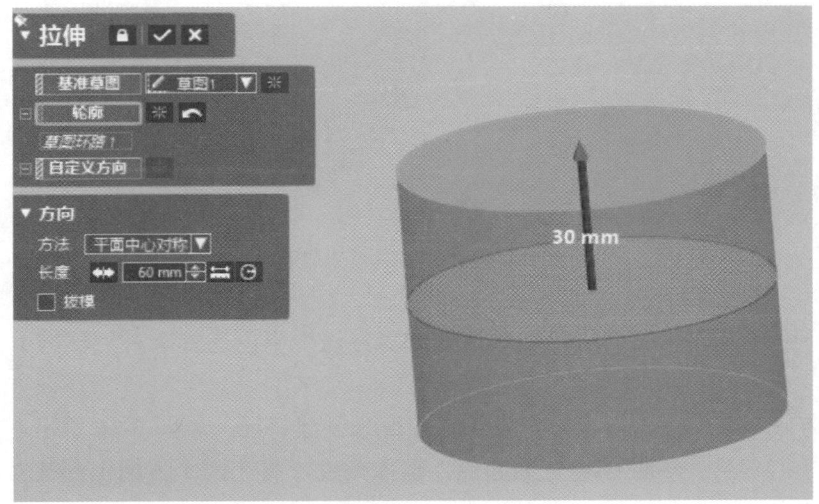

图 5-8 平面中心对称拉伸

5.2 回转

回转实体是将封闭的轮廓草图沿着指定的中心轴线旋转一定角度形成的实体，一般用于创建轴对称实体。通过选定“面片草图模式”和“草图模式”下绘制的封闭轮廓曲线和中心轴线可以创建回转实体。

具体操作步骤如下：

（1）打开“回转”对话框。在菜单栏中单击“插入”→“实体”→ 回转 “回转”命令，或者在工具栏中单击 回转 “回转”按钮，弹出“回转”对话框。

（2）选取封闭轮廓曲线和轴线。在“回转”对话框的“基准草图”下选择“草图1（面片)”，单击“轮廓”选取“草图1（面片)”中的“草图环路1”，单击“轴”选取“曲线1”，如图5-9所示。

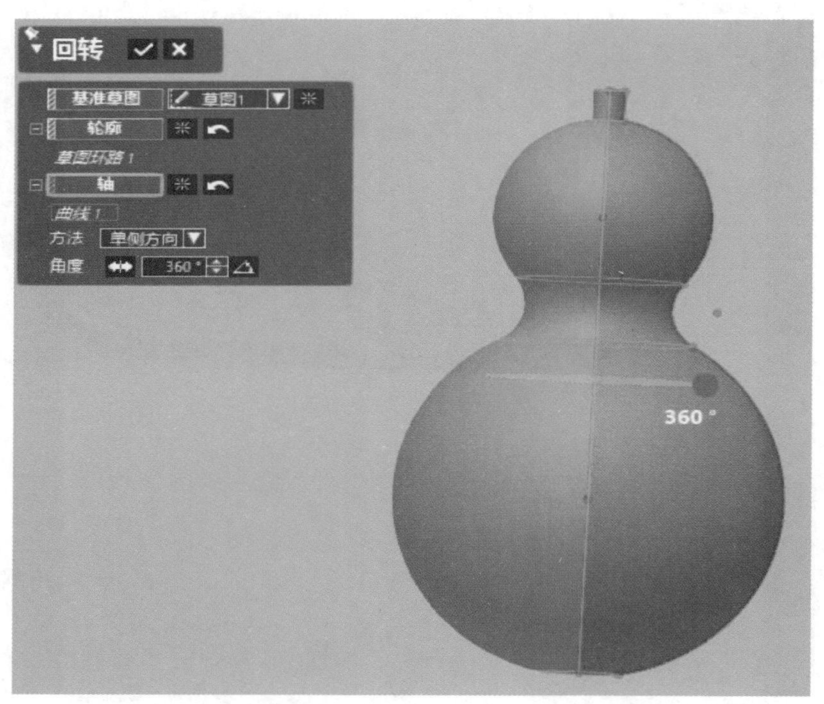

图5–9 “回转”对话框

（3）选择回转方向。在“回转”对话框的“方法”下，选择一种回转方式，回转方式有3种。

① 单侧方向。在草图的一个方向上输入角度来创建特征，如图5-10所示。

② 平面中心对称。以草图位置为起点，输入角度，将在两个方向上创建对称特征，如图5-11所示。

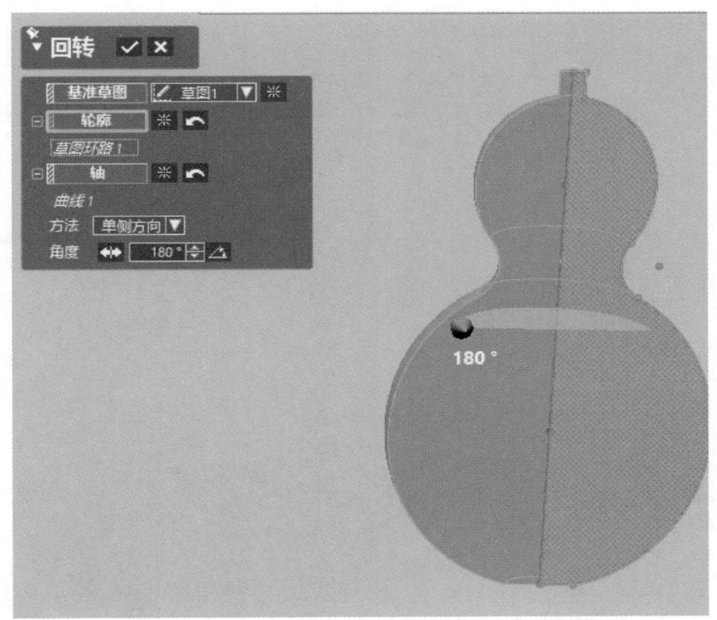

图 5-10　单侧方向回转

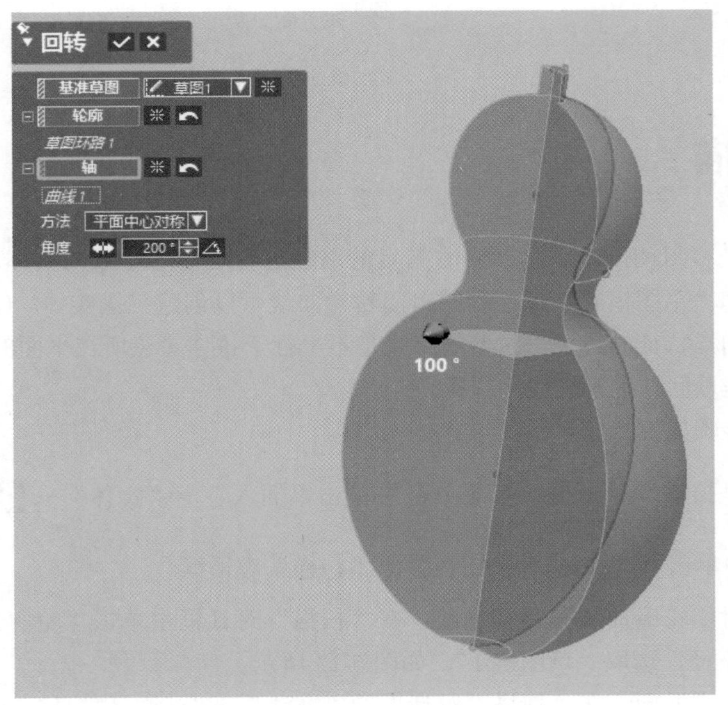

图 5-11　平面中心对称回转

③ 两方向。在草图的两个方向上，分别输入不同的角度来创建特征，如图 5-12 所示。

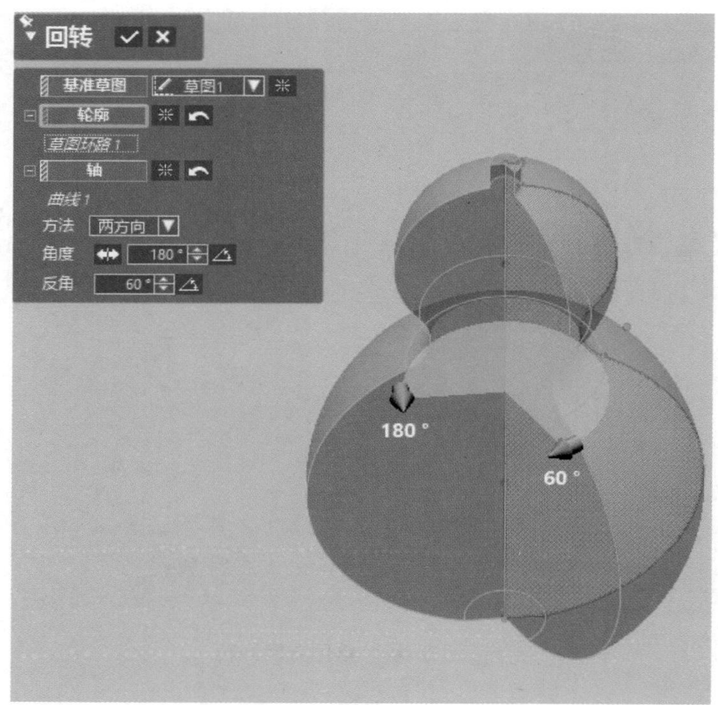

图 5-12　两方向回转

5.3 扫描

扫描实体是将封闭的轮廓草图沿着指定的路径进行运动所形成的实体。通过选定“面片草图模式”和“草图模式”下绘制的封闭轮廓曲线可以创建扫描实体。(注：拉伸和回转都可以当作是扫描特征的特例，拉伸的路径是不平行于拉伸对象所在平面的一个指定矢量，而回转的路径是以回转轴为轴线的圆周。)

具体操作步骤如下：

（1）打开“扫描”对话框。在菜单栏中单击“插入”→“实体”→扫描“扫描”命令，或者在工具栏中单击扫描“扫描”按钮，弹出“扫描”对话框。

（2）选取封闭轮廓曲线和路径轴线。在“扫描”对话框中单击“轮廓”选取“草图环路1”，单击“路径”选取“草图链1”，如图5-13所示。

（3）选择扫描方向。在“扫描”对话框的“方法”下选择一种扫描方法，扫描方法有6种，如图5-14所示。在“向导曲线”下选择“草图链2”，如有多个实体时，可以在“结果运算”下，使用“切割”“合并”命令。

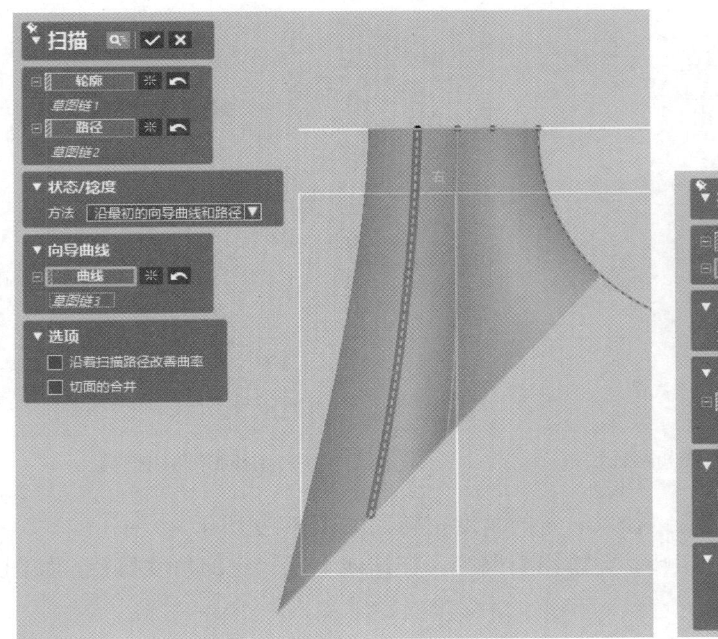

图 5-13 “扫描”对话框

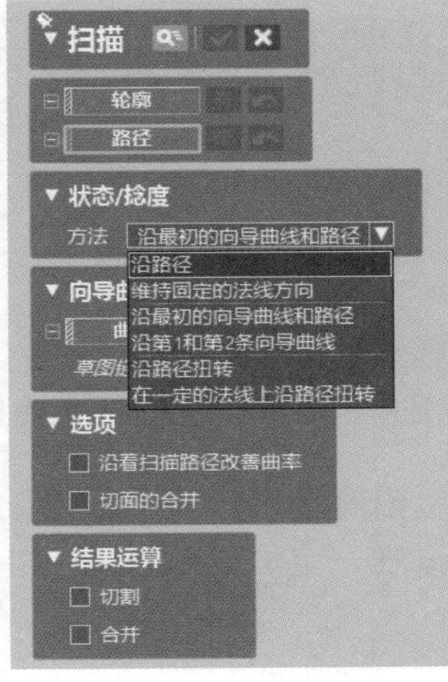

图 5-14 扫描方法

① 沿路径。路径和轮廓扫描保持一样的角度，如图 5-15 所示。

② 维持固定的法线方向。起始的端面与结束端面相平行，如图 5-16 所示。

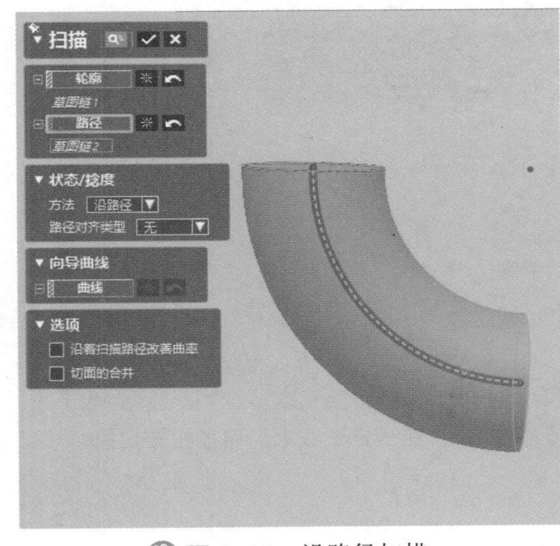

图 5-15 沿路径扫描

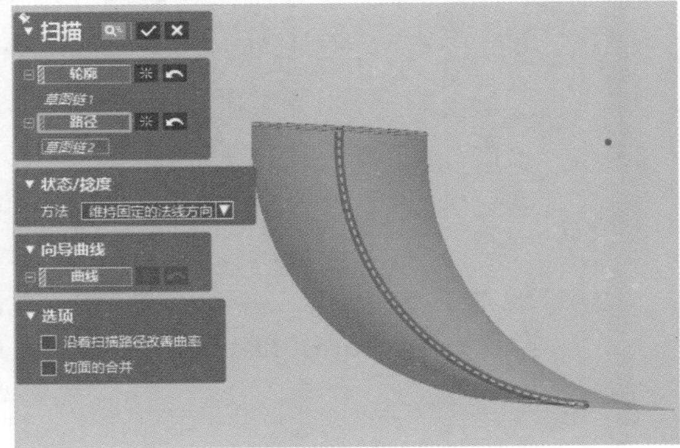

图 5-16 固定法线方向扫描

③ 沿最初的向导曲线和路径。路径为脊线，向导曲线控制曲面外形，如图 5-17 所示。

④ 沿第 1 和第 2 条向导曲线。两条向导曲线控制曲面外形，如图 5-18 所示。

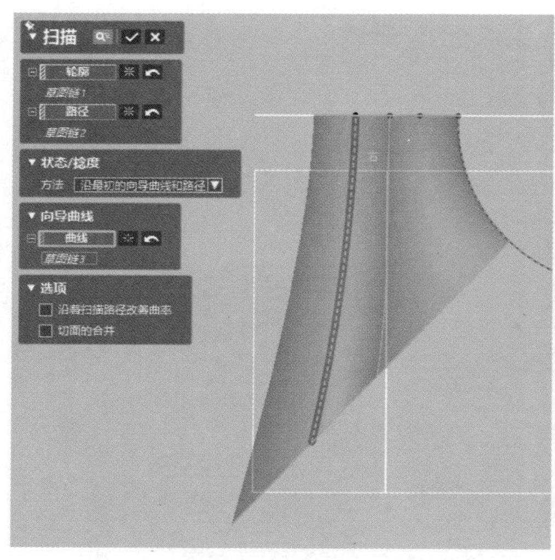

图 5-17 沿最初的向导曲线和路径扫描

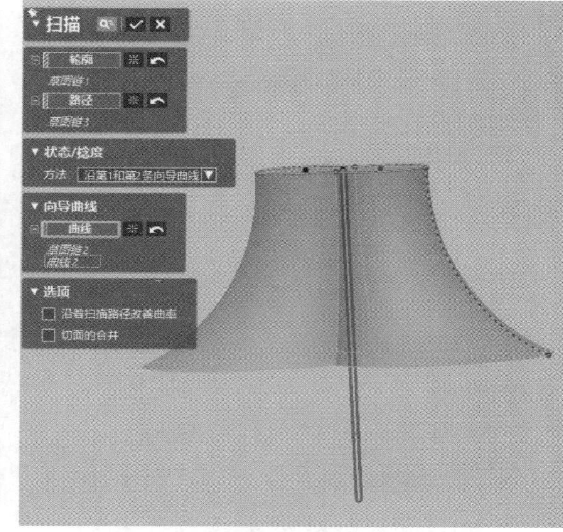

图 5-18 沿向导曲线扫描

⑤ 沿路径扭转。轮廓沿着路径以一定的角度扭转，如图 5-19 所示。

⑥ 在一定法线上沿路径扭转。轮廓沿着路径，在法线上以一定的角度扭转，如图 5-20 所示。

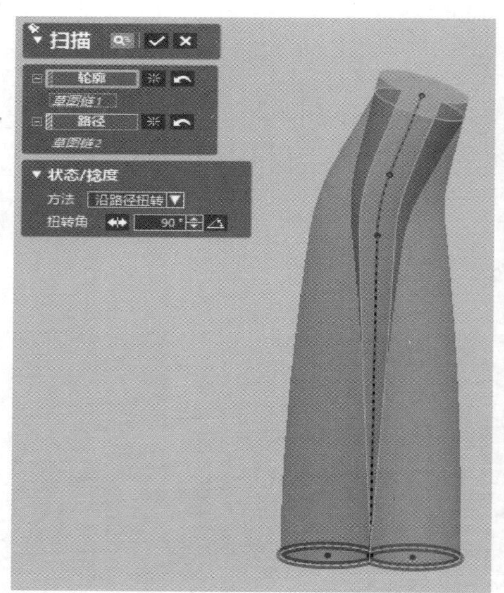

图 5-19 沿路径扭转扫描

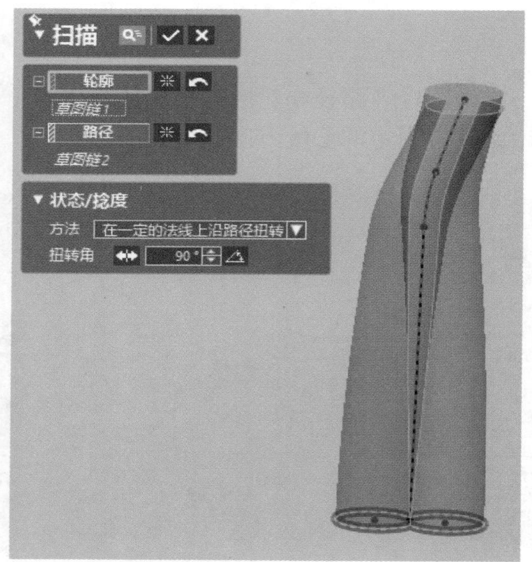

图 5-20 在一定法线上沿路径扭转扫描

5.4 放样

放样实体是将两个或两个以上的封闭轮廓草图、边线或面连接起来而形成的实体，可以通过向导曲线来控制放样实体的形状，在首尾添加约束。在“面片草图模式”和“草图模式”下绘制封闭轮廓曲线。

具体操作步骤如下：

（1）打开“放样”对话框。在菜单栏中单击“插入”→“实体”→“放样”命令，或者在工具栏中单击“放样”按钮，弹出“放样”对话框，如图 5-21 所示。

（2）选取封闭轮廓曲线。在“放样”对话框中单击“轮廓”选取“边线 1、草图链 1、面 1”，放样中的轮廓线可以通过⬆⬇调节按钮来改变放样顺序，如图 5-22 所示。

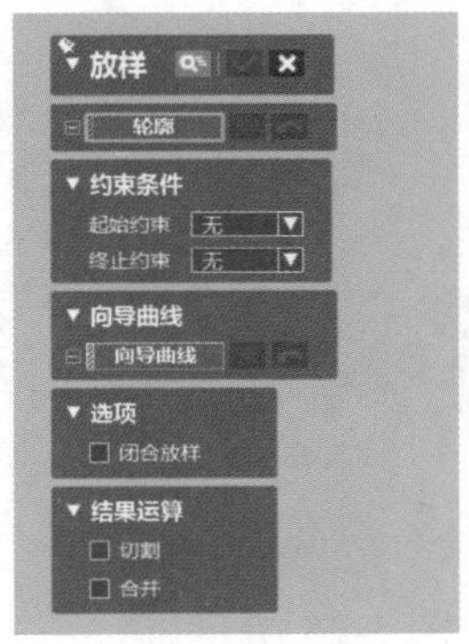

图 5-21 “放样”对话框

图 5-22 选取轮廓曲线

（3）在“约束条件”的“起始约束”和“终止约束”下选择“面和曲率”，如有多个实体时，可以在结果运算下，使用“切割”“合并”的命令，如图 5-23 所示。

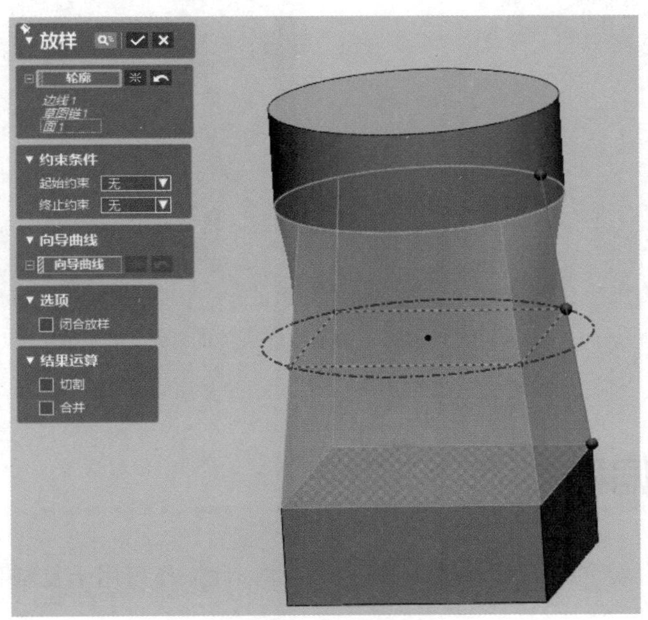

图 5-23 约束条件

（4）在“放样”对话框的“选项”下，选择“闭合放样”，可以完成闭合的放样实体，如图 5-24 所示。

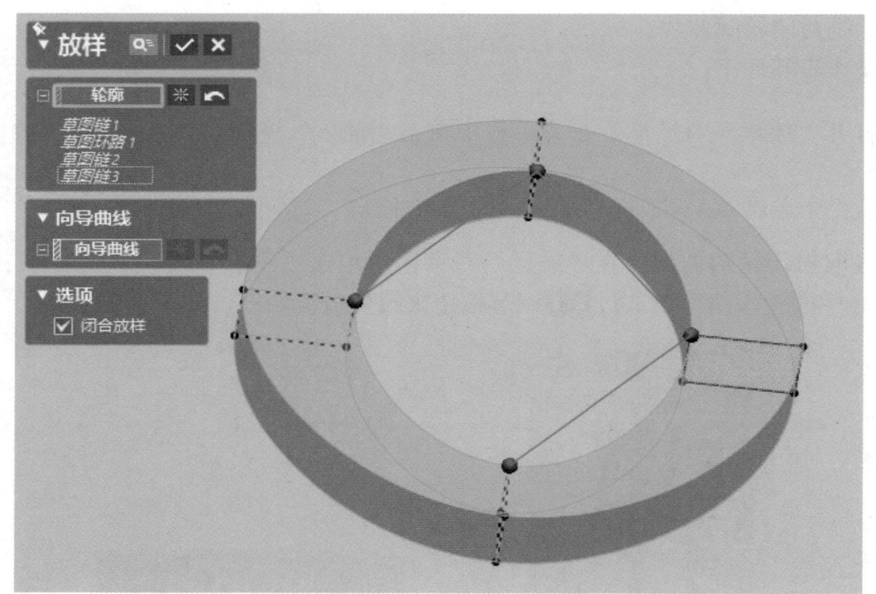

图 5-24 闭合放样

（5）通过操纵手柄球来改变放样实体的外形，如图 5-25 所示。

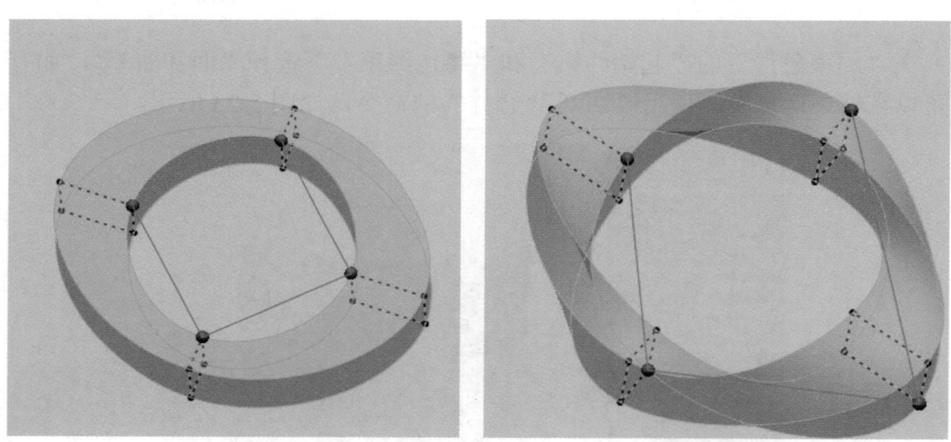

图 5-25 调整放样实体的外形

5.5 实体偏移

实体偏移是在给定的距离下，放大和缩小实体，此操作可用于复制和偏移实体。

具体操作步骤如下：

（1）打开“实体偏移”对话框。在菜单栏中单击“插入”→“实体”→“实体偏移”命令，弹出“实体偏移”对话框。

（2）选取偏移体。在“实体偏移”对话框中单击“体”选取“圆角 1（恒定)”。

（3）设置偏移距离。在 实体偏移... “实体偏移”对话框的“偏移距离”下输入“5mm”，单击“”控制放大或缩小实体，如图 5-26 所示。

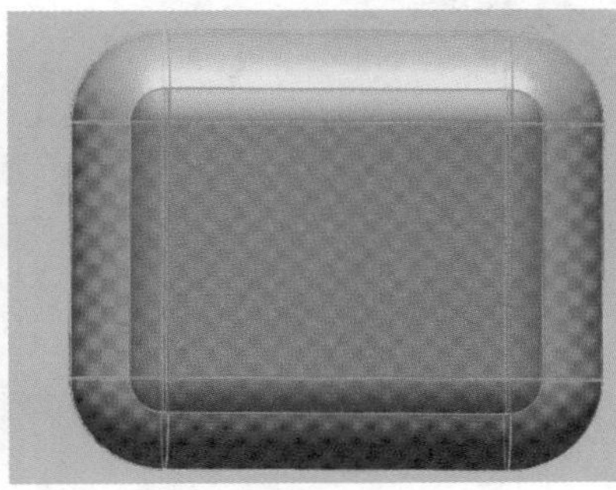

图 5-26 实体偏移

5.6 赋厚曲面

赋厚曲面操作是给曲面赋予一个厚度，使其成为一个有一定厚度的实体。

具体操作步骤如下：

（1）打开“赋厚曲面”对话框。在菜单栏中单击“插入”→“实体”→ 赋厚曲面 “赋厚曲面”命令，弹出“赋厚曲面”对话框。

（2）在“赋厚曲面”对话框的“体”下选择“回转 1”，在“厚度”下输入“5mm”，如图 5-27 所示。

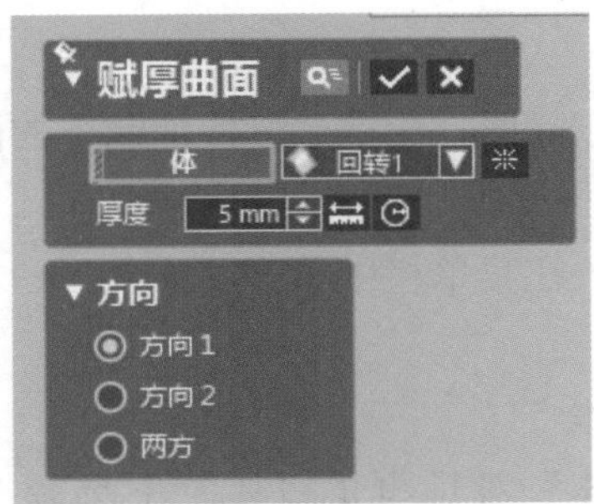

图 5-27 实体赋厚

（3）选择方向。在“赋厚曲面”对话框的“方向”下有 3 种方向选择，选取其中的一种方向。

① 方向 1：默认方向增加厚度，如图 5-28（a）所示。

② 方向 2：与方向 1 相反的方向增加厚度，如图 5-28（b）所示。

③ 两方：在两个方向上增加厚度，如图 5-28（c）所示。

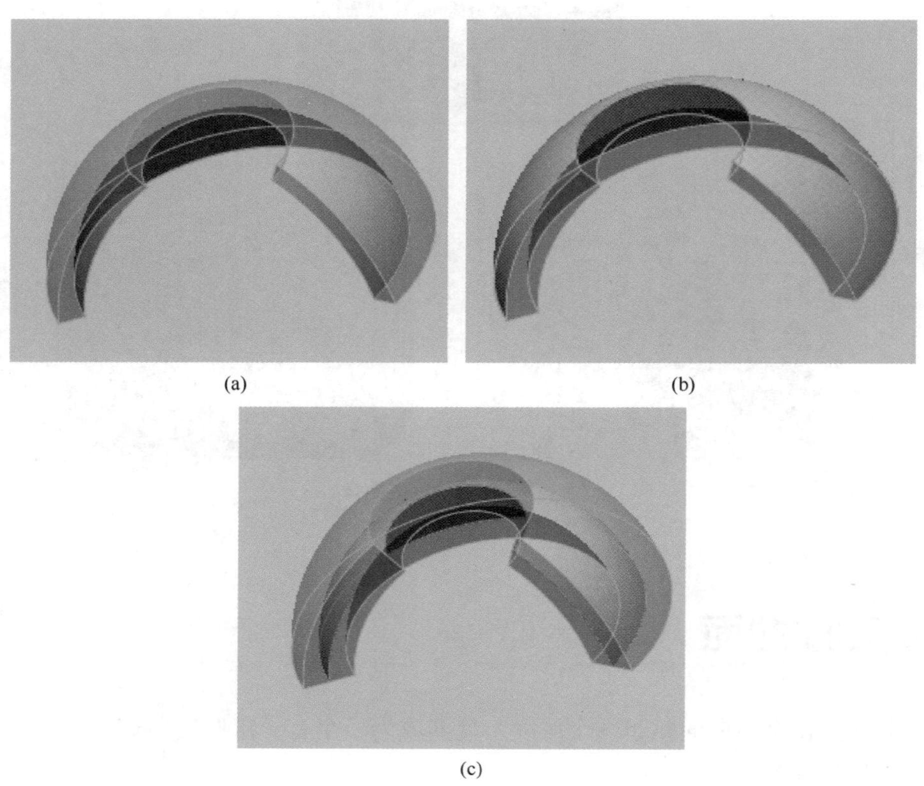

(a) (b) (c)

图 5–28 赋厚方向

5.7 壳体

壳体操作是从实体上选定删除面，给定壁厚，使剩下的面创建厚度。

具体操作步骤如下：

（1）打开“壳体”对话框。在菜单栏中单击“插入”→“实体”→ 壳体“壳体”命令，弹出“壳体”对话框。

（2）生成不同厚度的抽壳体。

① 选取抽壳体。在“壳体”对话框的“体”下选择“拉伸 1”，在“深度”下输入“1mm”，选中“向外侧抽壳”。

② 选择删除面。在“壳体”对话框的“删除面”下选择需要删除的“面 1”，生成同厚度的壳体，如图 5-29 所示。

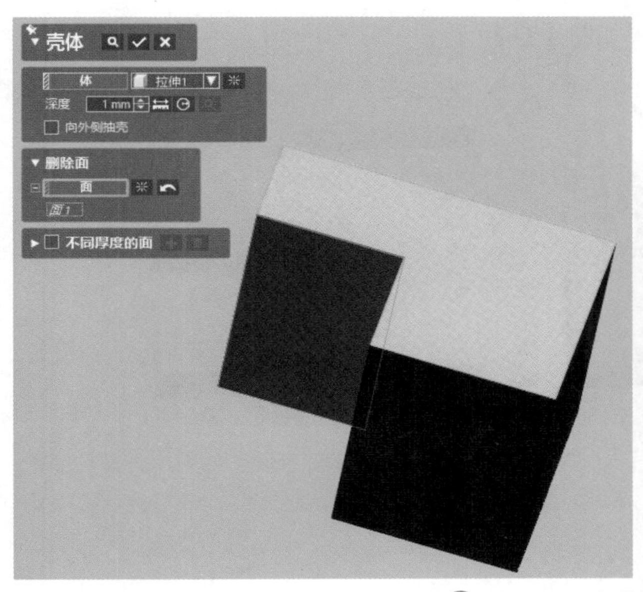

图 5-29　实体抽壳

（3）生成不同厚度的抽壳体。

① 在“壳体”对话框的“体”下选择“回转 1”，在“深度”下输入“2mm”，选中“向外侧抽壳”。

② 选择删除面。在“壳体”对话框的“删除面”下选择左右两个端面和底面“面 2、面 3、面 6”，在“不同厚度的面”下，单击一次 按钮，便可增加一个面，在第一个面下，选择球面“面 4”，“深度”为“5mm”，在第二个面下，选择后端圆柱面“面 5”，“深度”为 1mm，单击 预览按钮。

③ 如果生成不同厚度的抽壳面，则选中“不同厚度的面”下，单击 ，便可删除选择的面，如图 5-30 所示。

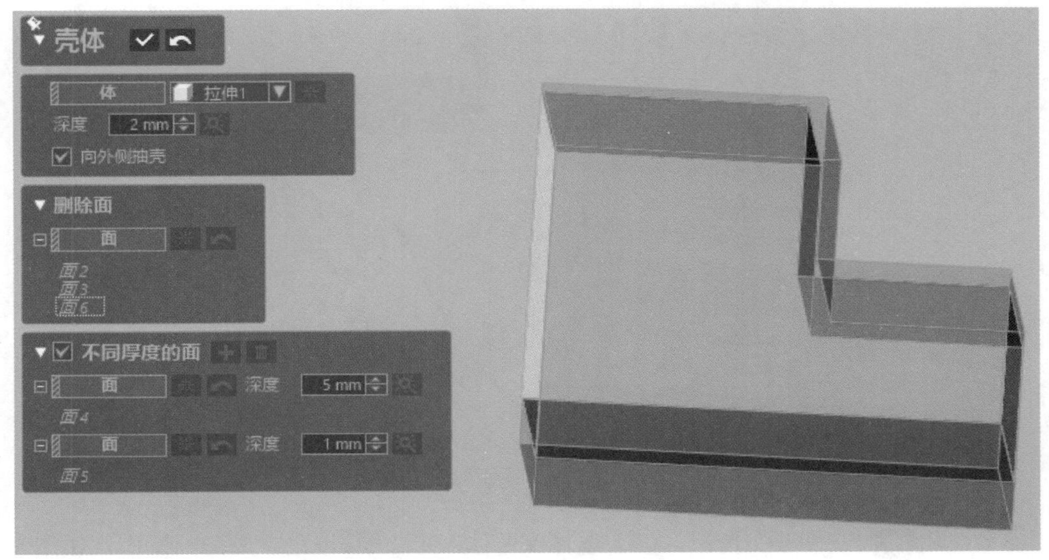

图 5-30　不同厚度抽壳

④ 单击✓按钮完成抽壳操作，效果如图 5-31 所示。

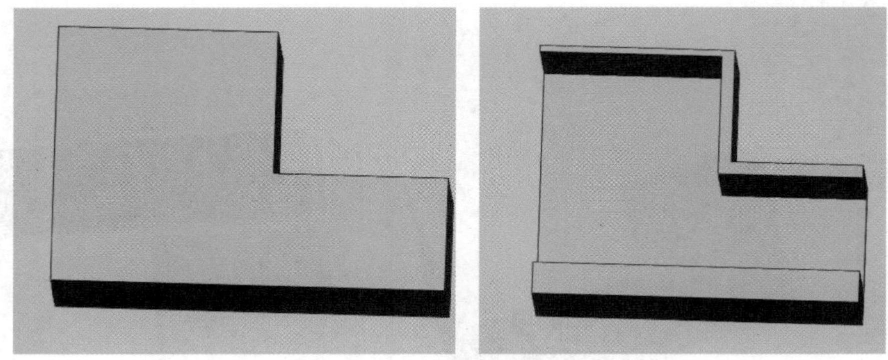

图 5-31　抽壳效果图

5.8 切割

剪切实体操作是用曲面或者参照平面剪切或者分割实体。

具体操作步骤如下：

（1）打开“切割”对话框。在菜单栏中单击“插入”→“实体”→“切割”命令，或者在工具栏中单击“切割”按钮，弹出“切割”对话框。

（2）在“切割”对话框的“工具要素”下选择“拉伸 2”，在“对象体”下选择“拉伸 1”，如图 5-32 所示。

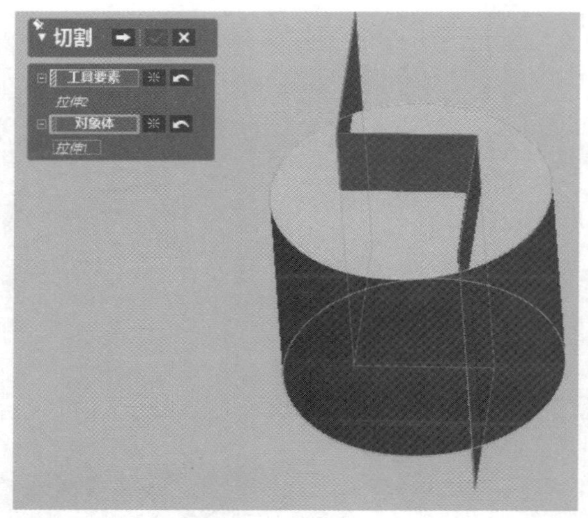

图 5-32　实体剪切

（3）单击➡“下一步”按钮，手动选择保留体，单击✓按钮完成切割操作，如图 5-33 所示。如果要分割实体的话，需在保留体下，分别选择切割的几部分实体。

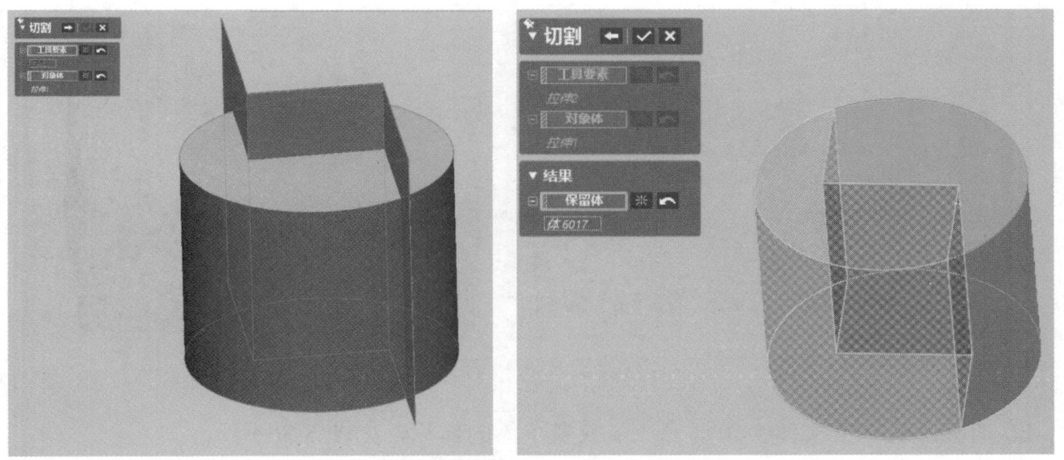

图 5-33　剪切要素

5.9 布尔运算

布尔运算是通过合并、切割或相交方式，创建新的实体。

具体操作步骤如下：

（1）打开“布尔运算”对话框。在菜单栏中单击“插入”→“实体”→布尔运算“布尔运算”命令，或者在工具栏中单击布尔运算“布尔运算”按钮，弹出“布尔运算”对话框，如图 5-34 所示。

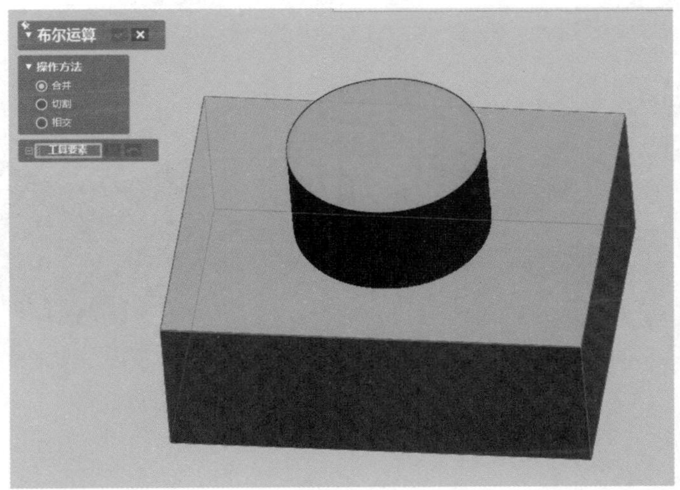

图 5-34　布尔运算

（2）选择操作方法。在“布尔运算”对话框的“操作方法”下选择一种方法，有“合并”“切割”“相交”三种操作方法。

① 合并：两个或多个实体的体积合并成一个实体，如图 5-35 所示。

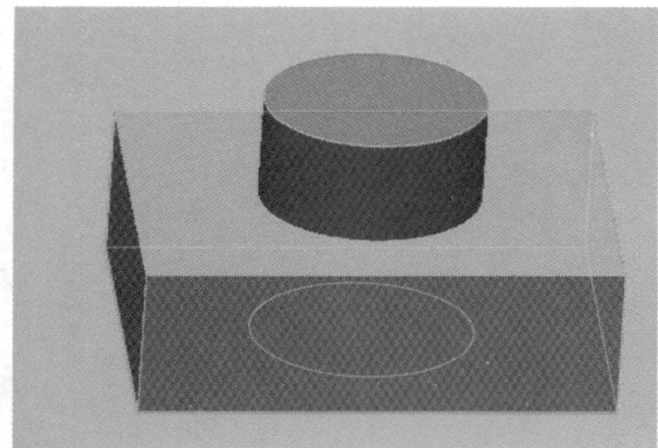

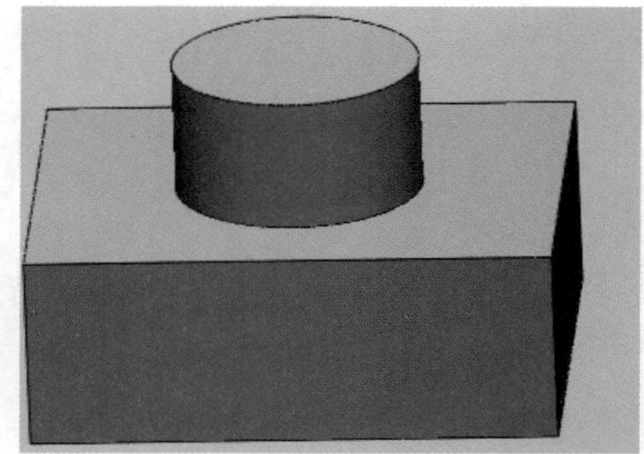

图 5-35　合并

② 切割：从一个实体中切割另一个或多个体的体积，如图 5-36 所示。

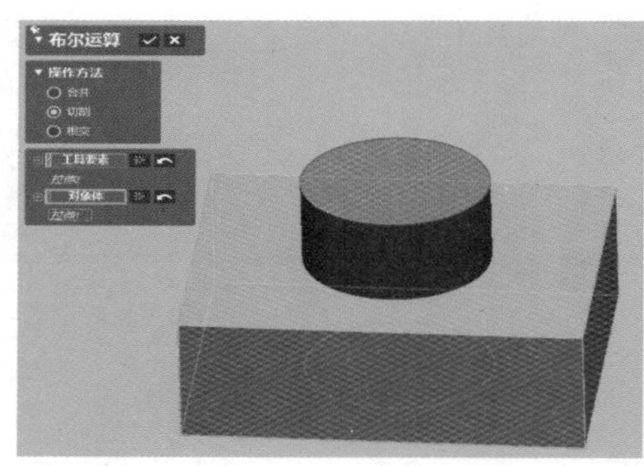

图 5-36　切割

③ 相交：创建一个体，包含两个或多个体的公用体积，如图 5-37 所示。

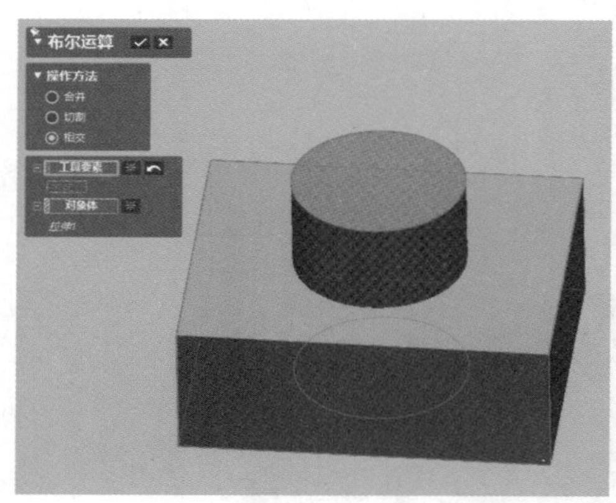

图 5-37　交差

思考题

1. 拉伸建模在拉伸方向上有哪几种方式，各有什么特点？
2. 扫描建模的各方法有什么特点？
3. 放样建模的操作步骤有哪些？

第6章

曲面建模

学习目标

了解相关曲面命令的应用，如面片拟合、传统境界拟合、自动曲面创建、曲面拉伸、曲面回转、曲面扫描、曲面放样、曲面编辑等命令。

曲面建模通过选定“面片草图模式”和“草图模式”下绘制的可不封闭轮廓曲线、中心轴线等可以创建拉伸曲面、回转曲面。在“3D面片草图模式”和“3D草图模式”下绘制两条或两条以上的样条曲线进行放样产生曲面或者将多条样条曲线绘制成封闭状态下进行填充生产曲面。在已存在的曲面可以通过延长、偏移、剪切、分割实体等操作创建新的曲面和实体。

6.1 面片拟合

面片拟合是根据面片运用拟合运算而创建曲面。

领域组划分完后，选择“插入”→“曲面”→面片拟合“面片拟合”命令，或者单击工具栏中的面片拟合“面片拟合”，将会弹出“面片拟合”对话框，在“领域”下选择“自由”，在“分辨率”下选取“控制点数”，分别输入“U控制点数”和“V控制点数”的具体数值，在“拟合选项”下，调整“平滑”数值，如图6-1所示，“详细设置”选择“U-V轴控制”。

完成上面步骤设置后，单击“下一步”按钮进入第二阶段，在“精度分析”下，点击“偏差”，查看曲面的精度，如图6-2所示，精度在公差范围内，边界点变形程度小，即可单击。反之，则需要点击“变形的控制程度”“修复边界点”，然后选择合适的网格密度，来调整网格的边界点，以及再次单击“下一步”按钮进入第三阶段，重新设置机械臂调整等距线。

（1）“面片拟合”中第一阶段主要命令如下：

① 分辨率：可以控制拟合曲面的整体精度和平滑度。分辨率下有“允许偏差”“控制点数”。

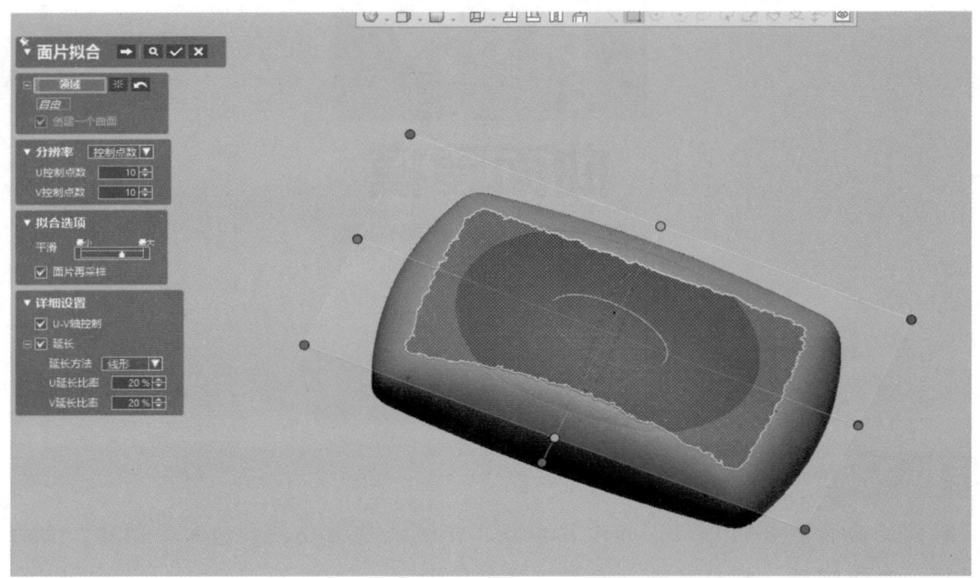

图 6–1　面片拟合

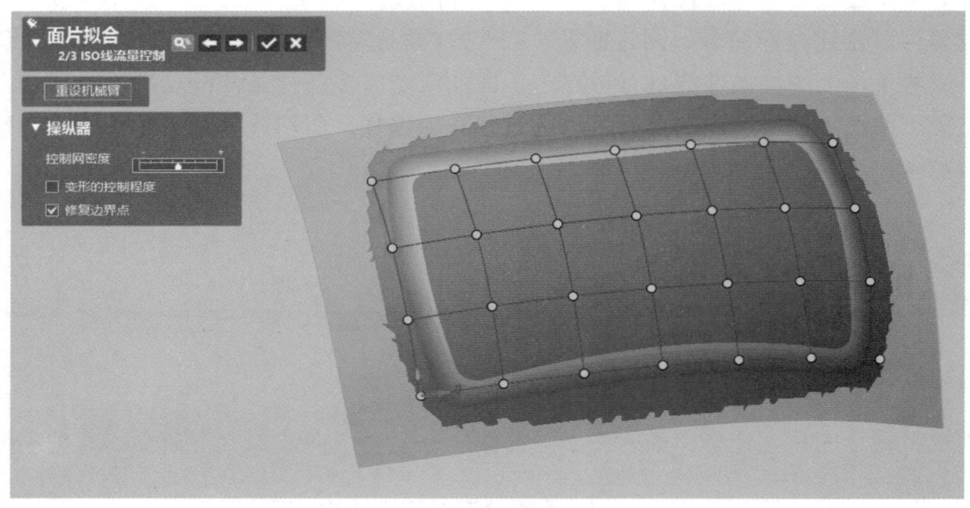

图 6–2　曲面精度

a. 许可偏差：在面片与拟合曲面间偏差之内设置拟合曲面的分辨率。如果偏差对于拟合曲面来说是最重要标准时，可使用此选型。

b. 最大控制点数：设置 U、V 方向上的控制点数，可以控制拟合曲面的分辨率。如果将控制点数设置为很大的数值，偏差会很小，但是平滑度也会低。

② 面片再采样：创建规则的拟合曲面等距线。但是此选项可能会在使用复杂形状或多个领域时产生扭曲或不当的拟合曲面。

③ U-V 轴控制：红色的控制 U 向旋转，绿色的控制 V 向旋转，手柄可以旋转拟合区域。

④ 延长：延长拟合区域，该命令下的主要命令下有“线形”“曲率”“同曲面”“U 延长比率”“V 延长比率”。

a. 线形：线形延长原始拟合曲面。

b. 曲率：通过保持原始拟合曲面曲率的方式延长曲面。

c. 同曲面：镜像原始拟合曲面来延长曲面。

d. U 延长比率：设置 U 方向上的延长率。

e. V 延长比率：设置 V 方向上的延长率。

（2）“面片拟合”中第二阶段主要命令如下：

① 操纵器：通过控制网格边界点来控制等距线的流线性，决定了拟合曲面的品质，如图 6-3 所示。

② 变形的控制程度：逐个修改控制点。按住 Alt 键并使用鼠标左键拖动，可以扩大或缩小编辑区域的大小。

③ 修复边界点：防止移动边界时移动控制点。

（3）“面片拟合”中第三阶段主要命令如下：

① 等距线：移动、追加、删除等距线以提高曲面品质和拟合精度，如图 6-4 所示。

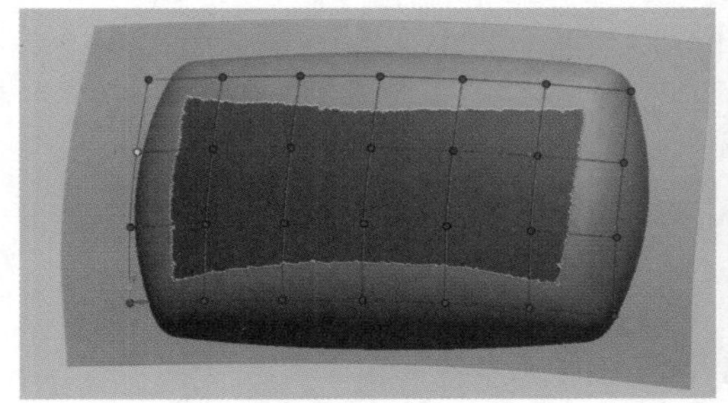

图 6–3　操控器

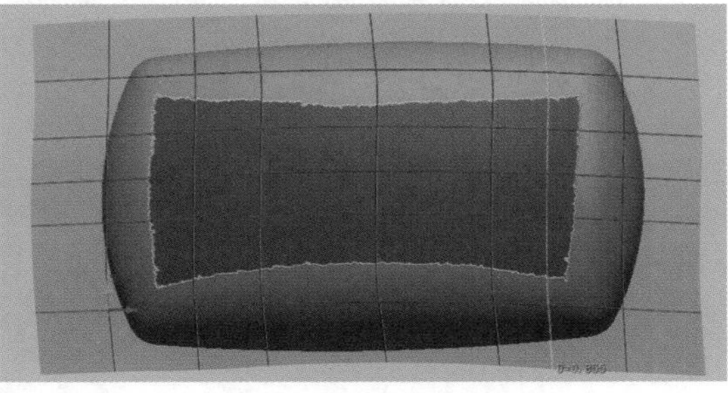

图 6–4　等距线

② 移动：选择等距直接拖动。

③ 追加：按下 Ctrl 键拖动等距线便可添加。

④ 删除：选择等距按 Delete 键完成删除。

注意：控制网格密度与等距线数量无关。等距线数量是在第一阶段中由分辨率选项控制的，但是可以控制等距线的流线性。

6.2 传统境界拟合

传统境界拟合是通过 3D 面片草图模式里的 3D 样条曲线网格定义境界，根据面片运用拟合运算来创建曲面。

在 3D 面片草图模式下，绘制“封闭的 3D 样条曲线网格”。选择“插入”→“Add-Ins”→“传统境界拟合”命令，将会弹出“传统境界拟合”对话框，在“面片曲线”下选择绘制好的 3D 面片草图，曲线环会默认出一个曲线环，在“环选项”下勾选“环计算里使用面片的法线方向”，如图 6-5 所示。单击下一步，在“分辨率”下选取“控制点数”，分别在“U 控制点数”和“V 控制点数”输入具体数值，“拟合选项”下的平滑值调到相应位置，“详细设置”下，勾选“面片再采样”，如图 6-6 所示。

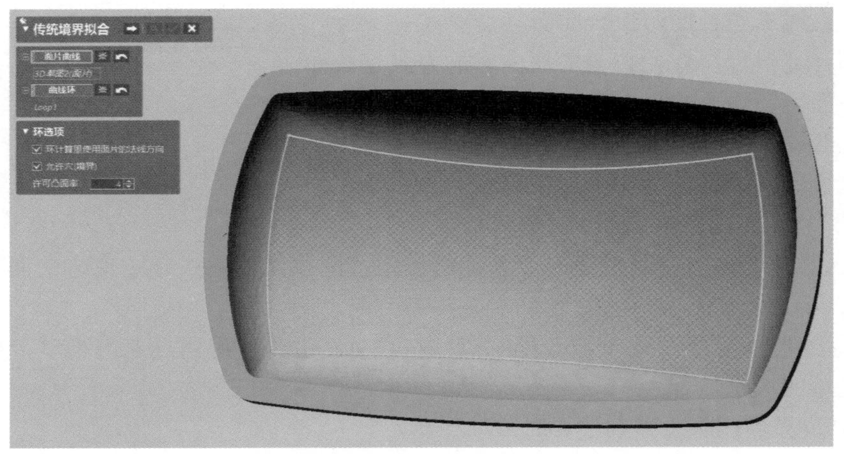

图 6–5　境界拟合

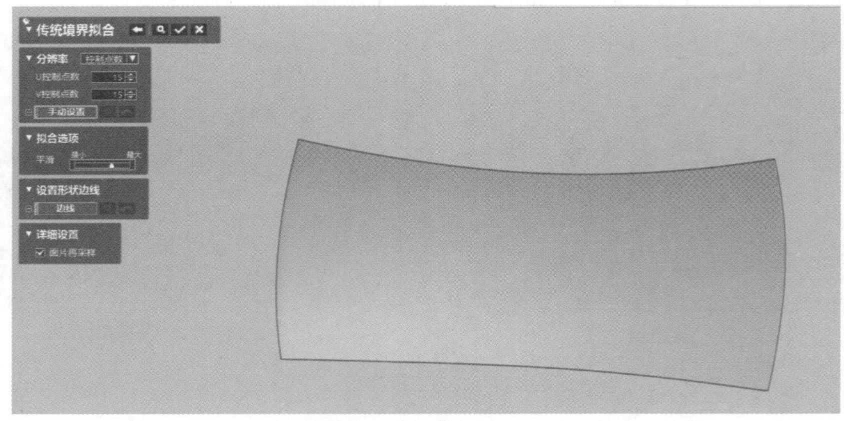

图 6–6　设置拟合选项

如果曲线环下没有曲线环的话，需在 3D 面片草图模式下，再次编辑 3D 样条曲线网格。

“传统境界拟合”命令下的一些选项：

环计算里使用面片的法线方向：如果境界形成了两个环，估算面片的法线以决定填补的环。

允许穴（境界）：使用剪切面来填补包含穴的环。

面片再采样：创建均匀的等距线，对采样面片进行最优化。

6.3 自动曲面创建

自动曲面创建是自动将 CAD 曲面与面片拟合来创建曲面。在自动曲面过程中，应用程序会自动创建曲线网格。

在面片模式下，对面片进行优化。选择“菜单”→“插入”→“曲面”→ 自动曲面创建... “自动曲面创建”命令，或者单击工具栏中的“精确曲面”→ 自动曲面创建 “自动曲面创建”命令，将会弹出“自动曲面创建”对话框，选择面片，设置参数如图 6-7 所示，单击下一步，调整几何形状捕捉精度大小，单击，完成效果如图 6-8、图 6-9 所示。

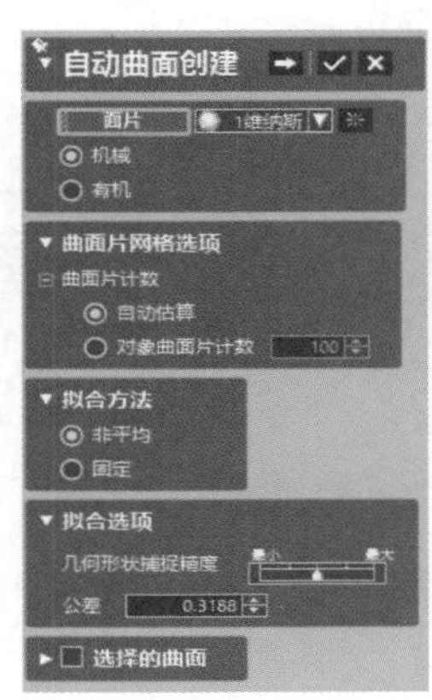

图 6–7 “自动曲面创建”对话框

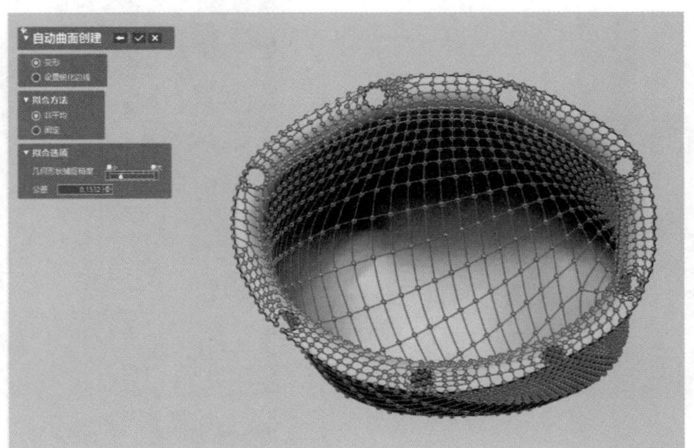

图 6–8 自动曲面选项

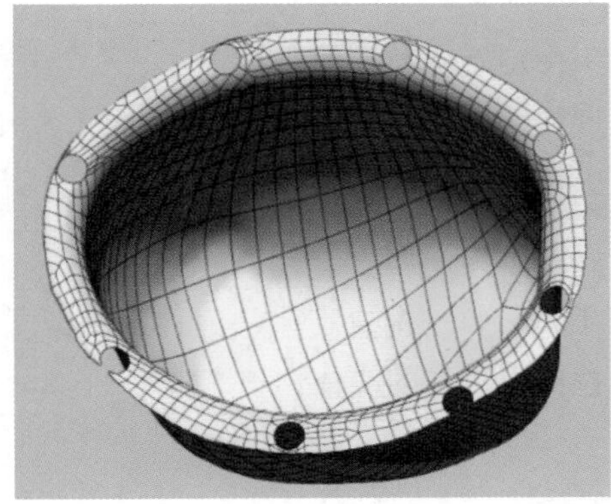

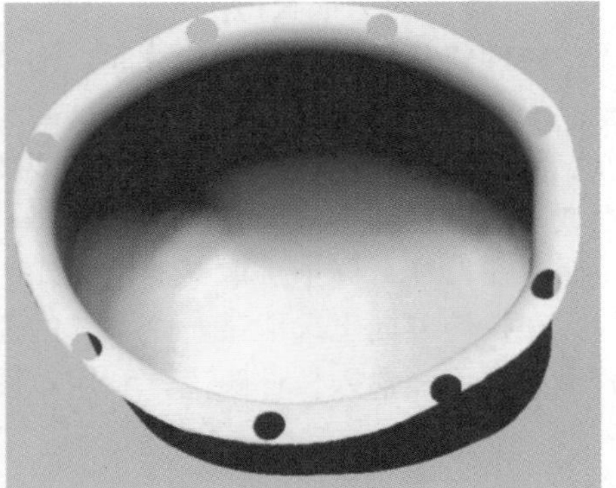

图 6–9 几何形状捕捉精度

6.4 曲面拉伸

拉伸曲面特征是将轮廓曲线沿截面所在某矢量进行运动而形成的曲面，拉伸对象就是该截面轮廓曲线。拉伸曲面只应用于“面片草图模式”和“草图模式”下绘制的轮廓曲线。

在“面片草图模式”下绘制草图后，选择“菜单”→“插入”→“ 曲面”→ 拉伸… “拉伸”命令，或者单击工具栏中的“模型”→ 拉伸 “拉伸”命令，将会弹出“拉伸”对话框，在“基准草图”下选择“草图 1(面片)”，在“轮廓”下选取“草图 1”中的“草图链 1”，拉伸方向默认为基准草图的法线方向，拉伸方向选择“距离”，反方向也可采用同样的方法进行拉伸，如图 6-10 所示。

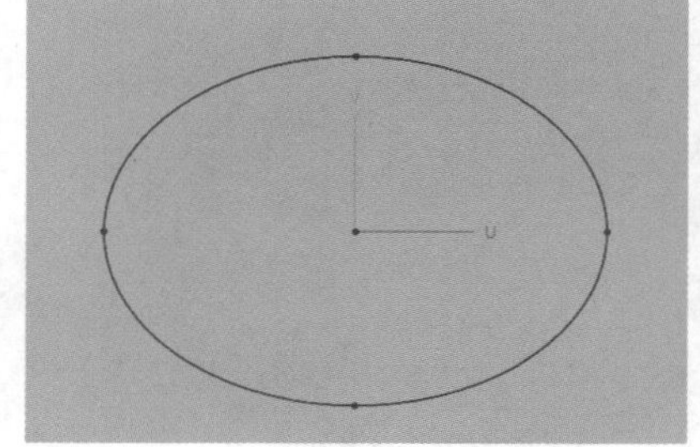

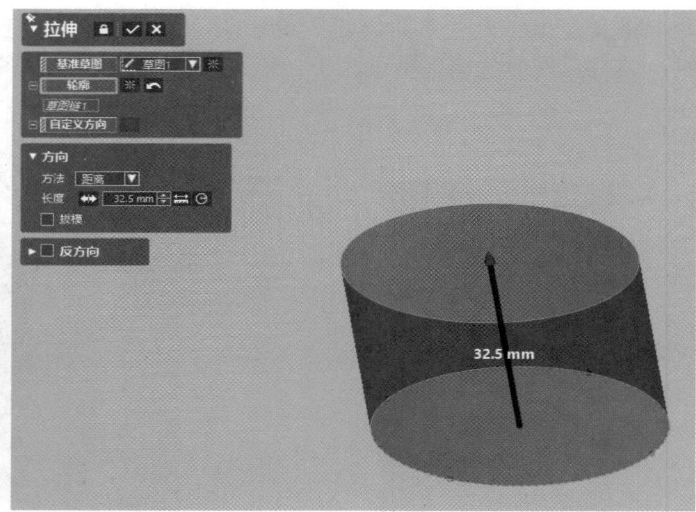

图 6–10 曲面拉伸

在创建拉伸曲面特征时，轮廓线可以是封闭的也可以不封闭。拉伸曲面的方法与拉伸实体相似，可参照拉伸实体的方法。

“方向”下方法的选项有：

距离：拉伸将从轮廓截面开始算起，沿箭头指定方向拉伸的距离。

通过：沿着拉伸方向，穿过其他实体的拉伸高度。

到顶点：在拉伸方向上选取某一个线或体上的点作为拉伸终点。

到领域：沿着拉伸方向，在面片上选择一个领域作为拉伸终点。

到曲面：在拉伸方向上选取某一个面作为拉伸终点。

到体：在拉伸方向上选取某一个实体的面作为拉伸终点。

平面中心对称：输入拉伸距离，利用草图拉伸出对称的实体。

6.5 曲面回转

曲面回转是将轮廓草图沿着指定的中心轴线旋转一定角度形成曲面，一般用于创建轴对称的曲面。只应用于“面片草图模式”和“草图模式”下绘制的轮廓曲线。如图 6-11 所示。

图 6–11 曲面回转

在创建回转曲面特征时，轮廓线可以是封闭的也可以是不封闭的。回转曲面的方法与回转实体相似，可参照创建回转实体的方法。回转曲面效果如图 6-12 所示。

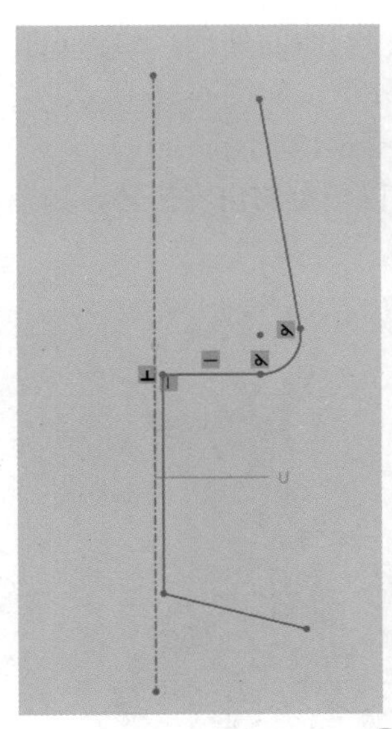

图 6-12　创建回转曲面

6.6 曲面扫描

曲面扫描操作是将封闭的轮廓草图沿着指定的路径进行运动所形成的曲面。

绘制草图后，选择“菜单”→“插入”→“曲面”→ 扫描... “扫描”命令，或者单击工具栏中的“模型”→ 扫描... “扫描”将会弹出“扫描”对话框，在轮廓下选择“草图环路1”，在路径下选取“草图链1”，在方法下选取“沿最初的向导曲线和路径”，在向导曲线下选择“草图链2”，如有多个曲面时，可以在结果运算下，使用“切割、合并”的命令。

在“扫描”对话框的“方法”下，有以下6种扫描的方式。

沿路径：路径和轮廓扫描保持一样的角度，如图6-13所示。

维持固定的法线方向：起始的端面与结束端面相平行，如图6-14所示。

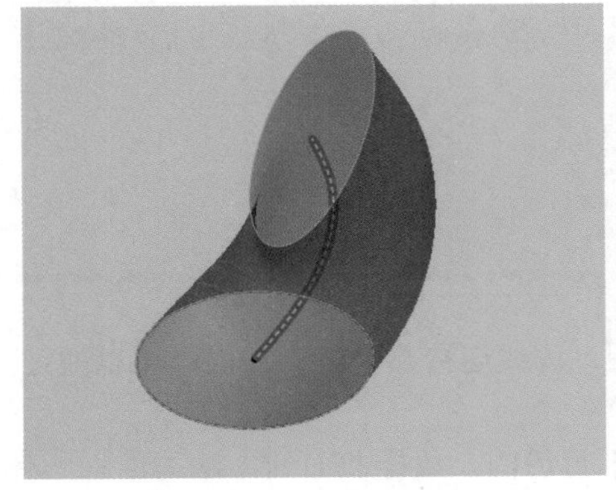

图 6-13　沿路径扫描

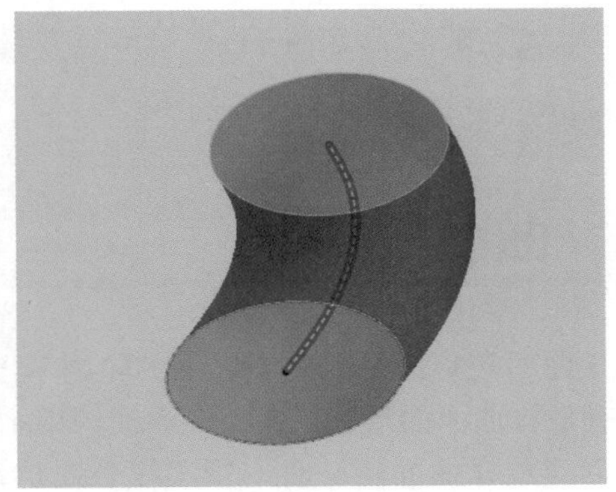

图 6-14　维持固定法线方向扫描

沿最初的向导曲线和路径：路径为脊线，向导曲线控制曲面外形，如图 6-15 所示。

沿第 1 和第 2 条向导曲线：两条向导曲线控制曲面外形，如图 6-16 所示。

沿路径扭转：轮廓沿着路径以一定的角度扭转，如图 6-17 所示。

在一定法线上沿路径扭转：轮廓沿着路径，在法线上以一定的角度扭转，如图 6-18 所示。

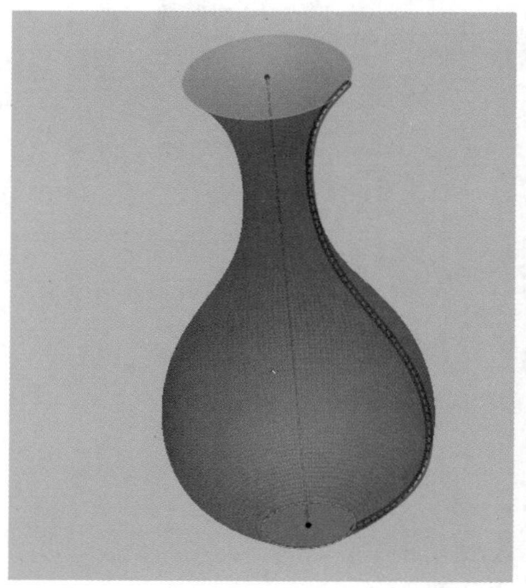

图 6–15　沿最初的向导曲线和路径

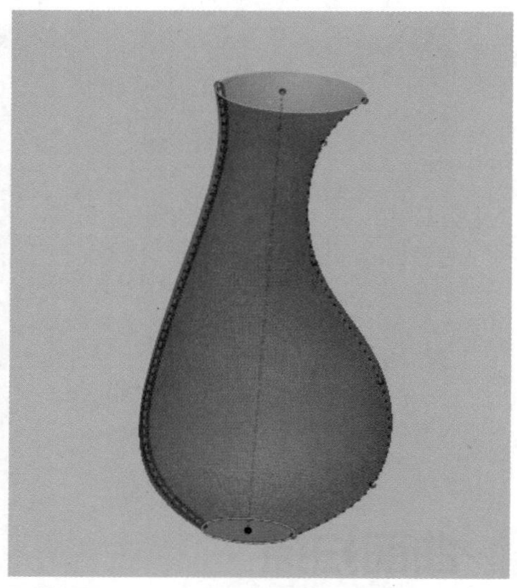

图 6–16　沿第 1 和第 2 条向导曲线

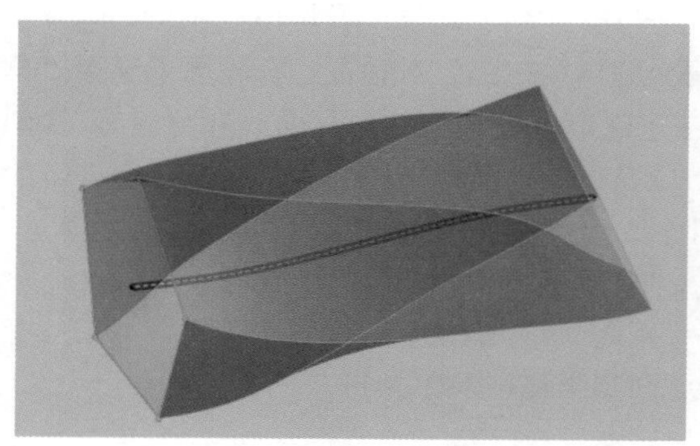

图 6–17　沿路径扭转

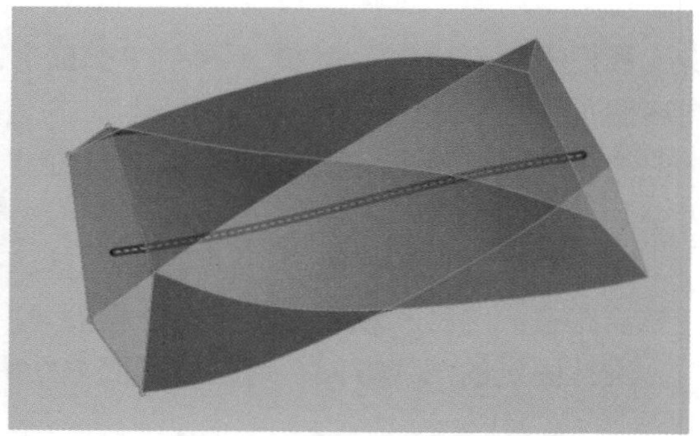

图 6–18　在一定法线上沿路径扭转

6.7 曲面放样

放样曲面是将两个或两个以上的轮廓草图、边线连接起来成为曲面，可以通过向导曲线来控制放样曲面的形状，在首尾添加约束。

在创建放样曲面特征时，轮廓线必须是不封闭的。放样曲面的方法与放样实体相似，可参照放样实体的方法，效果如图 6-19 所示。

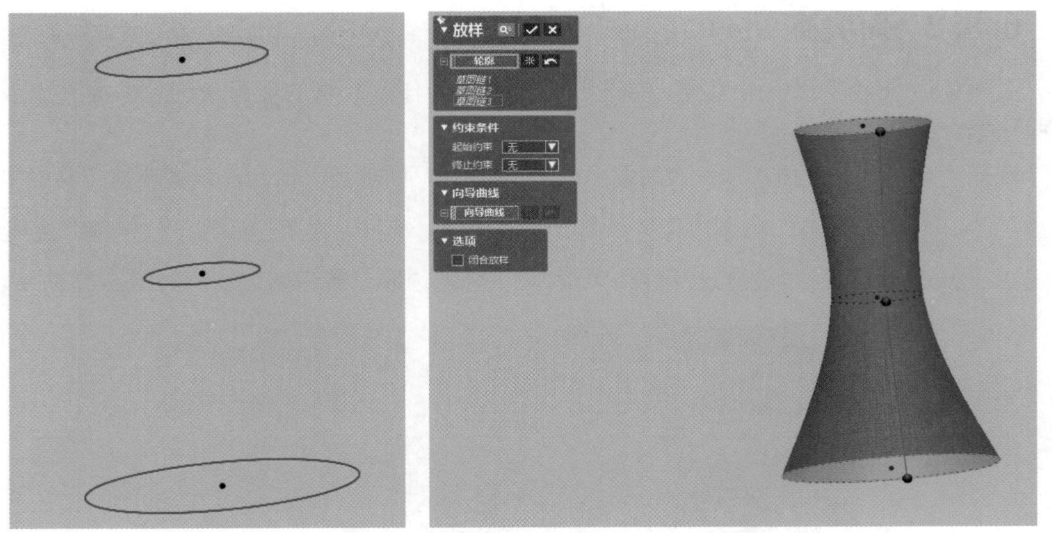

图 6-19　曲面放样

6.8 曲面编辑

6.8.1　偏移

偏移曲面是在给定的距离下，放大和缩小曲面（可用于复制和偏移曲面）。

偏移曲面的方法与偏移实体相似，可参照偏移实体的方法。首先选中被偏移的曲面，然后选择“菜单”→“插入”→“曲面”→ 曲面偏移 “曲面偏移”命令，将会弹出“曲面偏移”对话框，在“偏移距离”下输入某一数值，单击 控制放大或缩小实体，如图 6-20 所示。

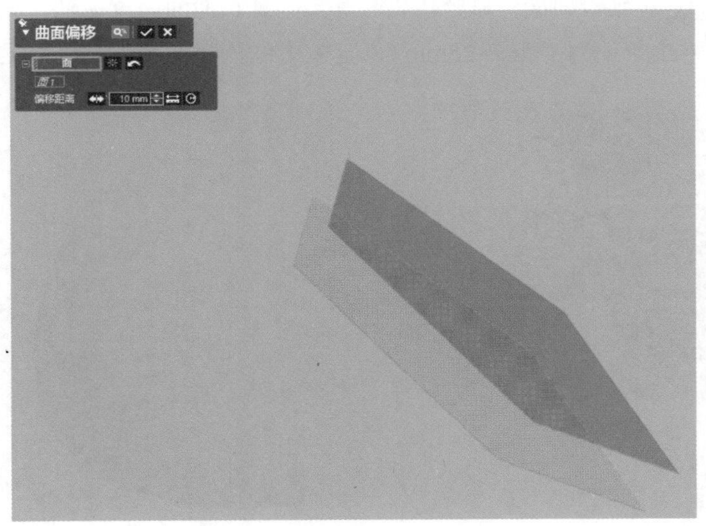

图 6-20　曲面偏移

6.8.2　面填补

面填补命令可以利用由边线、草图、曲线定义的任意数量的境界来创建曲面补丁或参照面片拟合曲面。

选择“菜单”→“插入”→“曲面”→ 面填补... “面填补”命令，或者单击工具栏中的“模型”→ 面填补 “面填补”命令，将会弹出“面填补”对话框，在“边线”下，选取“边线 1、边线 2、边线 3”，勾选“设置连续性约束条件”，分别选取三条相切边线，如图 6-21 所示。

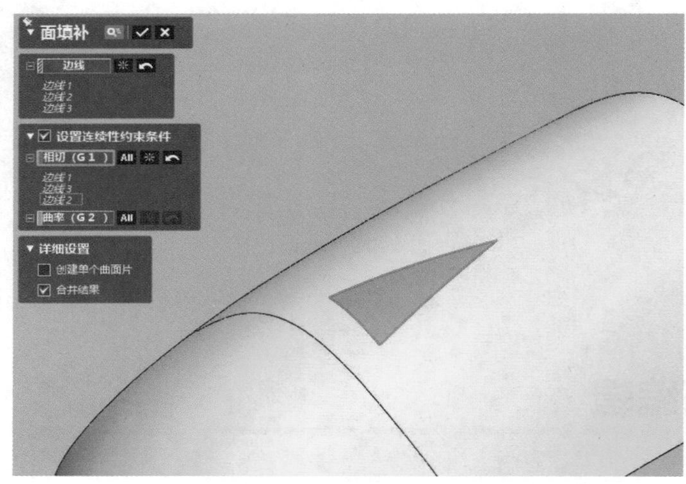

图 6–21　面填补

6.8.3　延长

延长曲面是通过曲面的边线或面来延长境界。

选择“菜单”→“插入”→“曲面”→ 延长曲面... “延长曲面”命令，或者单击工具栏中的“模型”→ 延长曲面 “延长曲面”命令，将会弹出“延长曲面”对话框，在“边线 / 面”下，选取“边线 1”，终止条件为“距离 25mm”，延长方法为“曲率”，如图 6-22 所示。

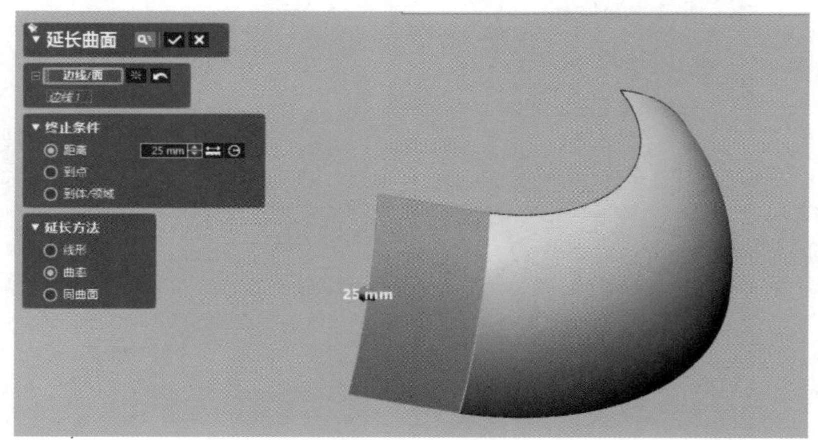

图 6–22　曲面延长

终止条件下的三种方式：

距离：设置延长距离。

到点：选择最终位置的点，如图 6-23 所示。

到体 / 领域：选择一个面或领域，延长的最终位置会被所选的体或领域剪切，如图 6-24 所示。

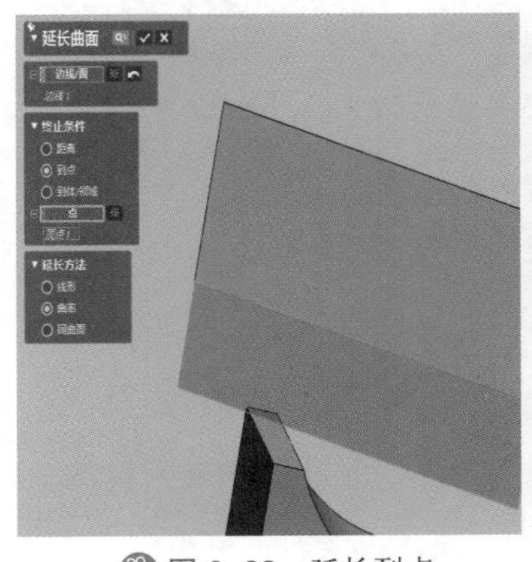

图 6–23　延长到点

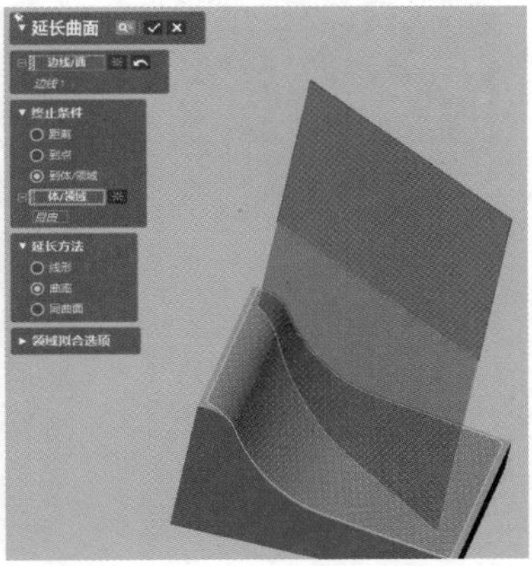

图 6–24　延长到体 / 领域

延长方式下的三种方式：

线形：线形延长原始拟合曲面，如图 6-25 所示。

曲率：保持原始拟合曲面曲率的方式延长曲面，如图 6-26 所示。

同一曲面：镜像原始拟合曲面来延长曲面，如图 6-27 所示。

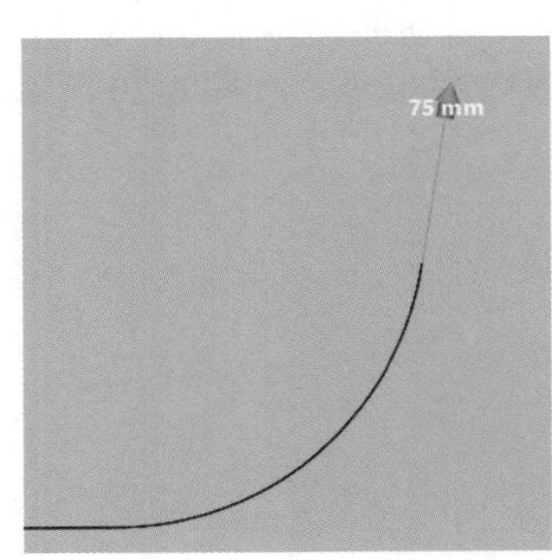

图 6–25　线形延长

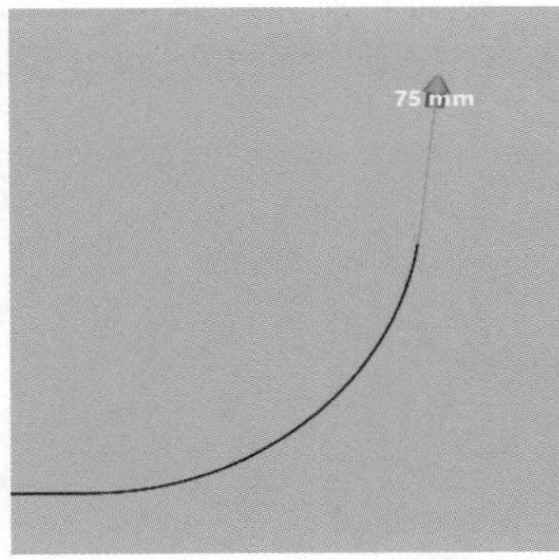

图 6–26　曲率延长

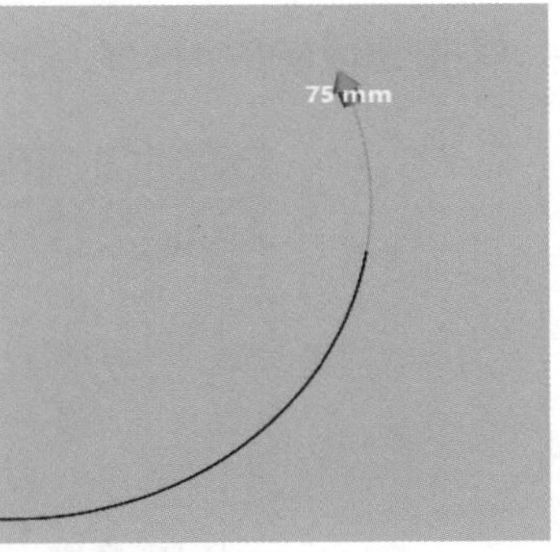

图 6–27　同一曲面延长

6.8.4　剪切

剪切曲面操作是用曲面、参照平面、实体、曲线剪切曲面。

剪切曲面的方法与剪切实体相似，可参照剪切实体的方法。

选择“菜单”→“插入”→“曲面”→剪切曲面…“剪切曲面”命令，或者单击工具栏中的“模型”→剪切曲面“剪切曲面”命令，将会弹出“剪切”对话框，在“工具要素”下选择“拉伸 2”，在“对象体”下选择“拉伸 1”，单击下一步，手动选择保留体，带有颜色的曲面为剪切后将要留下的曲面，单击确定，即可完成剪切操作，如图 6-28 所示。

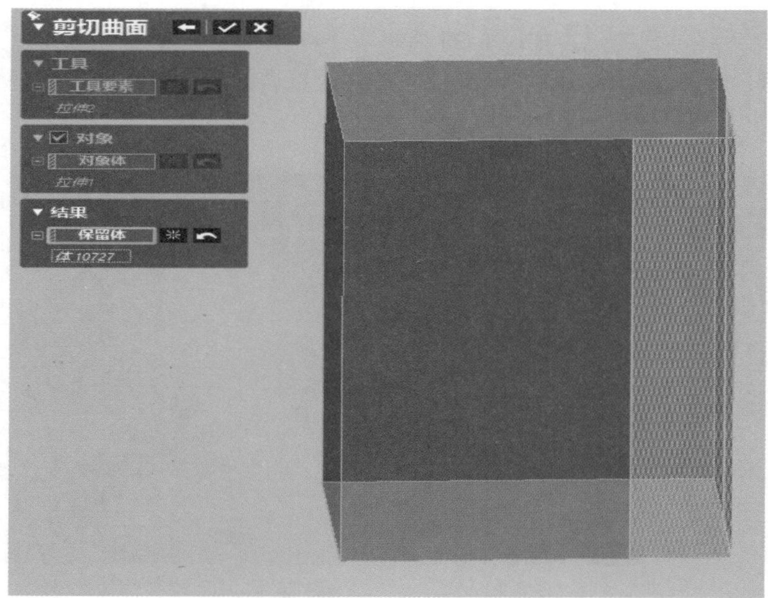

图 6–28　曲面剪切

6.8.5　反剪切

反剪切命令可以延长曲面境界，并将其恢复至未剪切的状态。

选择“菜单”→“插入”→“曲面”→ 反剪切曲面..“反剪切曲面”命令，将会弹出“未剪切曲面”对话框，在要素下，选取“面 1”，恢复至未剪切的状态，如图 6-29 所示。

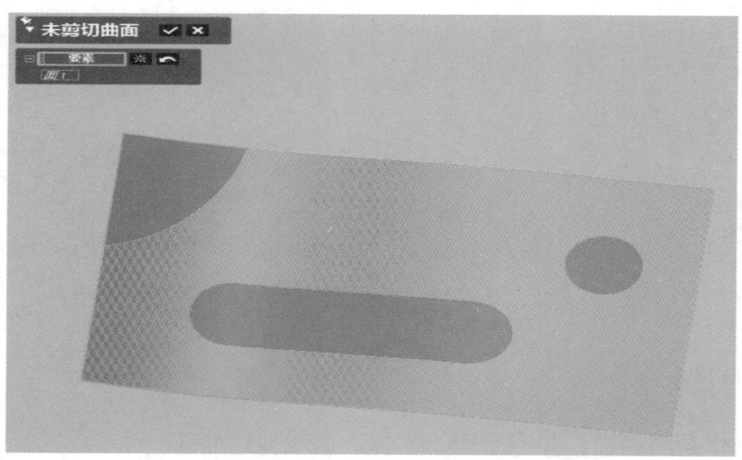

图 6–29　曲面反剪切

6.8.6　实体化

实体化操作是指保留相交面之间的公共区域来创建实体。

选择“菜单”→“插入”→“曲面”→实体化“实体化”命令，将会弹出“实体化”对话框。在“要素”下，首先选取所有要合并的面，然后单击☑，如图 6-30 所示。

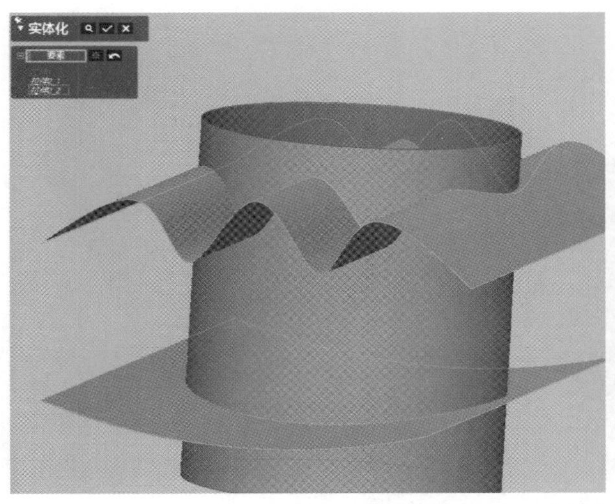

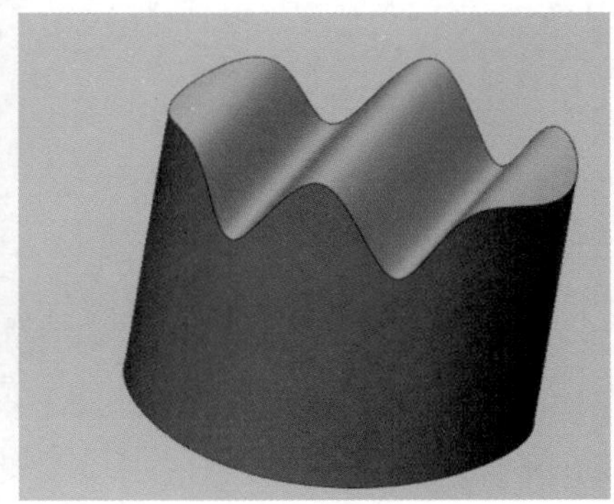

图 6–30　曲面实体化

6.8.7　缝合

缝合曲面操作是指通过缝合境界将两个或多个结合成一个曲面。

选择“菜单”→“插入”→“曲面”→缝合“缝合”命令，将会弹出“缝合”对话框，在“曲面体”下，选取所有要缝合的面，如图 6-31 所示。缝合后将会是一个曲面。

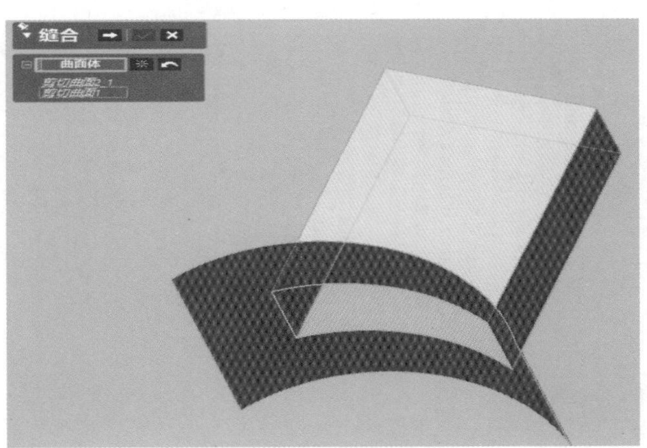

图 6–31　曲面缝合

封闭的曲面，在缝合后将会是实体。

6.8.8　反转法线方向

反转法线方向是反转面的法线方向。

选择“菜单”→“插入”→“曲面”→反转法线“反转法线”命令，将会弹出“反转法线”对话框，如图 6-32 所示，在曲面体下，选取所有要反转法线方向的面，单击✓，完成效果如图 6-33 所示。

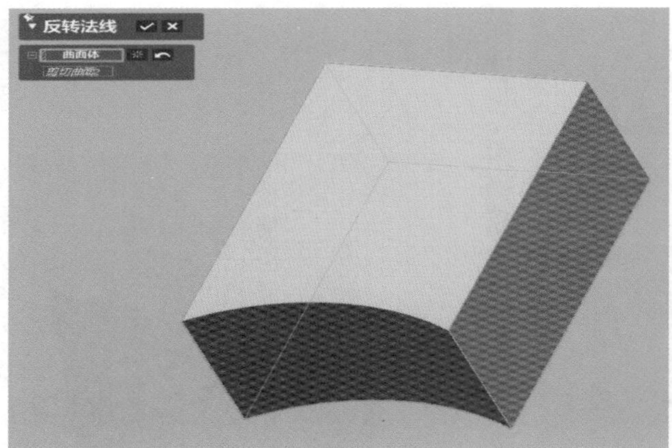

图 6–32　反转法线方向

图 6–33　完成反转法线方向效果

思考题

1. 拉伸曲面、回转曲面的建模与拉伸实体、回转实体有何区别？
2. 曲面编辑的主要命令有哪些？每个命令具有什么功能？

第 7 章

建模精灵

学习目标

了解快速生成模型的相关命令及应用，如“基础实体”命令、“基础曲面”命令、“拉伸精灵”命令、“回转精灵”命令、“扫略精灵”命令、“放样向导”命令、“管道精灵”命令等。

建模是在常用模式下通过选择合适的模型生成方式来生成模型。建模精灵就是通过某一模式来进行快速建模。通过建模精灵命令，利用面片或点云快速提取几何形状、实体特征、曲面特征等。

7.1 基础实体

基础实体（几何形状）命令是利用面片快速提取几何形状，可以提取如圆柱、圆锥、球、圆环等体的基础实体。

首先进入“领域组模式”对面片进行领域分割，然后选择“菜单”→“插入”→“建模精灵”→ 基础实体... “基础实体”命令，或者单击工具栏中的“模型”→ 基础实体 “基础实体”命令，将会弹出“几何形状”对话框，如图 7-1 所示。“几何形状”命令，其功能是由领域提取几何形状。该命令各按钮功能如表 7-1 所示。

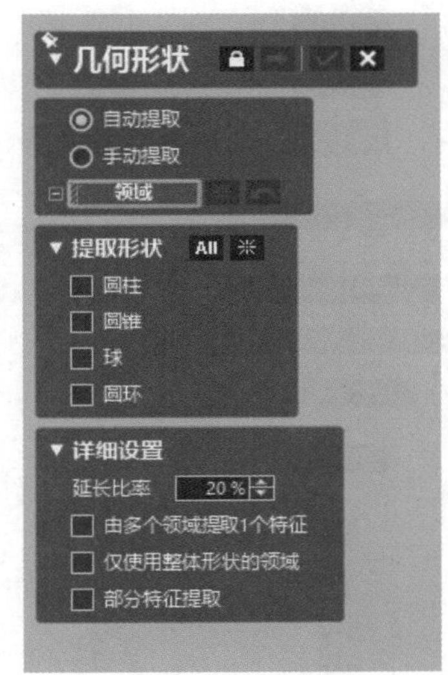

图 7–1 “几何形状”对话框

选择“自动提取”，创建形状为“圆柱、圆锥、球、圆环”，选择对应的“圆柱、圆锥、球、圆环”领域，如图 7-2 所示，图 7-3 为完成效果。

表 7-1　几何形状命令各按钮功能

命令按钮	功能
	表示菜单锁定；表示菜单自由收起
	表示该项功能菜单展开；表示该项功能菜单收起
	实现锁定对话框；解锁锁定对话框
	选中自动提取“自动提取”状态时，状态可实现进行下一阶段；变色可实现下一阶段正在进行。选中手动提取“手动提取”状态时，变化为，表示可预览，灰色表示不可预览
	状态实现 OK（全部适用）；变色实现 OK（退出）
	表示取消
自动提取	自动提取表示进入“自动提取”状态，自动提取未选中时，表示选择的是手动提取
手动提取	手动提取表示未选中“手动提取”状态，选中的是自动提取；手动提取表示进入“手动提取”状态
	表示重置，表示该功能不可用
	表示可多选平铺，表示多选收起
领域	领域表示可选领域，比如平面、自由、回转等领域
	表示解除最后要素的选择，表示该功能不可用
提取形状	在选中“自动提取”状态时，提取形状表示提取形状，比如圆柱、圆锥、球、环形、正方体等
All	All表示选择所有形状，比如圆柱、圆锥、球、环形、正方体等
圆柱	圆柱表示选择提取圆柱的几何形状
圆锥	圆锥表示选择提取圆锥的几何形状
球	球表示选择提取球的几何形状
圆环	圆环表示选择提取圆环的几何形状
详细设置	详细设置表示详细设置状态
延长比率 20 %	详细设置中的延长比率表示基于某些特征、某些领域或多个领域提取一个特征的延长比率，大小可通过 20 % 设置，也可通过上下三角形微调
由多个领域提取1个特征	可通过勾选由多个领域提取1个特征，进行多个领域提取一个特征的详细设置
仅使用整体形状的领域	可通过勾选仅使用整体形状的领域，进行仅使用整体形状的领域的详细设置
部分特征提取	可通过勾选部分特征提取，进行部分特征提取的详细设置
创建形状	选中“手动提取”状态，创建形状表示进入“手动提取”创建形状的状态，比如圆柱、圆锥、球、环形、正方体等
	表示创建圆柱体
	表示创建圆锥体
	表示创建球
	表示创建圆环
	表示创建长方体

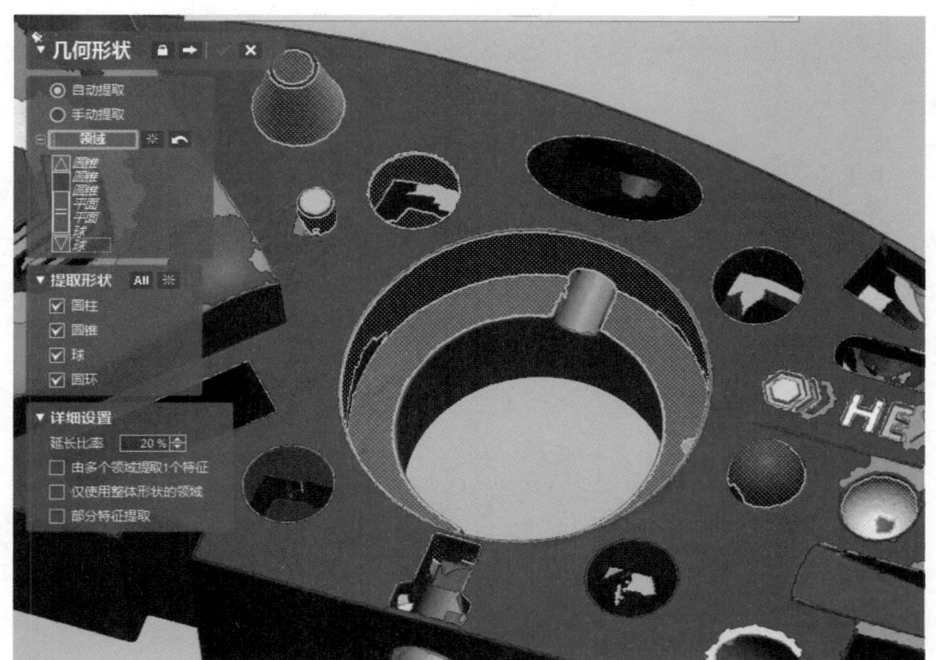

图 7–2　自动提取

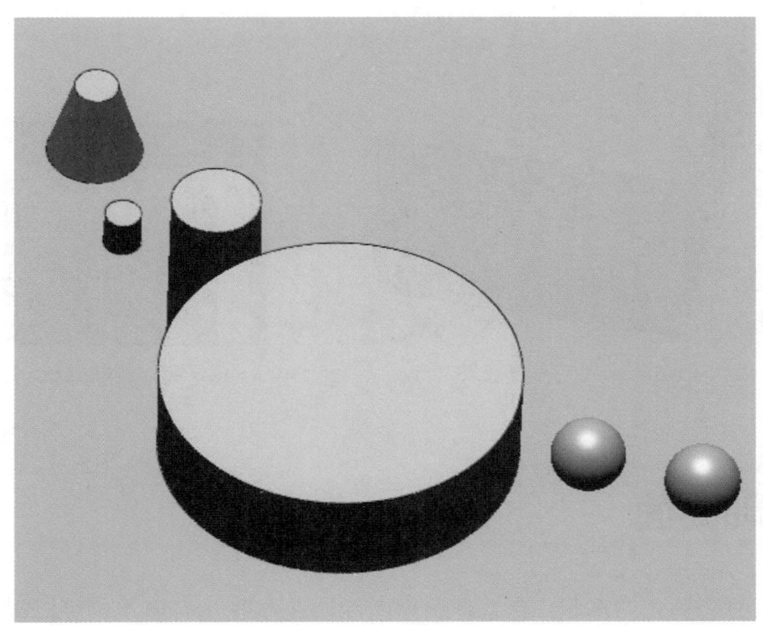
图 7–3　完成效果

选择“手动提取”，创建形状为“长方体”，手动分别拾取立方体四周的领域，如图 7-4 所示，图 7-5 为完成效果。

如果想删除候选形状，在“领域”下的列表框中选中要删除的形状，然后按 Delete 键即可（图 7-6）。

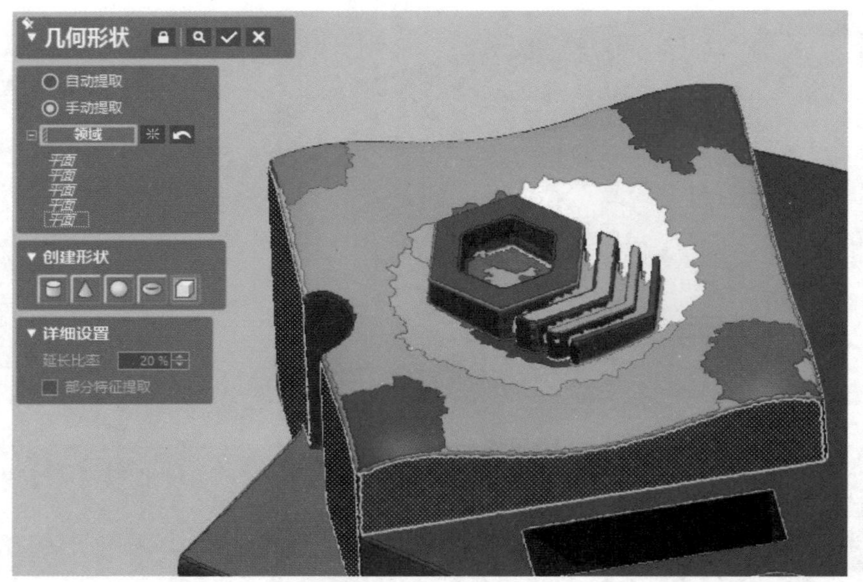

图 7-4　手动提取

图 7-5　完成效果

图 7-6　删除领域

7.2 基础曲面

基础曲面（曲面的几何形状）命令是利用面片快速提取几何形状。可以提取如平面、圆柱、圆锥、球、圆环的基础片体。

基础曲面的创建方法和基础实体相似，可对其进行参考。

首先进入“领域组模式”对面片进行领域分割，然后选择“菜单”→“插入”→“建模精灵”→ 基础曲面...“基础曲面”命令，或者单击工具栏中的“模型”→ 基础曲面“基础曲面”命令，将会弹出“曲面的几何形状”对话框，如图 7-7 所示。“曲面的几何形状”命令，其功能是由领域提取的几何曲面。该命令部分按钮功能如表 7-2 所示。

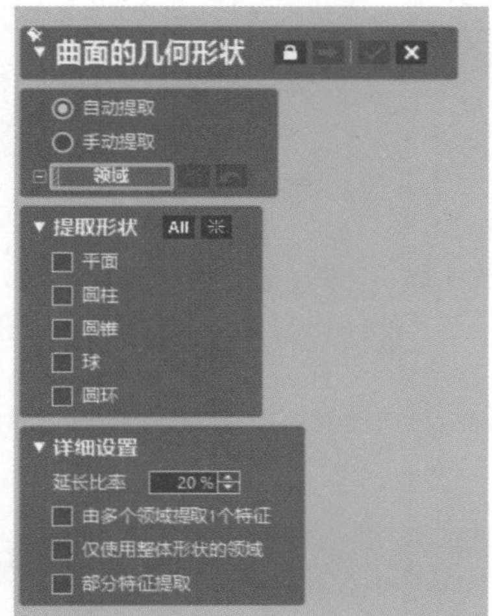

图 7–7 “曲面的几何形状”对话框

表 7–2 曲面的几何形状命令部分按钮功能

命令按钮	功能
	表示创建平面
	表示创建圆柱体
	表示创建圆锥体
	表示创建球
	表示创建圆环

选择“自动提取”，提取形状为“平面、圆柱、圆锥、球、圆环”，选择对应的领域，如图 7-8 所示。图 7-9 为完成效果。

图 7–8 自动提取

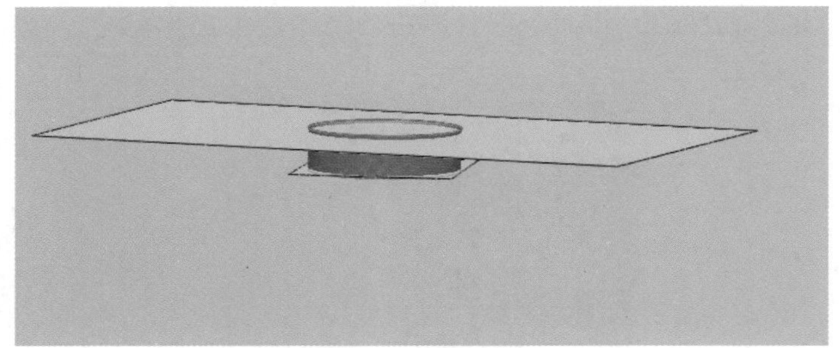

图 7-9　完成效果

选择“手动提取”，创建形状为“平面”，手动分别拾取几个平面的领域，如图 7-10 所示，图 7-11 为完成效果。

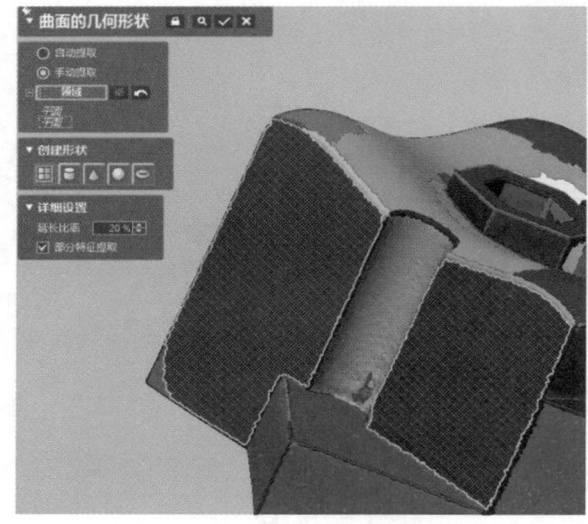

图 7-10　手动提取

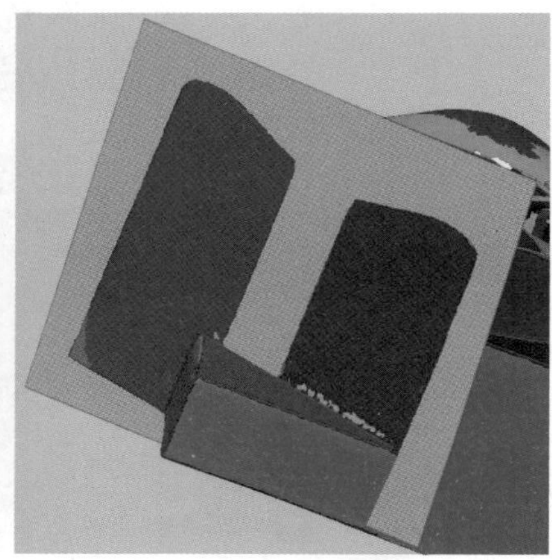

图 7-11　完成效果

如果想删除候选形状，在“领域”下的列表框中选中要删除的形状，然后按 Delete 键即可，如图 7-12 所示。

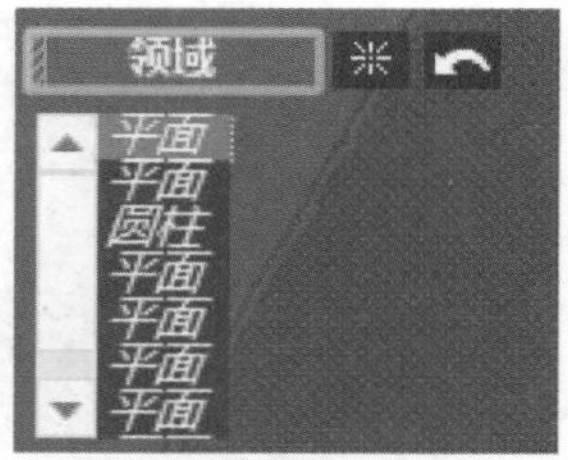

图 7-12　删除领域

7.3 拉伸精灵

拉伸精灵操作是从面片上提取拉伸特征。此命令可根据选定的领域自动运算断面轮廓线、拉伸方向和高度。

首先进入“领域组模式”对面片进行领域分割，然后选择“菜单”→“插入”→“建模精灵”→ 拉伸精灵… “拉伸精灵”命令，或者单击工具栏中的“模型”→ “拉伸精灵(提取精灵)”命令，将会弹出“拉伸精灵”对话框，如图 7-13 所示。 “拉伸精灵（提取精灵)”命令，其功能是提取拉伸实体、从区域生成面或单元面。该命令部分按钮功能如表 7-3 所示。

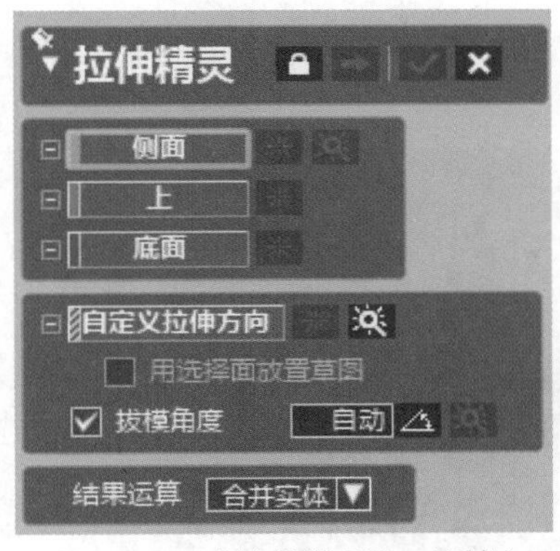

图 7–13 “拉伸精灵”对话框

表 7–3 拉伸精灵部分按钮功能

命令按钮	功能
侧面	侧面 表示侧面选择功能
（估算按钮）	表示估算。在此 侧面 功能下，表示扩大选择
上	上 表示上表面选择功能
底面	底面 表示底面选择功能
自定义拉伸方向	自定义拉伸方向 表示自定义拉伸方向功能
用选择面放置草图	用选择面放置草图 选中表示用选择面放置草图
拔模角度	拔模角度 选中表示需要定义拔模角度
自动	自动 此框可以输入 0° ～ 89.99° 之间的任意值，亦可自动匹配
（角度测量按钮）	表示角度测量功能
结果运算	结果运算 表示结果运算选择功能
合并实体	合并实体 此框可通过 进行结果运算模式选择。结果运算模式有导入实体、合并实体、实体切割、导入片体、片体切割五种 合并实体 导入实体 合并实体 实体切割 导入片体 片体切割

进入“拉伸精灵”对话框后，在侧面下，选取面片侧面五个平面领域，上面选取面片上表面的平面领域，底面选取面片底平面的平面领域，如图 7-14。拉伸完成效果如图 7-15 所示。

“拉伸精灵”下选项的使用方法：

侧面、上、底面：可选择领域、参照面、参照点、面。

自定义拉伸方向：选择一个线性要素作为拉伸的自定义方向。默认的拉伸方向是根据所选择领域的方向计算的。

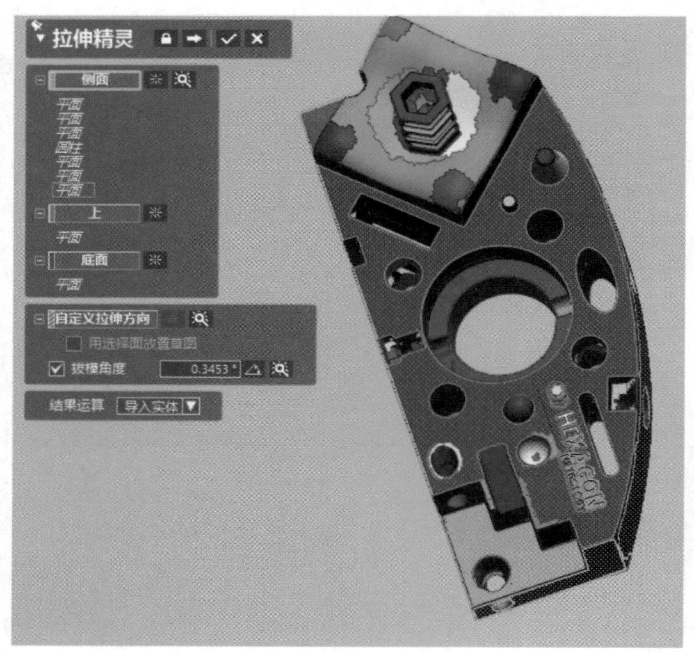

图 7-14　选取领域

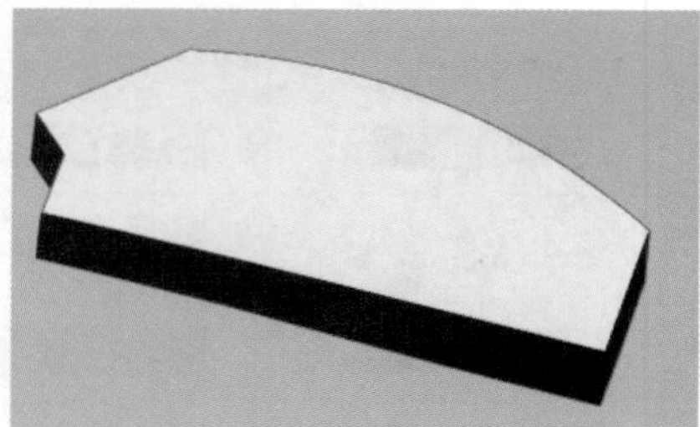

图 7-15　完成效果

7.4 回转精灵

回转精灵操作是从面片上提取旋转特征。此命令可根据选定的领域自动运算断面轮廓线、旋转轴和旋转角度。

首先进入“领域组模式”对面片进行领域分割，然后选择“菜单”→“插入”→“建模精灵”→ 回转精灵… “回转精灵”命令，或者单击工具栏中的“建模”→ “回转精灵”命令，将会弹出“回转精灵”对话框，如图 7-16 所示。 “回转精灵”命令，其功能是提取回转实体、从区域生成面或单元面。该命令部分按钮功能如表 7-4 所示。

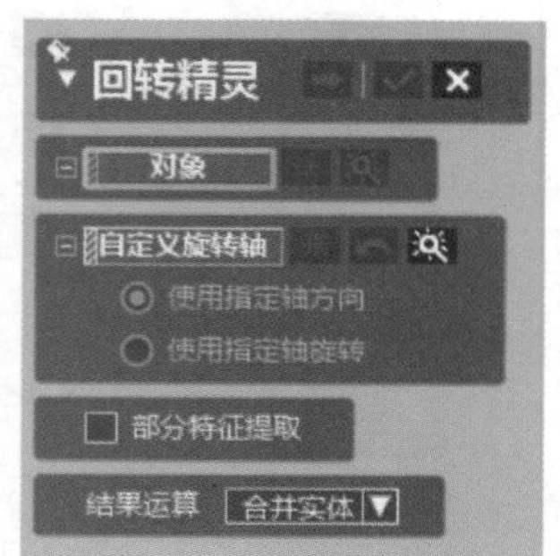

图 7-16　“回转精灵”对话框

表 7-4　回转精灵命令部分按钮功能

命令按钮	功能
[重置按钮]	[重置按钮]表示重置，[灰色按钮]表示该功能不可用
[−]	[−]表示可多选平铺，[+]表示多选收起
[撤销按钮]	[撤销按钮]表示解除最后要素的选择，[灰色按钮]表示该功能不可用
对象	对象表示对象选择功能
[估算按钮]	[估算按钮]表示估算。在 对象 功能下，表示扩大选择
自定义旋转轴	自定义旋转轴表示自定义旋转轴选择功能
◉ 使用指定轴方向	◉ 使用指定轴方向选中表示使用指定轴方向
○ 使用指定轴旋转	○ 使用指定轴旋转选中表示使用指定轴旋转，否则按默认参数旋转
□ 部分特征提取	□ 部分特征提取选中表示使用部分特征提取实体
结果运算	结果运算表示结果运算选择功能
合并实体▼	合并实体▼此框可通过▼进行结果运算模式选择。结果运算模式有导入实体、合并实体、实体切割、导入片体、片体切割五种

进入“回转精灵”对话框后，在对象下，选取回转领域，默认参数，如图 7-17 所示，单击确定。完成效果如图 7-18 所示。

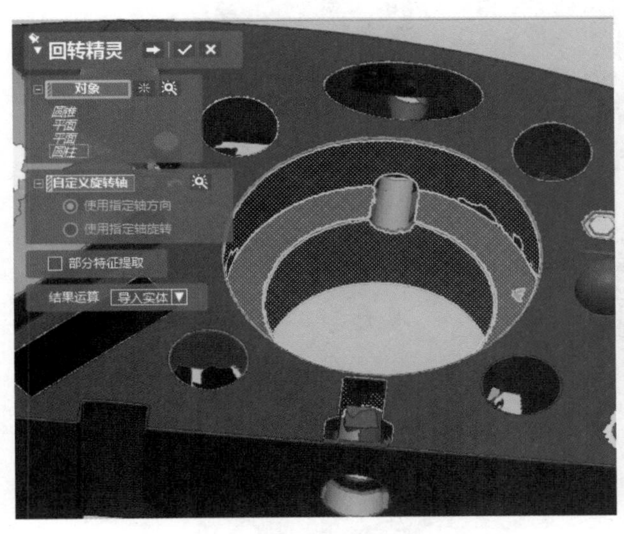

图 7-17　选取回转领域

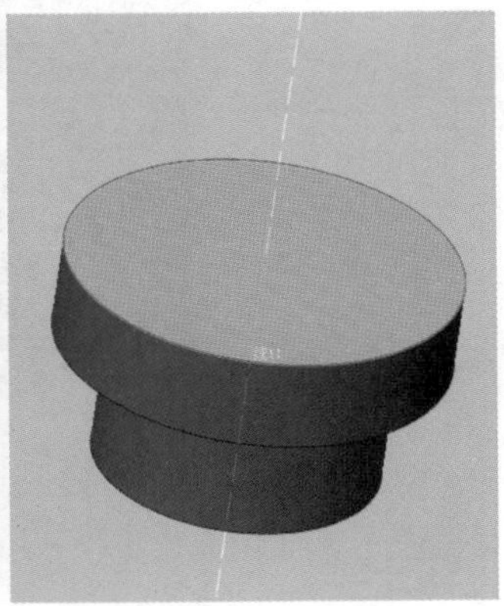

图 7-18　完成效果

“回转精灵”下选项的使用方法：

自定义旋转轴：在选定的目标领域上检索合适的旋转轴。

注意：可利用两个平面定义旋转轴。如果使用两个平面定义旋转轴，那么两平面的交线就会作为旋转轴，并且会将这两个平面中具有较高优先级的面设置为草图基准平面。较高优先级的平面是根据在特征树中显示的顺序来决定的。

使用指定轴方向：将指定的轴方向作为旋转轴的方向。

使用指定轴旋转：将指定的轴方向和位置作为旋转轴的方向和位置。

部分特征提取：定义旋转角度来提取旋转体的部分特征。

7.5 扫略精灵

扫略精灵操作是从面片上提取扫描的实体特征和曲面特征。此命令可根据选定的领域自动运算断面轮廓线和路径。

首先进入“领域组模式”对面片进行领域分割，然后选择“菜单”→“插入”→“建模精灵”→ 扫略精灵... “扫略精灵”命令，或者单击工具栏中的“模型”→ “扫略精灵”命令，将会弹出“扫略精灵”对话框，如图 7-19 所示。 “扫略精灵”命令，其功能是提取扫略实体、从区域生成面或单元面。该命令部分按钮功能如表 7-5 所示。

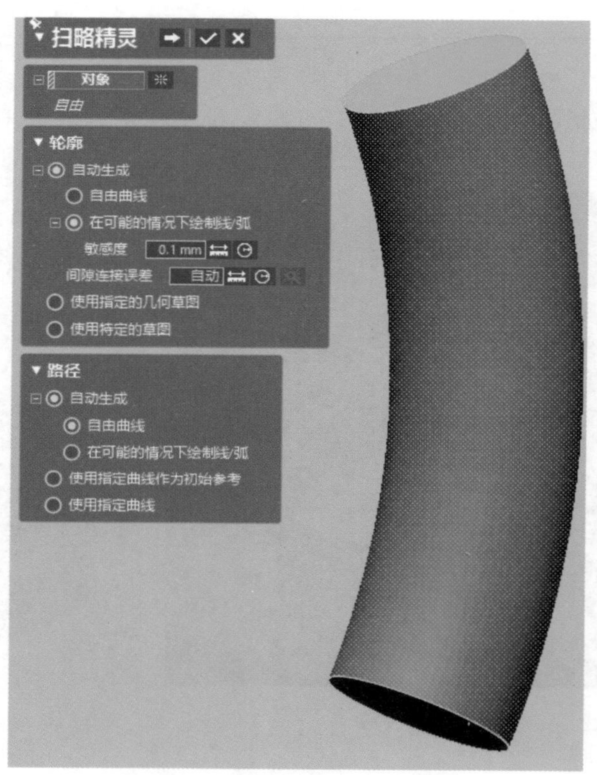

图 7-19 “扫略精灵”对话框

表 7-5 扫略精灵命令部分按钮功能

命令按钮	功能
	表示估算
对象	对象 表示对象选择功能
轮廓	轮廓 表示轮廓生成选择功能
敏感度	敏感度 表示在可能的情况下通过绘制线 / 弧自动生成轮廓或路径功能时，设置敏感度
0.1 mm	0.1 mm 表示在可能的情况下通过绘制线 / 弧自动生成轮廓或路径功能时，设置敏感度的具体数值
	表示测量距离功能
	表示测量半径功能
间隙连接误差	间隙连接误差 表示在自动生成轮廓功能时，设置间接连接误差
自动	自动 表示在自动生成轮廓功能时，设置间接连接误差的具体数值，或自动匹配
使用指定的几何草图	使用指定的几何草图 选中表示使用指定的几何草图生成轮廓
使用特定的草图	使用特定的草图 选中表示使用特定的几何草图生成轮廓
路径	路径 表示路径生成选择功能
自动生成	自动生成 选中表示自动生成路径功能
自由曲线	自由曲线 选中表示由自由曲线自动生成路径功能
在可能的情况下绘制线/弧	在可能的情况下绘制线/弧 选中表示在可能的情况下通过绘制线 / 弧自动生成路径功能
使用指定曲线作为初始参考	使用指定曲线作为初始参考 选中表示使用指定曲线作为初始参考生成路径选择功能
使用指定曲线	使用指定曲线 选中表示使用指定曲线生成路径选择功能

进入“扫略精灵”对话框后，在对象下，选取自由领域，在轮廓和路径下，都选取自动生成下的“自由曲线”，单击“下一步”，如图 7-20 所示。在第二阶段的配置文件自动生成选项下和路径自动生成选项下，都选取“自由曲线”，单击“确定”，完成效果如图 7-21 所示。

“轮廓”下选项的使用方法：

自由曲线：自动创建 2D 样条曲线作为结果轮廓。

使用指定的几何草图：使用扫描区域外的现有草图，将其转换到扫描体的断面坐标下。

使用特定的草图：在不改变草图位置的情况下将其作为扫描轮廓。

“路径自动生成选项”的使用方法：

在可能的情况下绘制线 / 弧：如果断面线经分析是线和弧，使用 2D 线和弧作为轮廓要素。

使用指定曲线作为初始参考：指定一条曲线作为大致修正扫描路径。应用程序根据选定的曲线检索修正路径来创建断面轮廓。

使用指定曲线：在不改变曲线位置的情况下将其作为扫描路径。

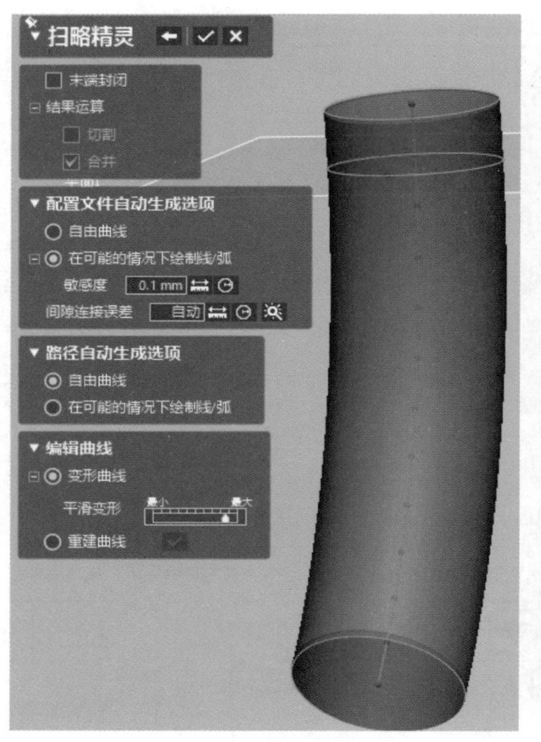

图 7-20　扫略精灵

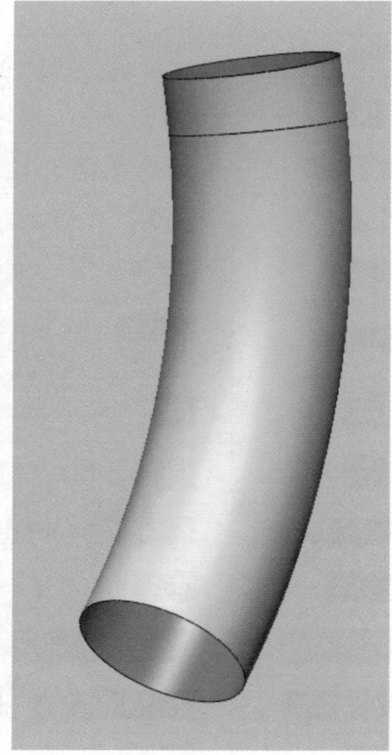

图 7-21　完成效果

第二阶段下的各个方法：

末端封闭：闭合顶面与底面。如果轮廓线是封闭的，此选项可用。

配置文件自动生成选项：建议在第一阶段选择。

路径自动生成选项：建议在第一阶段选择。

7.6 放样向导

放样向导操作是从面片上提取放样曲面特征。此命令可根据选定的领域自动运算断面轮廓线并创建放样路径。

首先进入“领域组模式”对面片进行领域分割，然后选择“菜单”→“插入”→“建模精灵”→ 放样向导... “放样向导”命令，或者单击工具栏中的“模型”→ 放样向导 “放样向导”命令，将会弹出“放样向导”对话框，如图 7-22 所示。放样向导 “放样向导”命令，其功能是由领域或单元面提取放样的曲面。该命令部分按钮功能如表 7-6 所示。

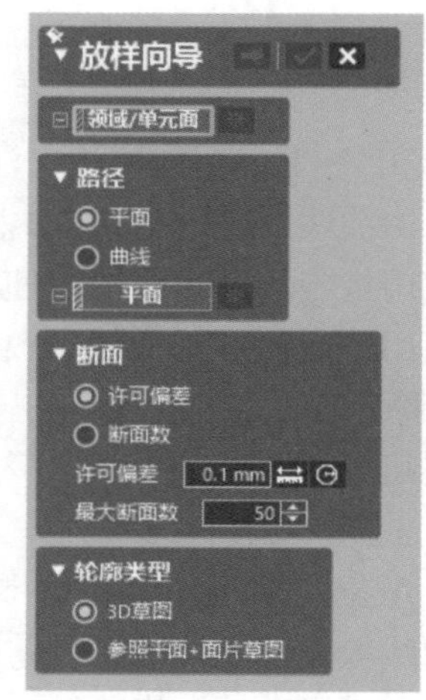

图 7-22　“放样向导”对话框

表 7–6　放样向导命令部分按钮功能

命令按钮	功能
领域/单元面	领域/单元面 表示领域 / 单元面的选择功能
路径	路径 表示路径生成选择功能
◉ 平面	◉ 平面 选中表示路径通过平面生成选择功能
平面	平面 选中 ◉ 平面 表示路径通过平面生成时选择平面功能。比如草图链、曲线、3D 草图、领域、草图、边线、环、参照平面、面等
○ 曲线	○ 曲线 选中表示路径通过曲线生成选择功能
曲线	曲线 选中 ◉ 曲线 表示路径通过曲线生成时选择曲线功能。比如曲线、边线等
断面	断面 表示断面参数设置功能
◉ 许可偏差	◉ 许可偏差 选中表示断面许可偏差设置选择功能
许可偏差	许可偏差 表示断面许可偏差设置项
0.1 mm	0.1 mm 表示断面许可偏差具体参数设置
	表示测量距离功能
	表示测量半径功能
最大断面数	最大断面数 表示断面许可最大断面数设置项
50	50 表示断面许可最大断面数具体参数设置
◉ 断面数	◉ 断面数 选中表示断面数设置选择功能
断面数 10	断面数 10 表示选中 ◉ 断面数 后，设置具体断面数目，调整可直接输入数值，或通过点击来进行
平滑	平滑 表示选中 ◉ 断面数 后，设置完具体断面数目，进一步设置平滑系数通过移动来进行
轮廓类型	轮廓类型 表示轮廓类型设置功能
◉ 3D草图	◉ 3D草图 选中表示轮廓类型通过 3D 草图设置
◉ 参照平面+面片草图	◉ 参照平面+面片草图 选中表示轮廓类型通过参照平面 + 面片草图设置

进入“放样向导”对话框后，在“领域 / 单元面”下，选取回转领域，在“断面”下选择“断面数”，断面数为“10”，“轮廓类型”选择“参照平面 + 面片草图”，如图 7-23 所示，单击确定，完成效果如图 7-24 所示。

“路径”下选项的使用方式：

平面：选择平面要素或平面放样。轮廓线平面将会与选定的平面垂直对齐。

曲线：选择平衡放样的曲线。轮廓线平面将会与选定的曲线垂直对齐。

“断面”下选项的使用方法：

许可偏差：在许可偏差和限制的断面数之间，利用偏差计算出合适的断面数。

断面数：利用断面数计算放样曲面。

“轮廓类型”下选项的使用方式：

3D 草图：创建 3D 样条曲线作为轮廓要素，在特征树中就会将断面显示为 3D 草图。

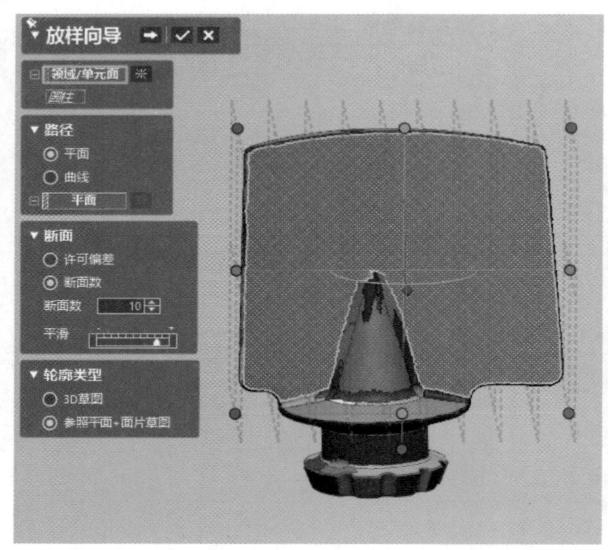

图 7-23　放样向导

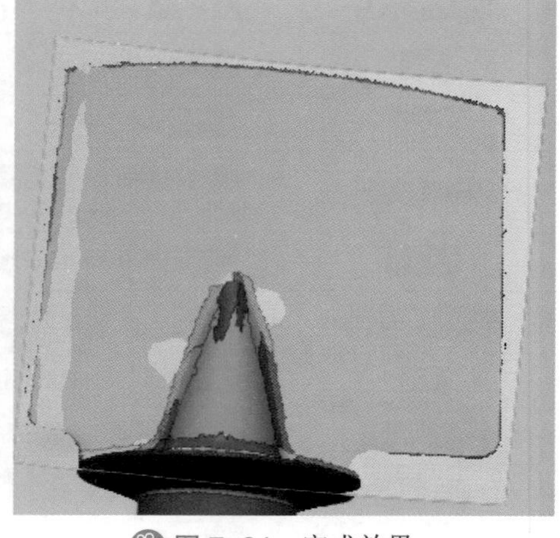

图 7-24　完成效果

参照平面 + 面片草图：创建 2D 线和弧作为轮廓要素，在特征树中就会显示参照平面和面片草图。

7.7 管道精灵

管道精灵操作是从面片或点云上提取管道特征。此命令可根据选定的参照面或参照点自动计算圆形轮廓、半径、路径。

首先进入“领域组模式”对面片进行领域分割，然后选择“菜单”→“插入”→“建模精灵”→ 管道精灵... “管道精灵”命令，将会弹出“管道精灵”对话框，如图 7-25 所示。管道精灵... “管道精灵”命令，其功能是由领域或单元面提取放样的曲面。该命令部分按钮功能如表 7-7 所示。

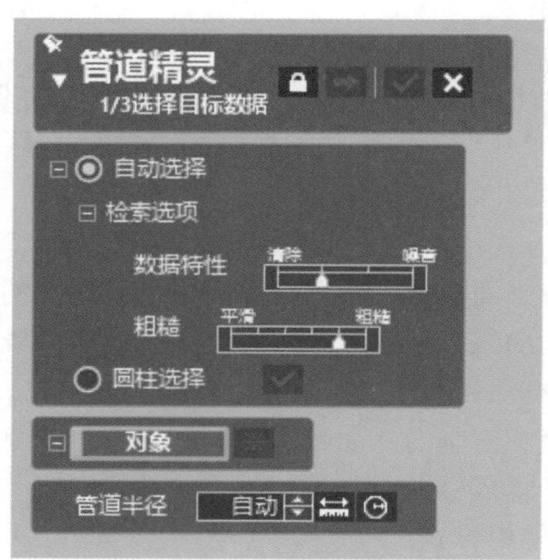

图 7-25　“管道精灵”对话框

表 7–7　管道精灵命令部分按钮功能

命令按钮	功能
自动选择	自动选择选中表示自动选择管道功能
检索选项	检索选项表示自动选择管道时检索选项设置
数据特性 清除 噪音	数据特性 清除 噪音表示检索选项下进行设置数据特性，特性设置通过 清除 噪音进行
粗糙 平滑 粗糙	粗糙 平滑 粗糙表示检索选项下进行设置管道粗糙特性，设置通过 平滑 粗糙进行
圆柱选择	圆柱选择选中表示圆柱选择管道功能
圆柱选择	圆柱选择表示圆柱选择管道时通过单元顶点进行圆柱选择
对象	对象表示对象选择设定管道功能，可通过领域、单元顶点、单元面进行
管道半径	管道半径表示对象选择中设定管道半径功能
自动	自动表示对象选择中设定管道半径值，可直接输入，或自动匹配，亦可通过点击来进行调整管道半径值

进入“管道精灵”对话框后，在“对象”下，选取自由领域，参数如图 7-26 所示，单击“下一步”，“管道半径”输入“6”，单击“确定”，完成效果如图 7-27 所示。

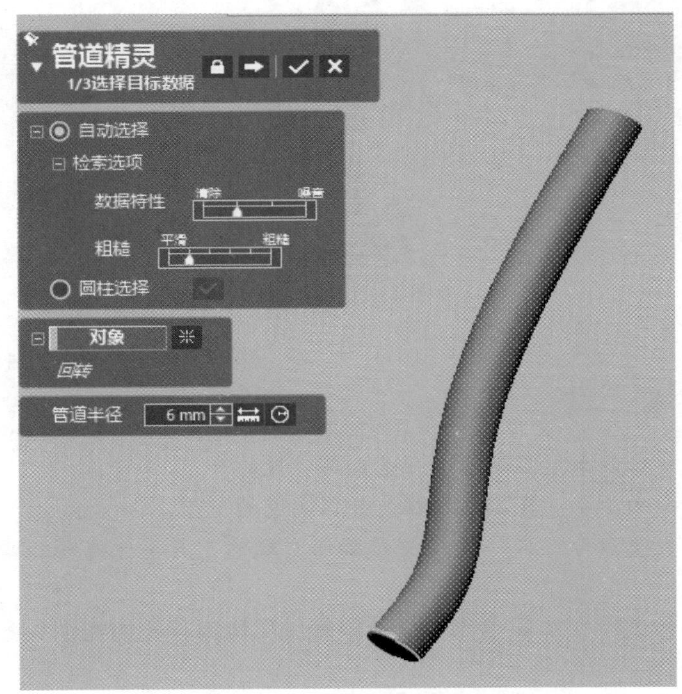

图 7–26　管道精灵设置参数

“管道精灵”下选项的使用方法：

自动选择：使用面片或点云上已选择的原始点自动检索管道形状。对于面片来说，可选择领域或参照面；对于点云来说，可选择参照点。

数据特性：调整数据的品质。如果数据很干净，将滑块移至清除，如果数据有杂点，滑块移至噪音。

粗糙：设置管道路径的长度。如果扫描数据很干净没有杂点，将滑块移至平滑，应用程序会在严格公差内检索管道区域。如果将滑块移至粗糙，应用程序会在宽松的公差内延伸管道。

圆柱选择：从已选择的点中检索管道，适用于利用分割的管道创建一个完整的管道。在多个选择中可使用一个撤销深度。

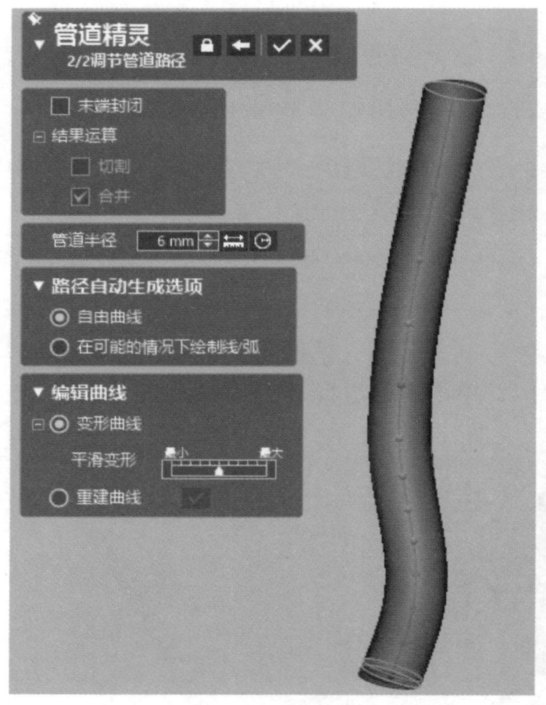

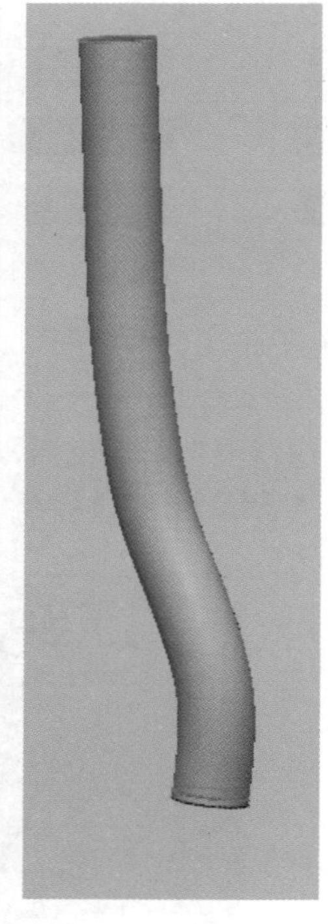

图 7-27　完成效果

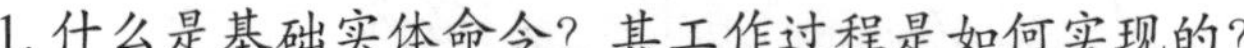

思考题

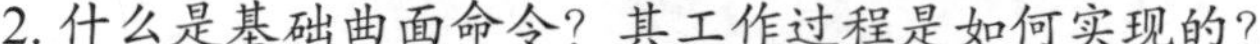

1. 什么是基础实体命令？其工作过程是如何实现的？

2. 什么是基础曲面命令？其工作过程是如何实现的？

3. 什么是拉伸精灵命令？其工作过程是如何实现的？与实体建模和曲面建模中的拉伸命令有什么区别？

4. 什么是回转精灵命令？其工作过程是如何实现的？与实体建模和曲面建模中的回转命令有什么区别？

5. 什么是扫略精灵命令？其工作过程是如何实现的？与实体建模和曲面建模中的扫描命令有什么区别？

6. 什么是放样向导命令？其工作过程是如何实现的？与实体建模和曲面建模中的放样命令有什么区别？

7. 什么是管道精灵命令？其工作过程是如何实现的？

第 8 章

建模特征应用

学习目标

了解建模特征相关的命令以及应用，如圆角、倒角、拔模、押出成形、线形阵列、圆形阵形、曲线阵列、镜像、螺旋体曲线、螺旋曲线、移动面、删除面、替换面、分割面、转换体、复制体、删除体、重新拟合等命令。

利用模型特征中的命令对实体进行编辑处理，通过这些命令能够在实体上快速添加新的特征，来满足模型的特征要求和结构要求。

8.1 圆角

圆角操作是在实体或曲面的边线上创建圆角特征，这个功能在存在实体的时候可用。

具体操作步骤如下：

（1）打开“圆角”对话框。在菜单栏中单击“插入”→“建模特征”→ 圆角… “圆角”命令，或者在工具栏中单击圆角“圆角”按钮，弹出“圆角”对话框，如图 8-1 所示。

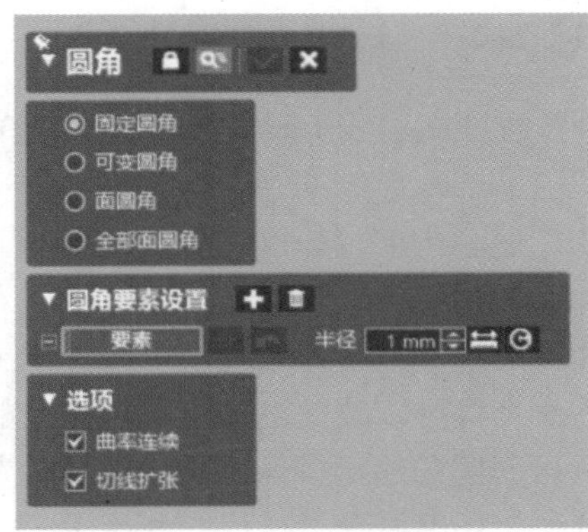

图 8–1　圆角

（2）选择圆角方式。在“圆角”对话框中有 4 种方式。

① 固定圆角。“固定圆角”通过选择边线、面以及设置圆角半径值的方法，创建固定

半径圆角。

在“圆角”对话框中点选“固定圆角”按钮，进入“固定圆角”设置，如图 8-2 所示。

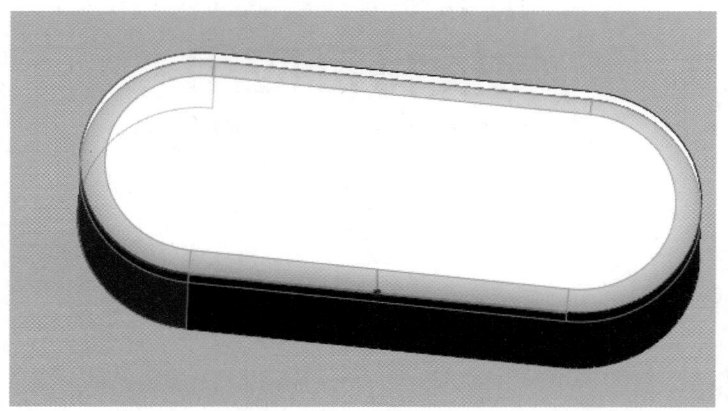

图 8–2　固定圆角

在“圆角要素设置”的“要素”下，选择边线，输入圆角半径，也可以单击，通过面片来估算圆角半径。在“选项”下选择“切线扩张”，未选择“切线扩张”的圆角效果如图 8-3 所示。在精度偏差下，打开“偏差”，来实时检查圆角的公差。

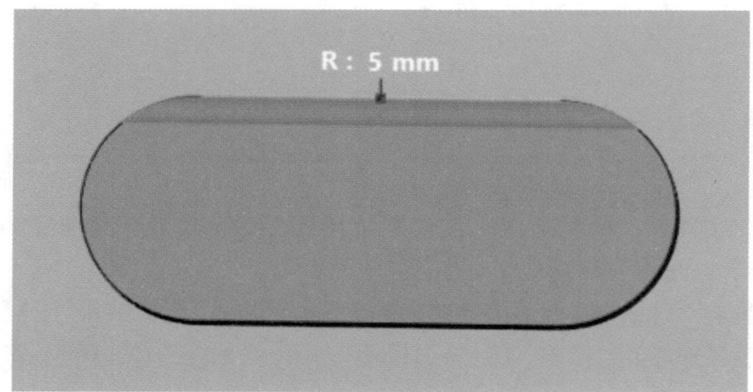

图 8–3　未选择“切线扩张”选项

② 可变圆角。“可变圆角”通过在边线上设置不同半径值的方法创建可变半径圆角。

在“圆角”对话框中点选“可变圆角”按钮，进入“可变圆角”设置，如图 8-4 所示。

在“圆角要素设置”的“要素”下，选择边线，单击紫线上的位置可以追加控制点，通过更改 P 值可以改变追加点在圆弧上的位置，以及删除控制点（P=0）。可变圆角的半径值可以通过双击参数手动输入，也可以从面片上自动估算出可变半径值，并显示在轮廓视图中。自动拟合圆角的方式如图 8-5 所示。

延长方法包括“平滑延长”和“线性延长”。“平滑延长”是在将圆角边线与相邻面匹配时，创建半径值平滑过渡的圆角；“线性

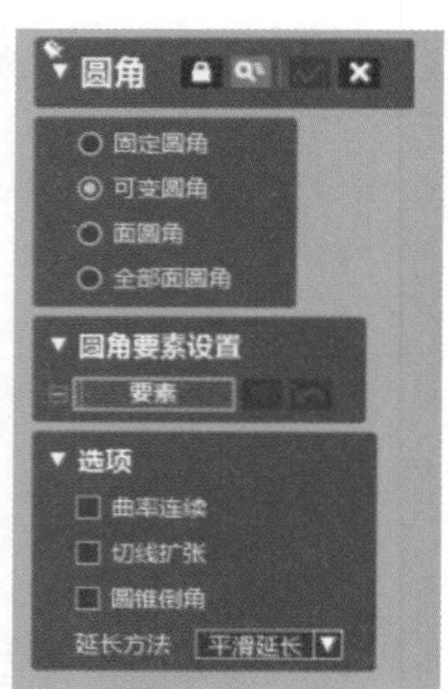

图 8–4　可变圆角

延长”是在将圆角边线与相邻面匹配时，创建半径值线性过渡的圆角。

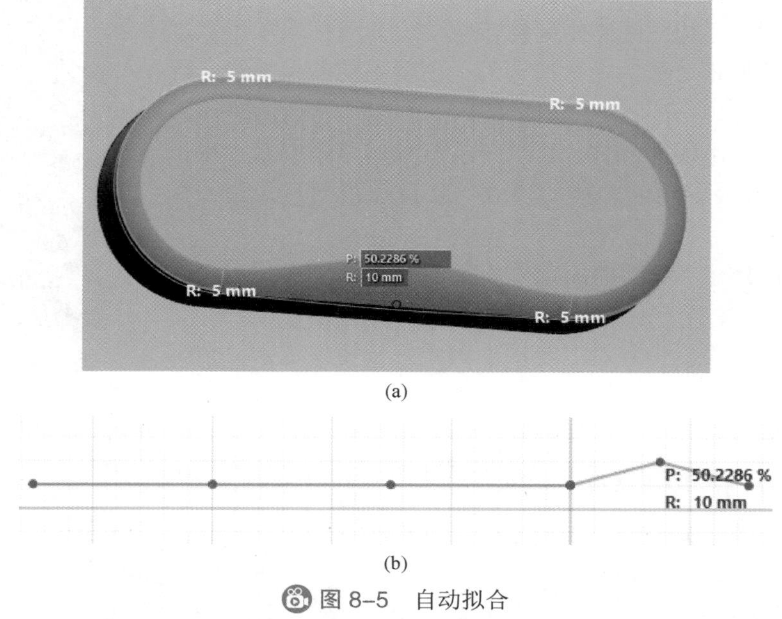

(a)

(b)

图 8–5　自动拟合

③ 面圆角。在“圆角”对话框中点选“面圆角”按钮，进入“面圆角”设置，如图 8-6 所示。

在“圆角要素设置”下，第一个“面”选择粉色区域的面，第二个“面”选择绿色区域的面，输入半径，单击✔按钮创建面圆角，如图 8-7 所示。

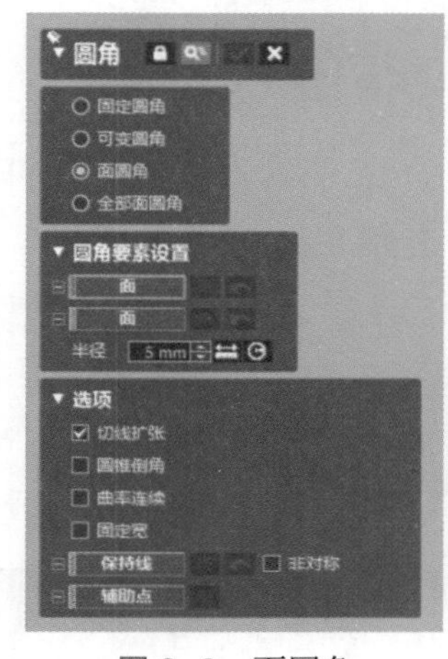

图 8–6　面圆角

图 8–7　圆角要素设置

“面圆角”对话框中的参数说明如下：

圆锥倒角：可以在各面上用不同的半径创建混合区域，此选项在可变圆角和面圆角的方式下可用。

曲率连续：创建比标准圆角更平滑的曲率圆角，此方式可以创建无跳转的曲率境界。使用精度分析下，打开“环境写像”，可以确认结果。

固定宽：创建固定宽度的圆角面。

保持线：选择体边线或曲线作为圆角形状面的境界。圆角半径通过保持线和圆角边线间的距离将被驱动。非对称选项可以创建与另一侧圆角形状对称的保持线。为了创建不同的保持线，可以选择该选项。

辅助点：如果出现面混合，可以分析模糊的选择要素。单击“帮助”按钮，选择圆角面一侧的顶点，就会在帮助点旁边的位置创建圆角。

④ 全部面圆角。“全部面圆角”用于创建与三个相邻面相切的圆角。

在“圆角”对话框中点选“全部面圆角”按钮，进入“全部面圆角”设置，如图 8-8 所示。

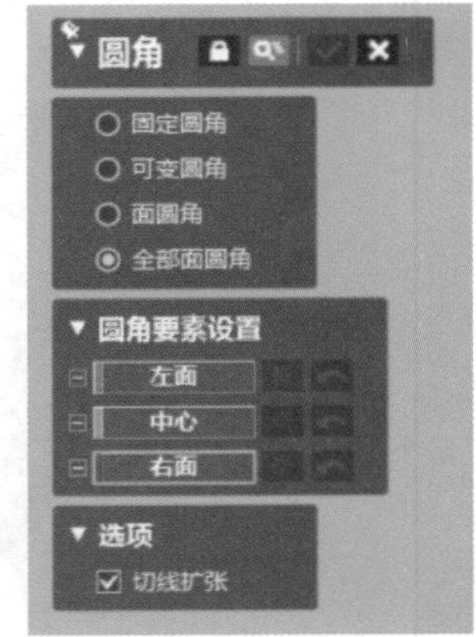

图 8-8　全部面圆角

在“圆角要素设置”下，“左面”选择粉色区域面，“中心”选择绿色区域面，“右面”选择蓝色区域面，单击✅按钮创建全部面圆角，效果图如图 8-9 所示。

图 8-9　全部面圆角效果图

8.2 倒角

倒角操作是在实体或曲面的边线处创建坡边特征，这个功能在存在实体的时候可用。

具体操作步骤如下：

（1）打开“倒角”对话框。在菜单栏中单击“插入”→“建模特征”→ 倒角... “倒角”命令，或者在工具栏中单击 倒角 “倒角”按钮，弹出“倒角”对话框，如图 8-10 所示。

（2）倒角操作有两种方式，可选择其中的一种。

① 角度和距离。“角度和距离”方式通过设置边线的角度和距离创建坡边。单击“估算距离”按钮会自动地从面片上提取大致的值，仅在有面片的情况下可以使用。倒角的距离为“3mm”，角度为“30° ”的效果图如图 8-11(a) 所示；倒角距离

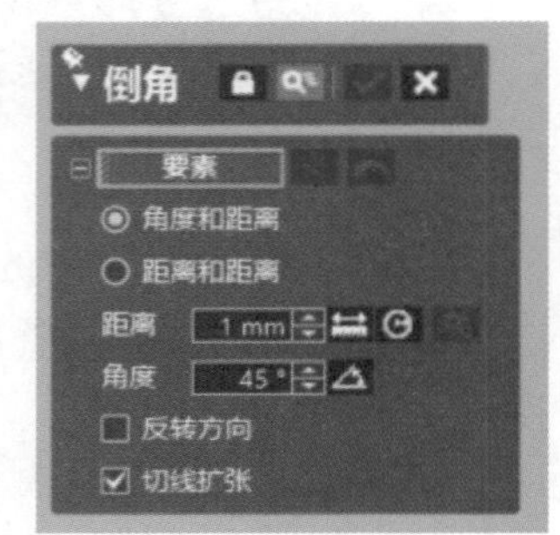

图 8-10　倒角

为“4mm”，角度为“45° ”的效果图如图 8-11(b) 所示。

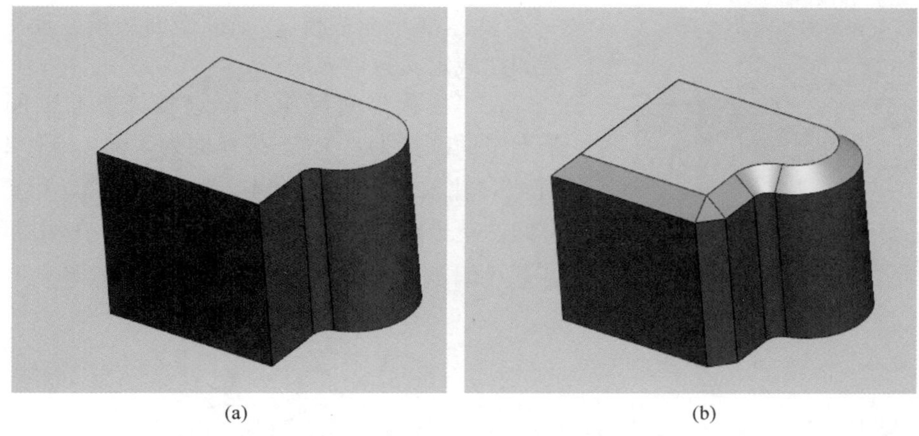

(a) (b)

图 8–11 “角度和距离”倒角方式

② 距离和距离。“距离和距离”方式通过设置边线上的两个距离创建坡边。倒角的距离 1 为“4mm”，距离 2 为“4mm”的效果图如图 8-12 所示。

图 8–12 “距离和距离”倒角方式

8.3 拔模

拔模操作是指定角度在实体或曲面上创建与基准面成一定角度的拔模面，这个功能在存在实体的时候可用。

具体操作步骤如下：

（1）打开“拔模”对话框。在菜单栏中单击“插入”→“建模特征”→ 拔模... “拔模”命令，或者在工具栏中单击 拔模 “拔模”按钮，弹出“拔模”对话框，如图 8-13

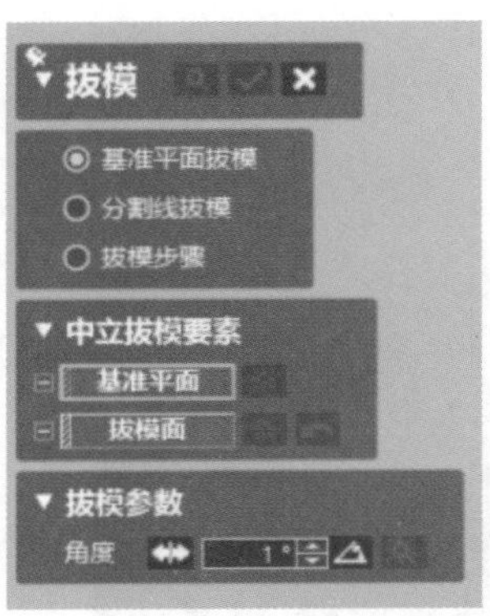

图 8–13　拔模

所示。

（2）拔模操作有三种方式，可选择其中的一种。

① 基准平面拔模。“基准平面拔模”使用选定要素的法线定义拉伸方向。

在“拔模”对话框中，选择“基准平面拔模”，基准平面选择为“上”，拔模面为“面 1、面 2、面 3、面 4”，输入拔模角度“14°”，单击，可更换拔模方向，单击预览，如图 8-14 所示。在精度偏差下，打开“偏差”来实时检查拔模角度的公差。

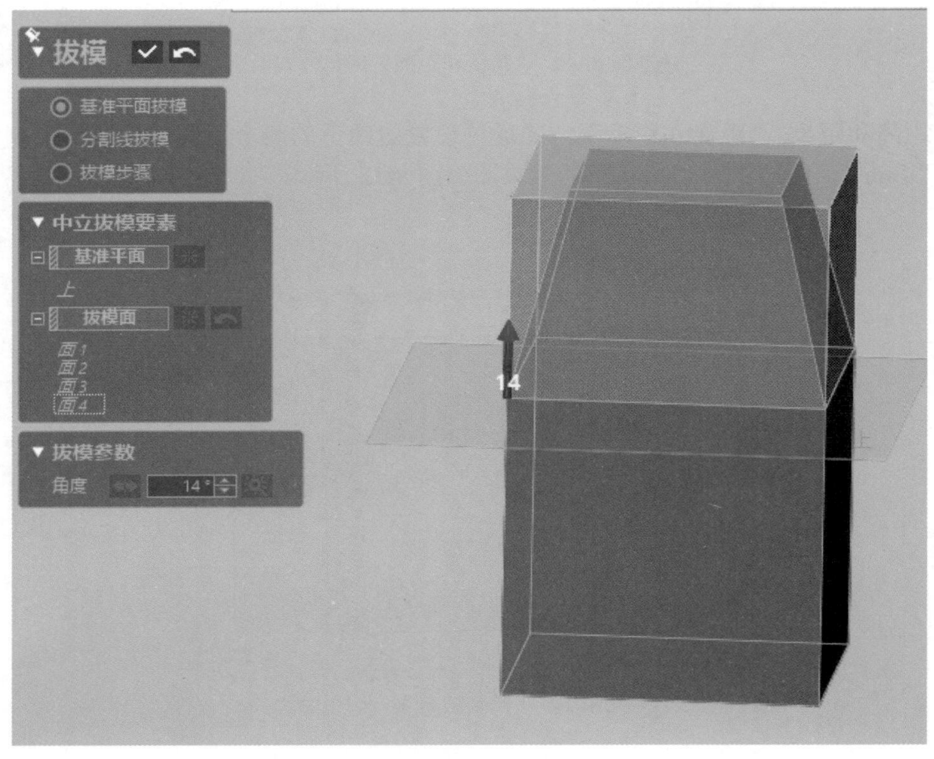

图 8–14　基准平面拔模

② 分割线拔模。“分割线拔模”是在实体上选择边线。

在“拔模”对话框中，选择“分割线拔模”，拉伸方向选择为“前”，分割线为“边线 1”，输入拔模角度“20°”，单击预览，如图 8-15 所示。

③ 拔模步骤。“拔模步骤”是在相同的拔模方式下，创建具有不同法线方向的面。

在“拔模”对话框中，选择“拔模步骤”，拉伸方向选择为“上”，分割线为“边线 2、边线 3”，输入拔模角度“14°”，单击预览，如图 8-16 所示。

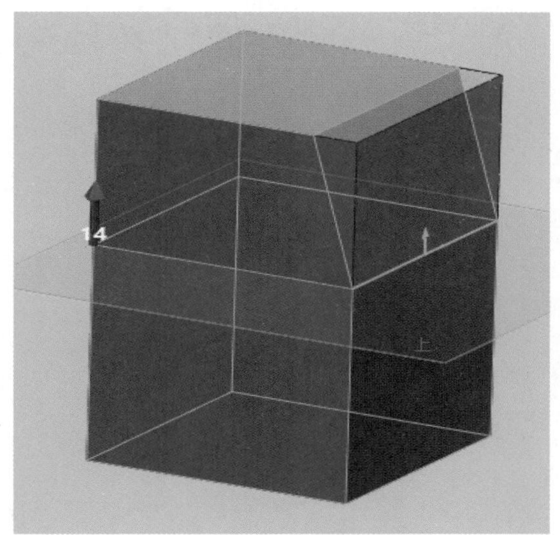

图 8–15　分割线拔模

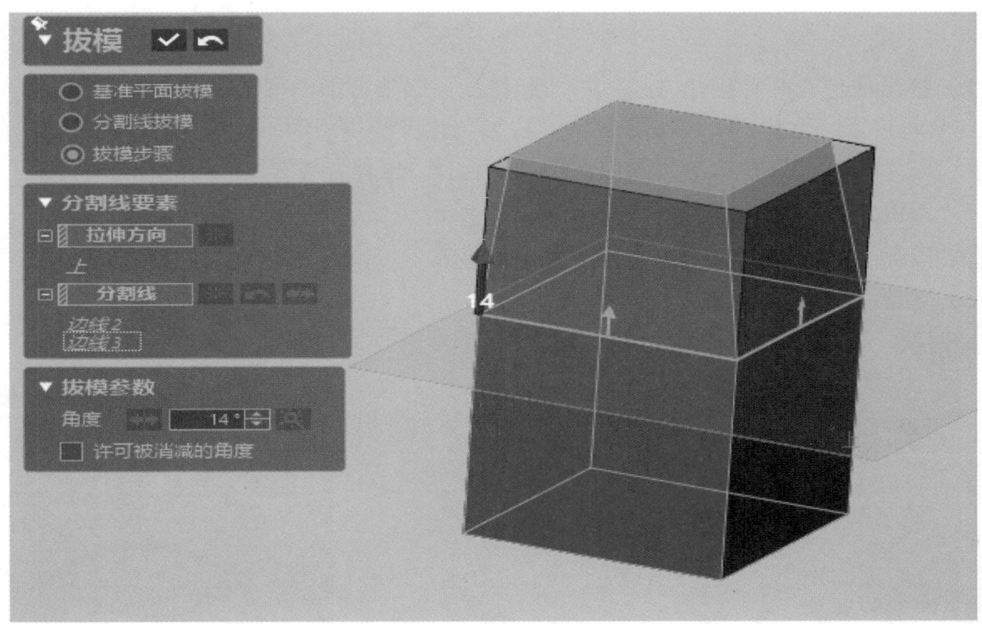

图 8–16　拔模步骤

8.4 押出成形

押出成形操作是将 2D、3D 草图覆盖到平面或非平面的面上，并创建凹陷或凸起特征。具体操作步骤如下：

（1）打开“押出成形”对话框。在菜单栏中单击“插入”→“建模特征”→ 押出成形...

"押出成形"命令，弹出"押出成形"对话框，如图 8-17 所示。

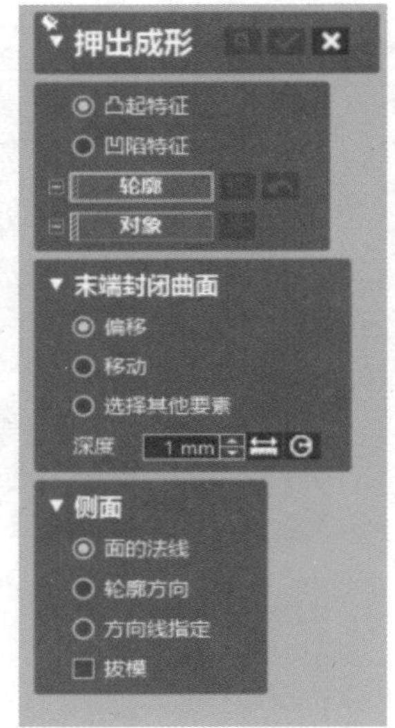

图 8–17　押出成形

（2）押出成形有两种创建方式——凸起特征、凹陷特征，可选择其中的一种。

① 凸起特征。选择"凸起特征"，在"轮廓"下选取"草图环路 1、草图环路 2"，在"对象"下选取"面 1"，在"末端封闭曲面"下，选择"偏移"，"深度"为"1mm"，在"侧面"下选择"面的法线"，单击预览，如图 8-18 所示。

② 凹陷特征。创建凹陷特征，如图 8-19 所示。

（3）选择"末端封闭曲面"

① 偏移。将从对象体面偏移的面作为押出成形的顶面，如图 8-20 所示。

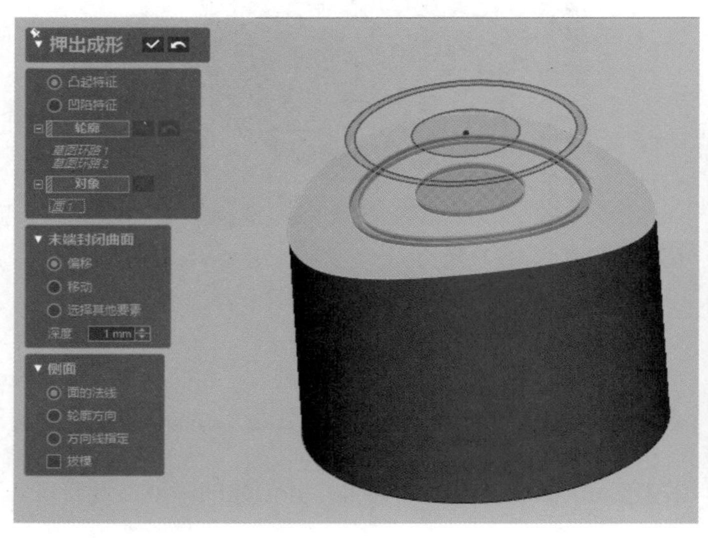

(a)

(b)

图 8–18　凸起特征

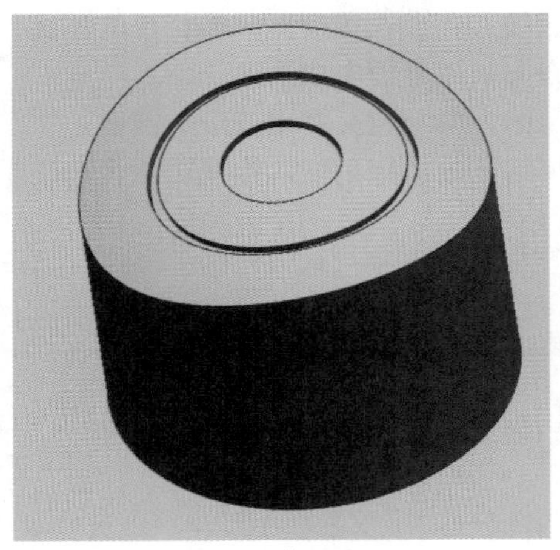

图 8-19　凹陷特征

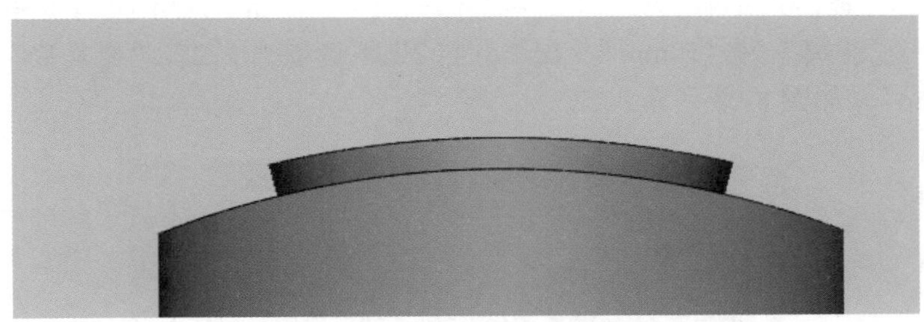

图 8-20　偏移

② 移动。在选定方向上移动目标体的面，并将其作为押出成形的顶面，可使用有法线的要素或直线要素作为方向，如图 8-21 所示。

③ 选择其他要素。选择押出成形的顶面作为要素，可以选择领域、面、曲面、实体作为末端封闭，如图 8-22 所示。

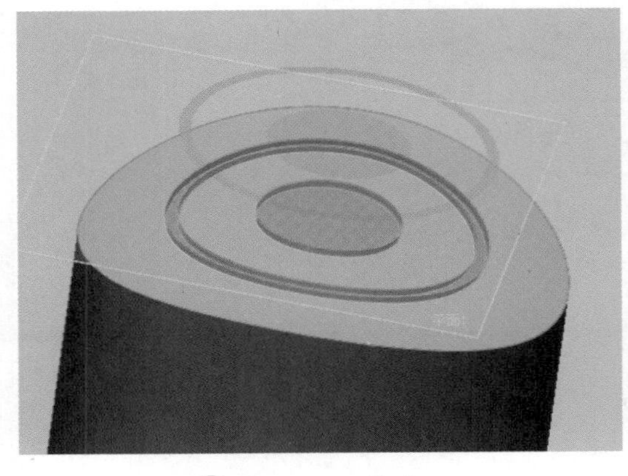

图 8-21　移动

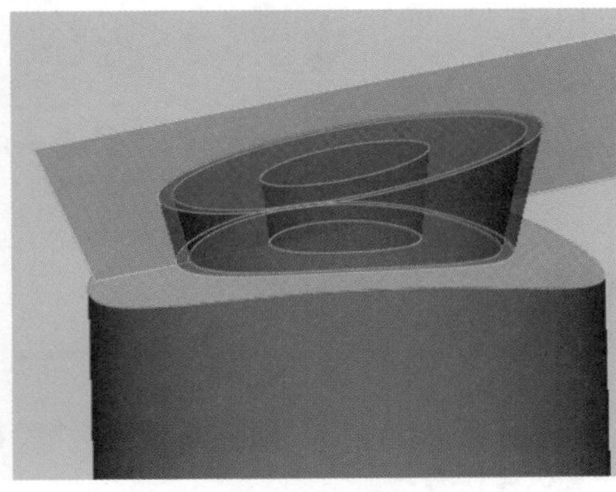

图 8-22　选择其他要素

（4）选择“侧面”

① 面的法线：在面的法线方向上设置押出成形特征的侧面。

② 轮廓方向：在轮廓方向上设置押出成形的侧面。

③ 方向线指定：在选定的方向上定义押出成形的侧面。

④ 拔模：设置押出成形特征的拔模角度，拔模选项也适用于侧面选项。

8.5 线形阵列

线形阵列操作是同时在线性方向上创建多个特征。

具体操作步骤如下：

（1）打开“线形阵列”对话框。在菜单栏中单击“插入”→“建模特征”→ 线形阵列... “线形阵列”命令，或者在工具栏中单击“线形阵列”按钮，弹出“线形阵列”对话框，如图 8-23 所示。

（2）在“线形阵列”对话框的“体”下选取“拉伸 2”，在“方向 1”下选取“面 1”，“要素数”为“4”，“距离”为“50mm”，在“方向 2”下选取“面 2”，“要素数”为“3”，“距离”为“30mm”，如图 8-23 所示。

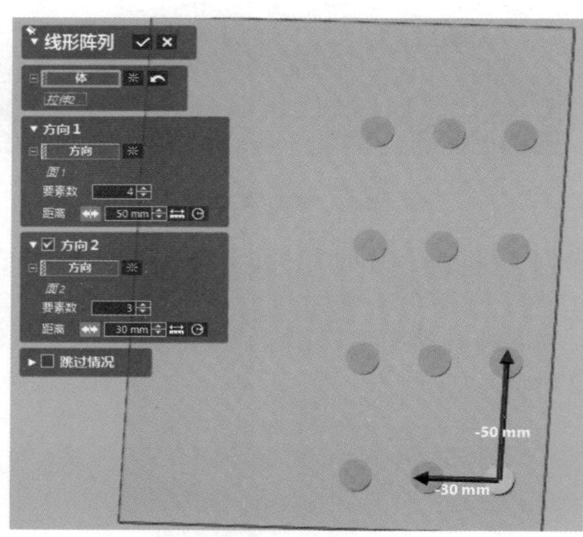

图 8–23　线形阵列

8.6 圆形阵列

圆形阵列操作是同时围绕轴创建多个特征。

具体操作步骤如下：

（1）打开“圆形阵列”对话框。在菜单栏中单击“插入”→“建模特征”→ 圆形阵列...

“圆形阵列”命令，或者在工具栏中单击 “圆形阵列”按钮，弹出“圆形阵列”对话框，如图 8-24 所示。

（2）在“圆形阵列”对话框的“体”下选取“拉伸 1_1”，在“回转轴”下选取“面 1”，“要素数”为“6”，“交差角”为“60° ”。

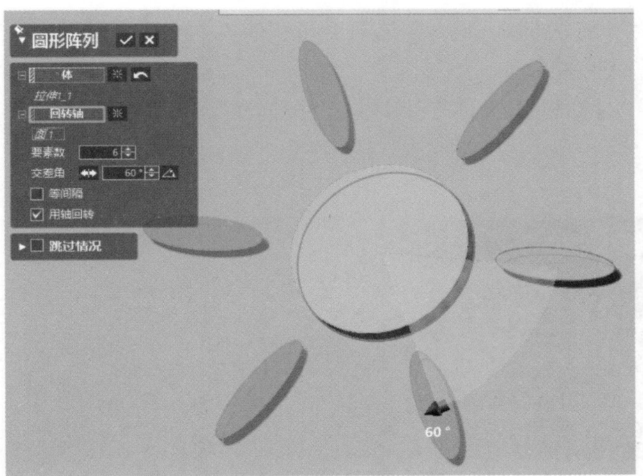

图 8-24 “圆形阵列”对话框

8.7 曲线阵列

曲线阵列操作是同时围绕轴创建多个特征。

具体操作步骤如下：

（1）打开“曲线阵列”对话框。在菜单栏中单击“插入”→“建模特征”→ 曲线阵列… “曲线阵列”命令，弹出“曲线阵列”对话框，如图 8-25 所示。

（2）在“曲线阵列”对话框的“体”下选取“拉伸 1”，在“路径曲线”下选取“曲线 1”，“要素数”为“10”，勾选“等间隔”，在“选项”中的“对齐的方法”下选取“对齐到原数据”。如图 8-25 所示。

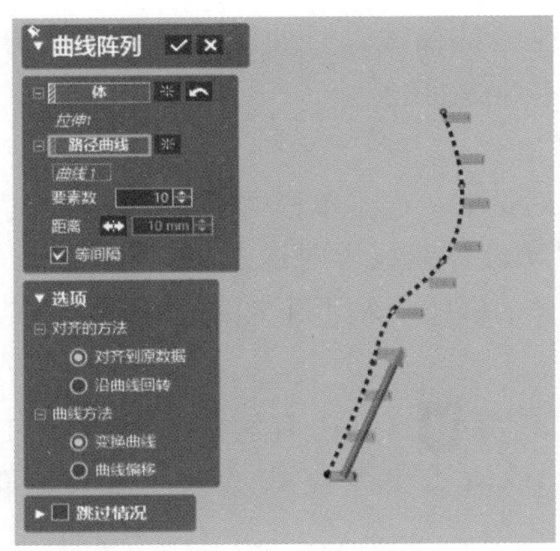

图 8-25 “曲线阵列”对话框

8.8 镜像

镜像操作是创建关于平面或平面要素对称的复制特征。

具体操作步骤如下：

（1）打开“镜像”对话框。在菜单栏中单击“插入”→“建模特征”→ 镜像… “镜像”命令，弹出“镜像”对话框。

（2）在“镜像”对话框的“体”下选取“拉伸 1”，在“对称平面”下选取“面 1”，如图 8-26 所示。

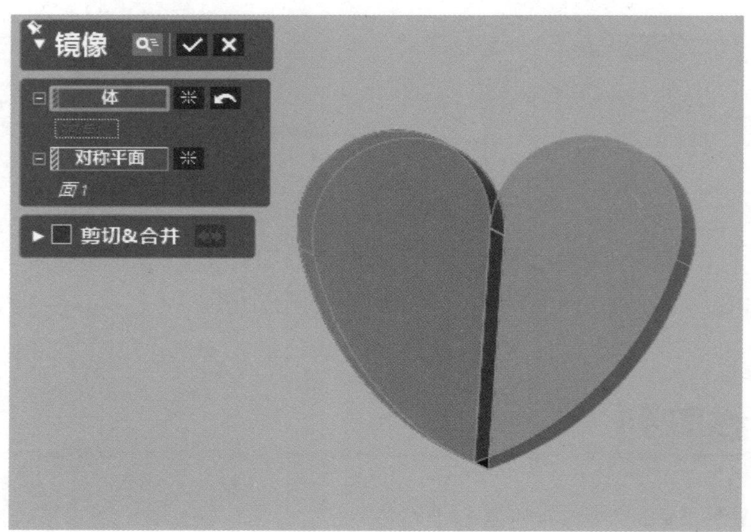

图 8–26 “镜像”对话框

8.9 螺旋体曲线

螺旋体曲线是具有三维坐标的曲线，且曲线上任意一点的切线都与轴呈固定角度。螺旋体曲线命令可以轻松地创建螺旋曲线。

具体操作步骤如下：

（1）打开“螺旋体曲线”对话框。在菜单栏中单击“插入”→“建模特征”→ 螺旋体曲线… “螺旋体曲线”命令，弹出“螺旋体曲线”对话框。

（2）在“螺旋体曲线”对话框的“轴”下选取“面 1”，在“开始”下选取“点 1”，如图 8-27 所示。

在显示断面线下，单击估算 （仅在有面片的情况下使用），会在轮廓视图中显示面片的断面轮廓，通过拖动或双击更改参数，即可完成螺旋体曲线的创建，如图 8-28 所示。

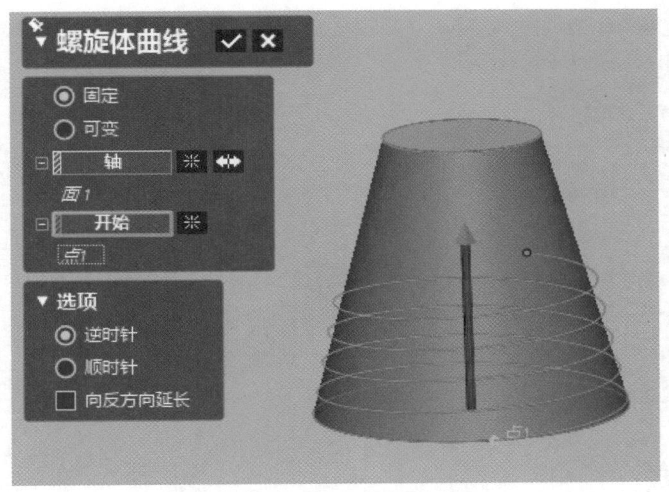

图 8-27 “螺旋体曲线”对话框

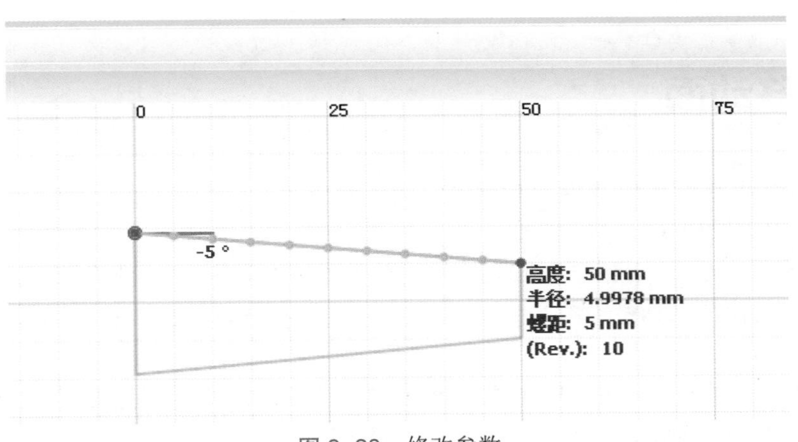

图 8-28 修改参数

8.10 螺旋曲线

螺旋曲线是一条二维曲线，是源于中心点不断变远的圆形图形。螺旋曲线命令可创建螺旋曲线。

具体操作步骤如下：

（1）打开“螺旋曲线”对话框。在菜单栏中单击“插入”→“建模特征”→ 螺旋曲线... “螺旋曲线”命令，弹出“螺旋曲线”对话框。

（2）在“螺旋曲线”对话框的“轴”下选取“面 1”，在“开始”下选取“点 1”，“选项”选择“逆时针”，如图 8-29 所示。

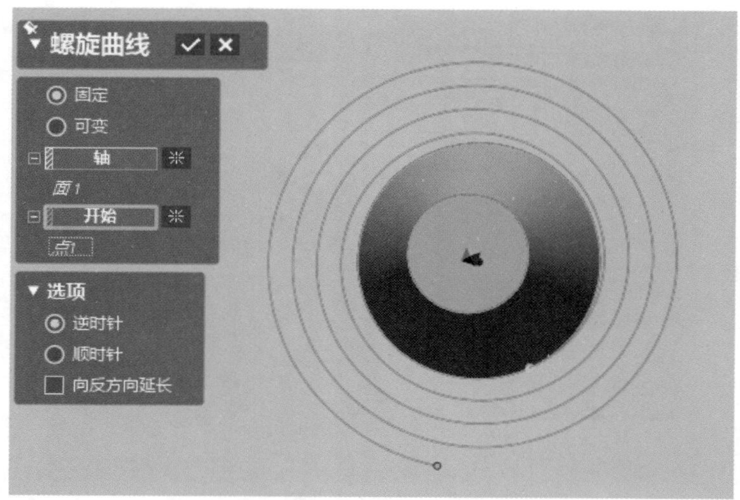

图 8-29 “螺旋曲线”对话框

8.11 移动面

移动面操作可以移动面并重建其所属的实体或曲面。

具体操作步骤如下：

（1）打开“移动面”对话框。在菜单栏中单击“插入”→“建模特征”→ 移动面... “移动面”命令，或者在工具栏中单击 移动面 “移动面”按钮，弹出“移动面”对话框，如图 8-30 所示。

（2）在“移动面”对话框的“面”下选取“面 1”，在“方向”下选取“面 1”，“距离”为“20mm”，如图 8-30 所示。

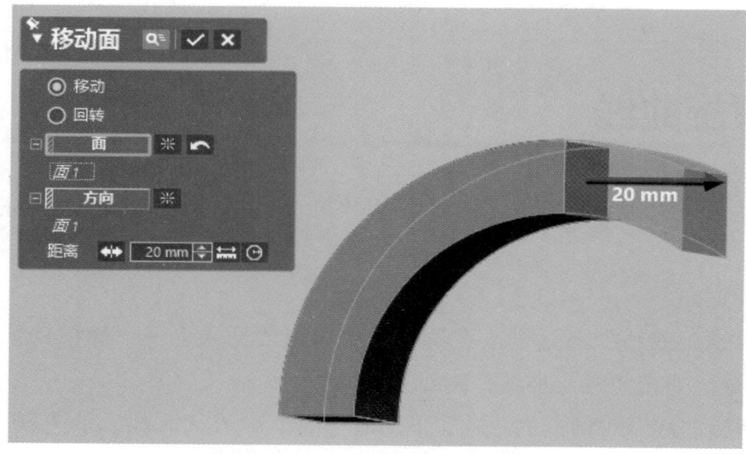

图 8-30 “移动面”对话框

8.12 删除面

删除面操作可以删除体上的面。

具体操作步骤如下：

（1）打开“删除面”对话框。在菜单栏中单击“插入”→“建模特征”→ 删除面... “删除面”命令，或者在工具栏中单击 删除面 “删除面”按钮，弹出“删除面”对话框。

（2）选择一种删除面方式。删除面有“删除”“删除和修正”“删除和填补”三种方式。

① 删除。删除选定的面，如图 8-31 所示。

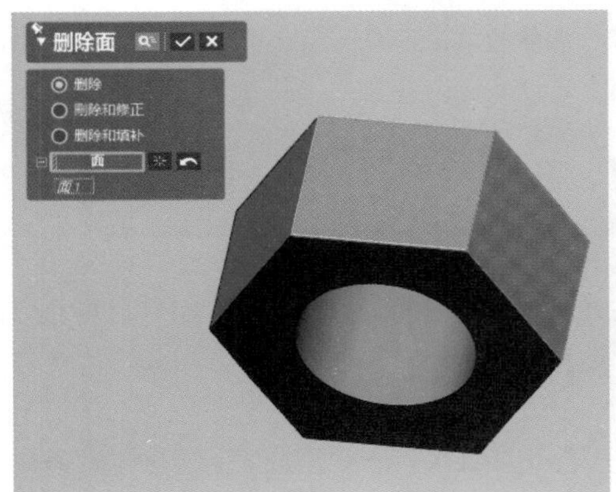

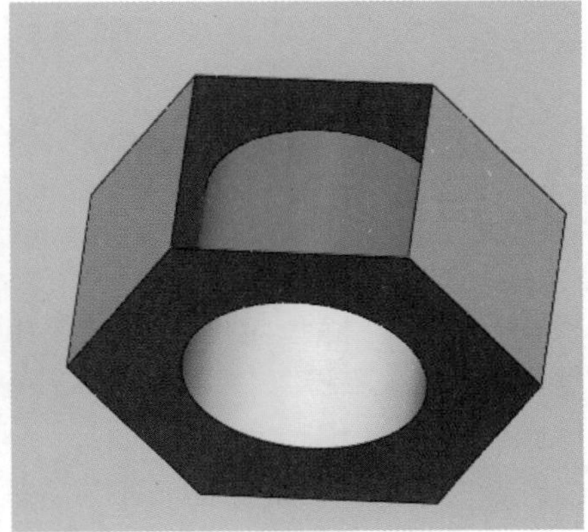

图 8–31 “删除面”对话框

② 删除和修正。删除选择的面并自动对体进行修正和剪切，如图 8-32 所示。

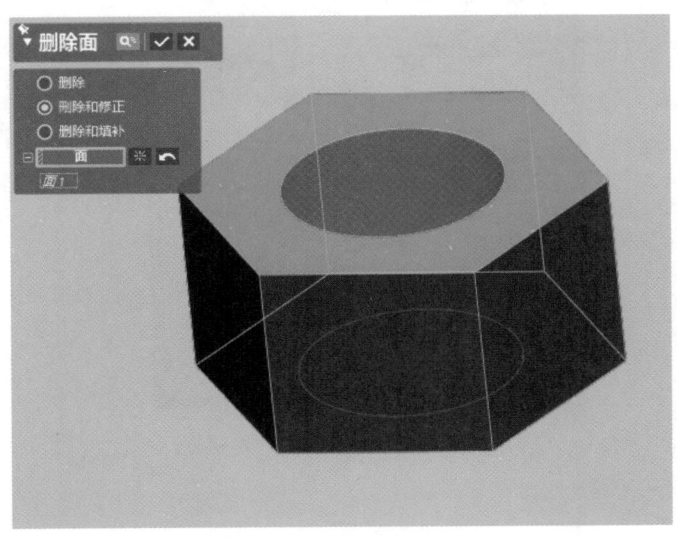

图 8–32 删除和修正

③ 删除和填补。删除所选择的面，并使用一个单独的面替换这些删除的面，闭合间隙，如图 8-33 所示。

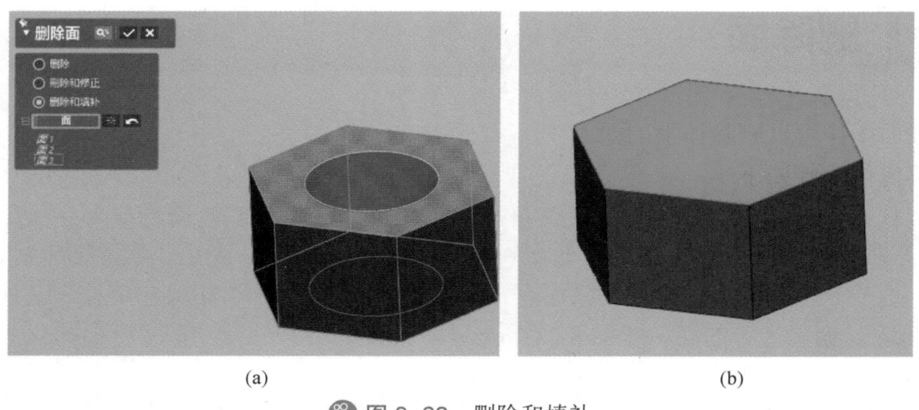

(a) (b)

图 8–33 删除和填补

8.13 替换面

替换面操作是删除选定的面，延长相邻的面，用目标面替换原始面（目标面为曲面，原始面是实体的面）。

具体操作步骤如下：

（1）打开“替换面”对话框。在菜单栏中单击“插入”→“建模特征”→ 替换面... “替换面”命令，或者在工具栏中单击 替换面 “替换面”按钮，弹出“替换面”对话框。

（2）在“对象面”下选择实体的面“面 1”，“工具要素”选择“拉伸 2”，如图 8-34 所示。

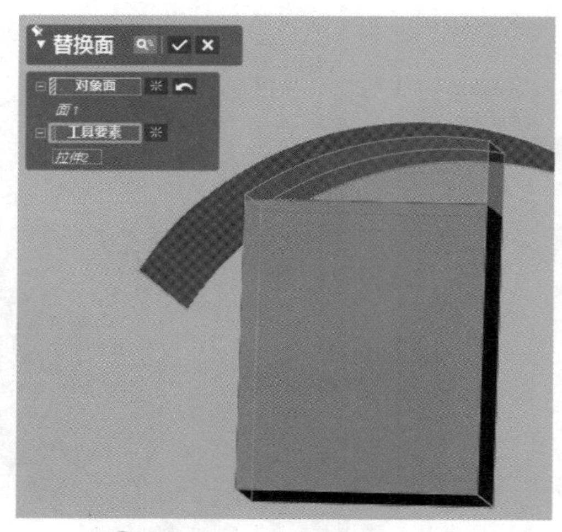

图 8–34 “替换面”对话框

8.14 分割面

分割面操作是使用投影、轮廓投影、相交的方式来分割目标面。在分割面之后，目标要素就会被分为几个面，但仍然是一个要素。

具体操作步骤如下：

（1）打开“分割面”对话框。在菜单栏中单击“插入”→“建模特征”→ 分割面... “分割面”命令，或者在工具栏中单击 分割面 “分割面”按钮，弹出“分割面”对话框。

（2）在“对象要素”下选择实体的面“面 1”，“工具要素”选择“草图 1”，单击✔按钮分割选中的面，分割效果如图 8-35 所示。

分割面有 3 种使用方法：

① 投影：使用投影线分割目标要素。

② 轮廓投影：在拉伸方向上创建轮廓投影，并使用轮廓投影线分割目标要素。

③ 相交：通过将目标面与其他面相交的方法来分割目标面。

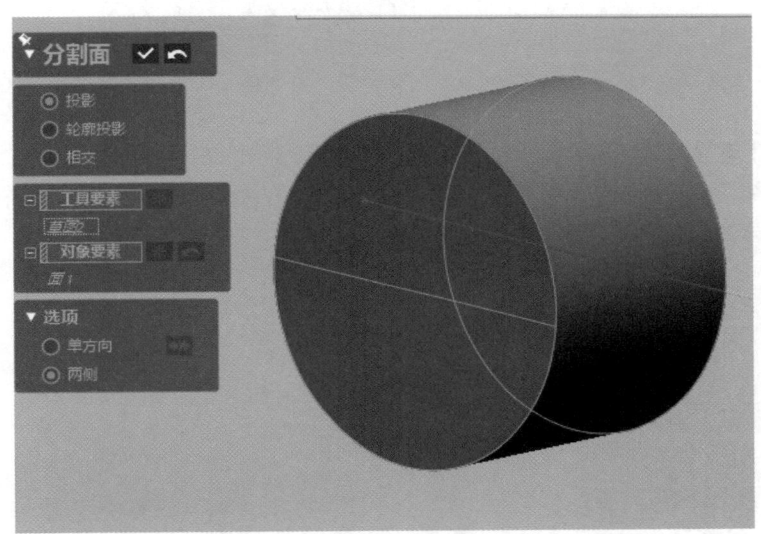

图 8-35 “分割面”对话框

8.15 转换体

转换体操作可以移动、旋转、缩放实体或曲面。也可以利用基准对某个体与其他体或面片进行对齐。

具体操作步骤如下：

（1）打开“转换体”对话框。在菜单栏中单击“插入”→“建模特征”→ 转换体... “转换体”命令，或者在工具栏中单击 转换体 “转换体”按钮，弹出“转换体”对话框。

（2）选择转换体“拉伸 1”，如果保留原始体，勾选“复制”，如图 8-36 所示。

（3）在“转换体”对话框中，单击 “下一步”按钮，在“方法”下选择一种移动方法。移动体的方法有以下五种：

① 回转和移动。“回转和移动”方法使用 X、Y、Z 方向或轴，旋转、移动体，可以拖动屏幕上的机械手或输入一个指定的数值。

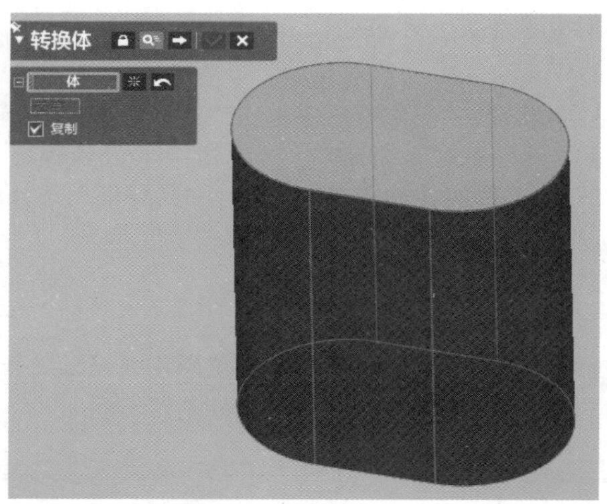

图 8-36 “转换体”对话框

在转换值下输入回转角度和移动距离便可以更改模型的回转和移动的参数，或者直接拖动图中的机械手，红色机械手代表 X 轴回转和移动，绿色机械手代表 Y 轴回转和移动，蓝色机械手代表 Z 轴回转和移动，如图 8-37 所示。

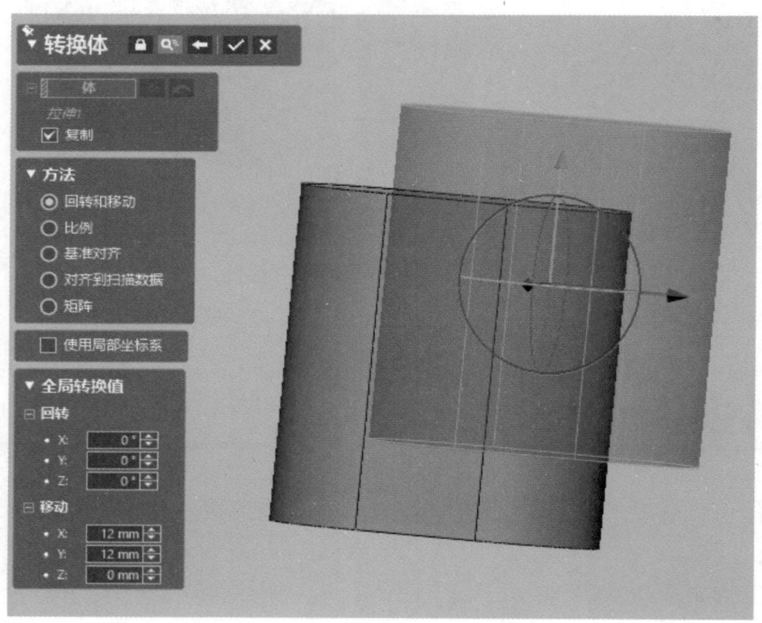

图 8-37 回转和移动

单击✓按钮创建转换体。创建转换体后，可以把该转换体的移动矩阵输出，步骤如下：

第一步，在特征树下选中转换体“转换 1”，如图 8-38 所示。

第二步，打开属性面板，单击 ▶ 矩阵，如图 8-39 所示。

第三步，单击“输出”，保存矩阵，文件被保存为移动矩阵文件（TRM），如图 8-40 所示。

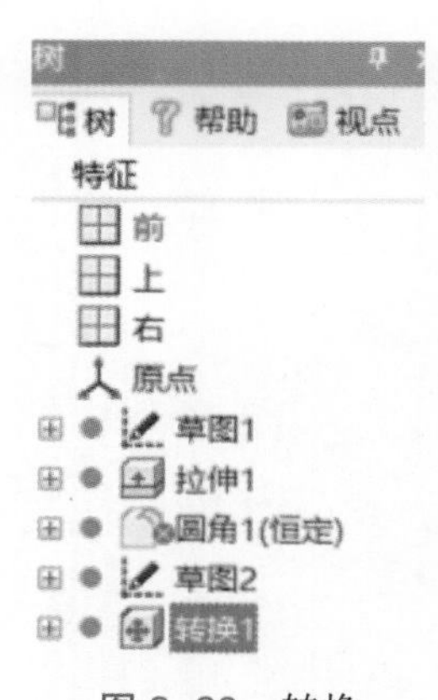

图 8–38　转换

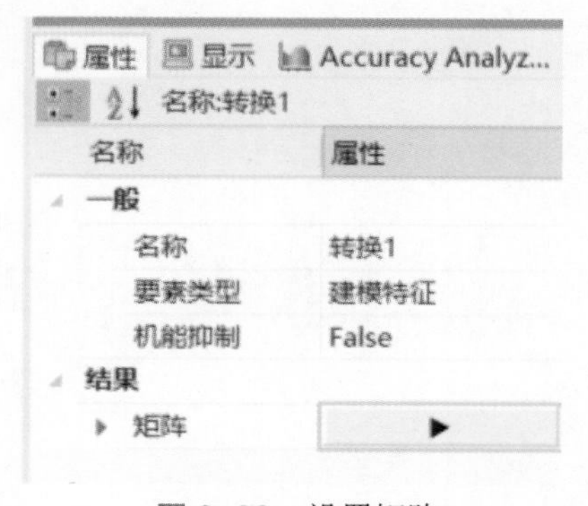

图 8–39　设置矩阵

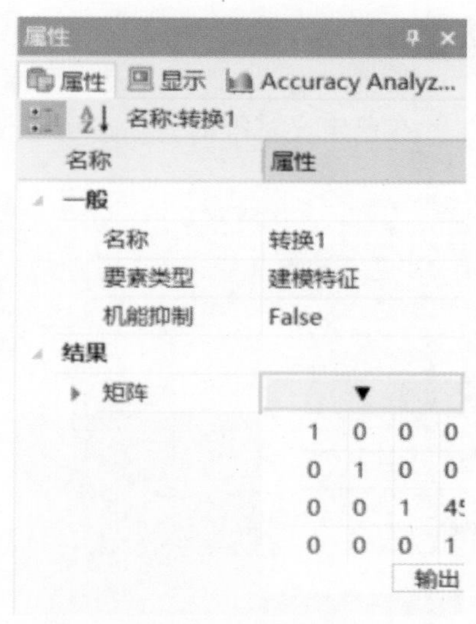

图 8–40　输出结果

② 比例。“比例”方法可以沿中心、坐标系、自定义位置按比例缩放实体或曲面，如图 8-41 所示。

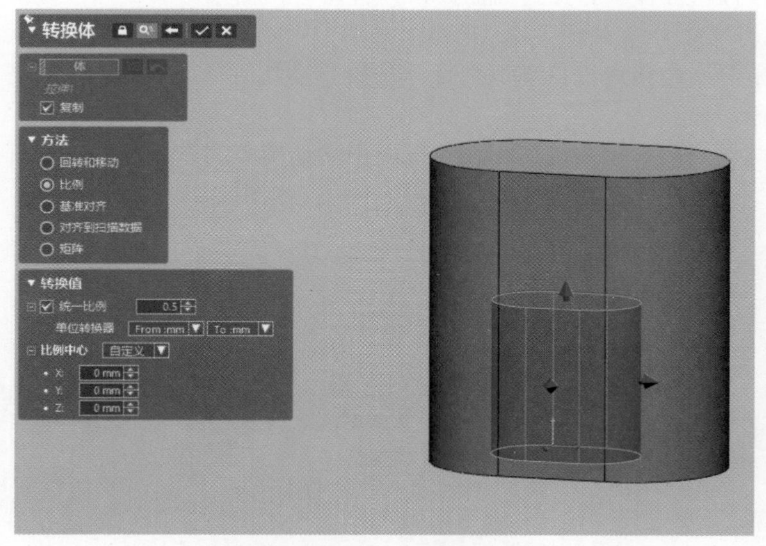

图 8–41　比例转换体

“比例”方法中的参数说明：

统一比例：根据 X、Y、Z 方向同时按比例缩放体。如果不选择此选项，可在 X、Y、Z 方向分别进行按比例缩放。

转换值：使用单位转换来转换比例值。

比例中心：选择比例的原始位置，可以选择整体原点、整体坐标系、体中心、自定义或自定义原点。

③ 基准对齐。“基准对齐”方法使用基准将某个体与其他体或面片进行对齐。

选择面作为基准（例如圆柱、球、平面、原始体的边线），然后在其他体上选择基准对齐，如图 8-42 所示。

数据配对 - 类型（移动 - 目标，翻转）：是指按移动和目标顺序定义基准对。

在已定义基准对齐后，可以使用反转按钮，反转移动基准。

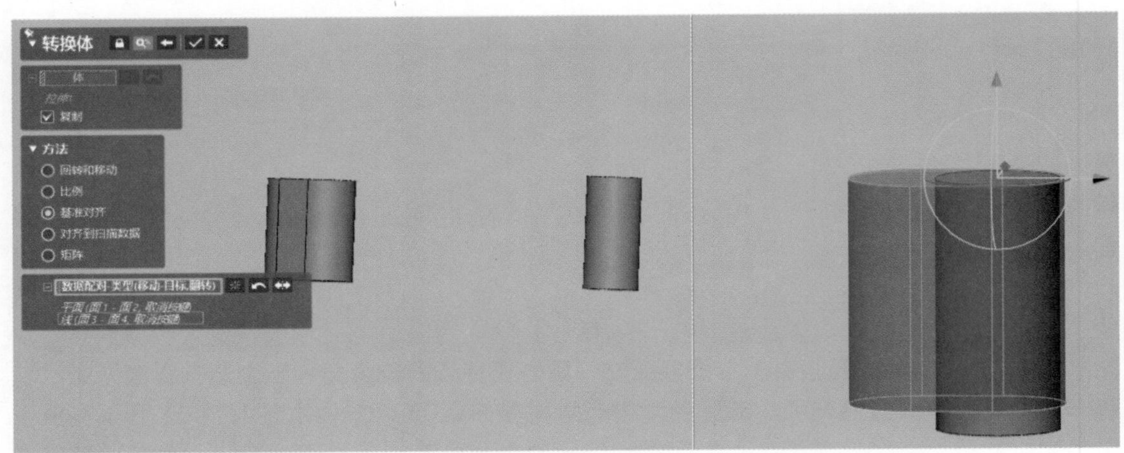

图 8–42　基准对齐

④ 对齐到扫描数据。“对齐到扫描数据”将体与扫描数据的目标位置对齐，如图 8-43 所示。

使用自动猜测：是指通过自动识别目标扫描要素几何特征的方法，可将体与扫描数据的目标位置对齐。

用选中的配对点：是指通过在相应特征上手动选择点的方式将体与扫描数据的目标位置对齐。

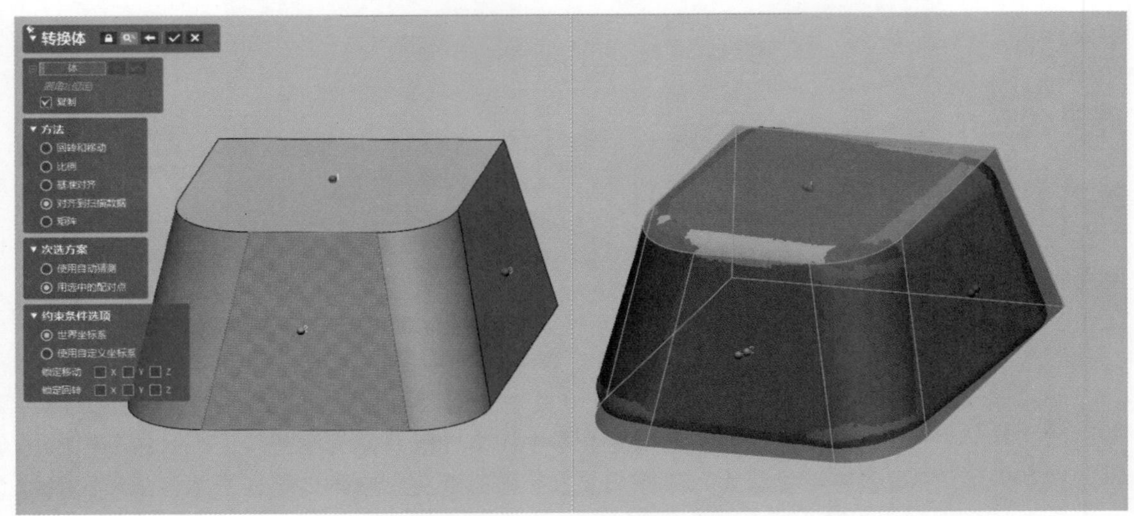

图 8–43　对齐到扫描数据

⑤ 矩阵。“矩阵”方法可以直接输入移动矩阵的值。使用旋转和移动选项后，移动矩阵就会被填满并运算。如果修正了矩阵中的值，相应的旋转、移动、比例值也会更改，如图 8-44 所示。

在“适用矩阵文件”下，单击 按钮可以导入移动矩阵文件。

在“设置”下，选择已导入矩阵，就会运行导入矩阵。

在“乘数”下，选择已导入矩阵，导入矩阵就会与当前位置做运算。

在“逆乘”下，选择已导入矩阵，导入矩阵就会反转并与当前位置做运算。

在“转置”下，选择已导入矩阵，导入矩阵就会从当前位置转置。

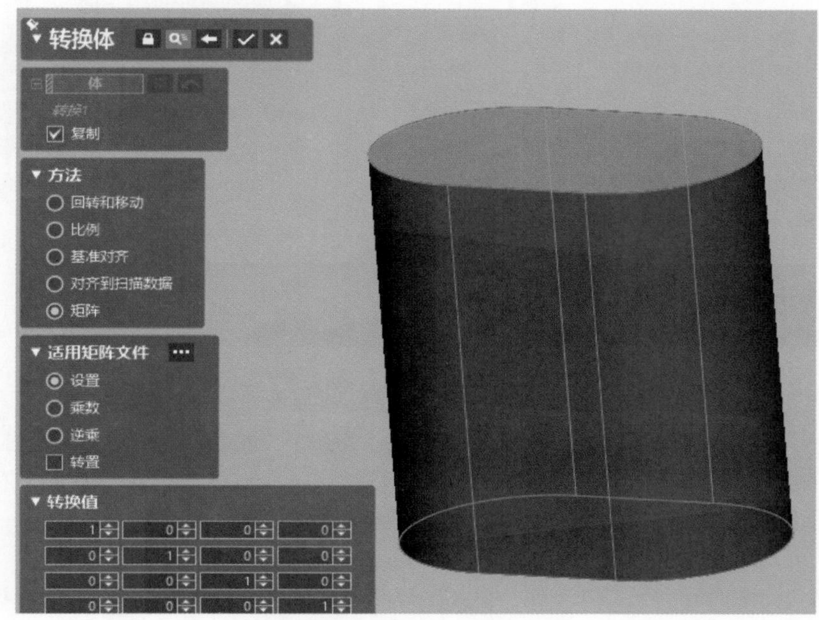

图 8–44　矩阵

8.16 复制体

复制体操作可以复制实体或曲面。

具体操作步骤如下：

（1）打开“复制体”对话框。在菜单栏中单击“插入”→“建模特征”→ 复制体... “复制体”命令，弹出“复制体”对话框。

（2）在“复制体”对话框的“体”下选取“拉伸 1”，单击 按钮，完成复制体操作，如图 8-45 所示。

图 8–45　复制体

8.17 删除体

删除体操作可以删除实体或曲面。

具体操作步骤如下：

（1）打开“删除体”对话框。在菜单栏中单击“插入”→“建模特征”→ 删除体... “删除体”命令，或者在工具栏中单击 删除体 “删除体”按钮，弹出“删除体”对话框。

（2）选择曲面体或实体。选择“拉伸 1”，单击 按钮，完成删除体操作，如图 8-46 所示。

图 8–46　删除体

8.18 重新拟合

重新拟合操作是对体的面进行拟合运算，将它们与变形的面片相匹配。在运行此命令之前，体与面片必须已对齐好。再拟合操作使用于最终产品修正原始 CAD 数据。

具体操作步骤如下：

（1）打开“重新拟合”对话框。在菜单栏中单击“插入”→“CAD 修正”→“重新拟合”命令，弹出“重新拟合”对话框，如图 8-47 所示。

（2）选择要拟合的面片，在“面”下选择“面 1、面 2”，“拟合选项”下，“控制点类型”选择“局部”，完成效果如图 8-48 所示。

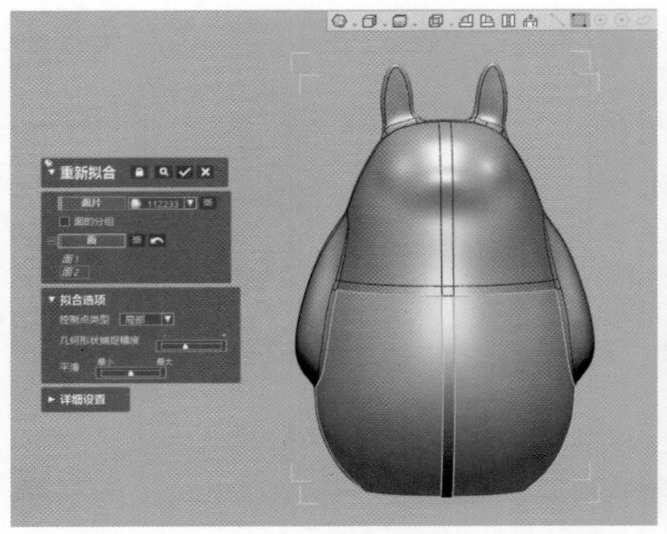

图 8–47　再拟合面片

图 8–48　完成效果

（3）“重新拟合”对话框中的“拟合选项”使用方法如下：

① 控制点类型：选择控制点的类型，有整体和局部 2 种类型。

整体类型是指利用结果体创建更平滑的覆盖形状。

局部类型是指创建受参照面片局部特征影响更大的结果形状。

② 几何形状捕捉精度：定义几何形状捕捉精度。如果将滑块移至平滑，将会使用很少的参照面来创建形状。如果移至紧密，会使用较多的参照面来创建形状。

③ 平滑：定义拟合曲面的平滑程度。

（4）“再拟合”对话框中的“详细设置”使用方法如下：

① 补偿因子：使用指定的值来控制变形量。从面片上以某个比例值偏移拟合面。默认的值为 1.0，如果值是负的，变形方向就会反转。

② 保持境界线：避免面的境界线发生变形。

思考题

1. 怎样创建实体的可变圆角？简述其步骤。
2. 拔模操作有哪几种方式？各有什么特点？
3. 生成螺旋体的步骤有哪些？
4. 简述移动体的五种方法。

第 9 章

案例

9.1 案例一

案例一模型重构讲解如下：

（1）单击“插入”→“导入”，导入 1.stl 面片文件。

（2）单击工具栏的 领域 “领域”按钮，进入领域组模式，如图 9-1 所示，单击“自动分割”对话框，在“敏感度”下输入“30”，单击✔完成面片的领域分割，如图 9-2 所示。

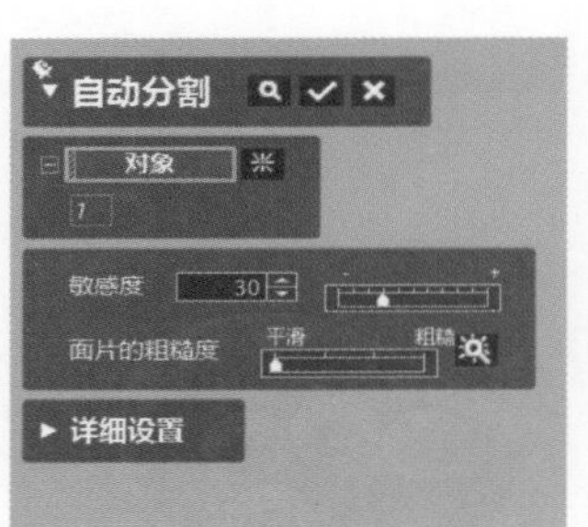

图 9–1　自动分割

图 9–2　分割领域

（3）“移动”下，选择“3-2-1”，在“平面”下选取面片底面的平面领域，在“线”下选取面片上面的圆柱领域，如图 9-3 所示。单击✔，即可完成模型的坐标系对准，可将视图模式翻转观察，均对准无误，如图 9-4 所示效果。

（4）单击 面片草图 “面片草图”命令，选取“前”为基准平面，基准面偏移距离为 3mm，创建“偏移的断面 1”，如图 9-5 所示。单击➕，基准面偏移距离 3mm，创建“偏移的断面 2”如图 9-6 所示。单击✔，根据截取的粉色轮廓线来绘制草图，草图要进行尺寸约束和几何约束，如图 9-7 所示。

（5）单击 拉伸 “拉伸”命令，选择绘制的“草图 1（面片）”，“轮廓”下选择“草图环路 1、草图环路 2、草图环路 3”，在“方法”下选择“到领域”，选取面片上表面的平面领域，如图 9-8 所示。单击✔，即可完成拉伸操作。

图 9-3　创建坐标系

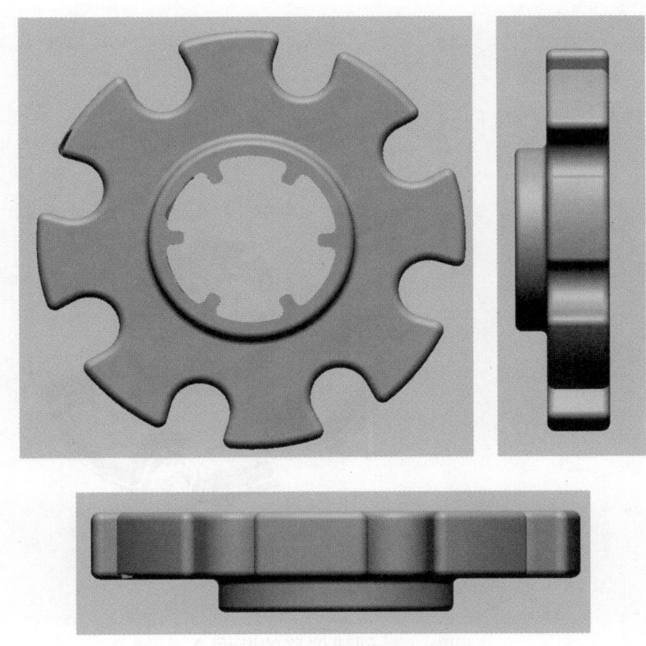

图 9-4　对齐后的视图

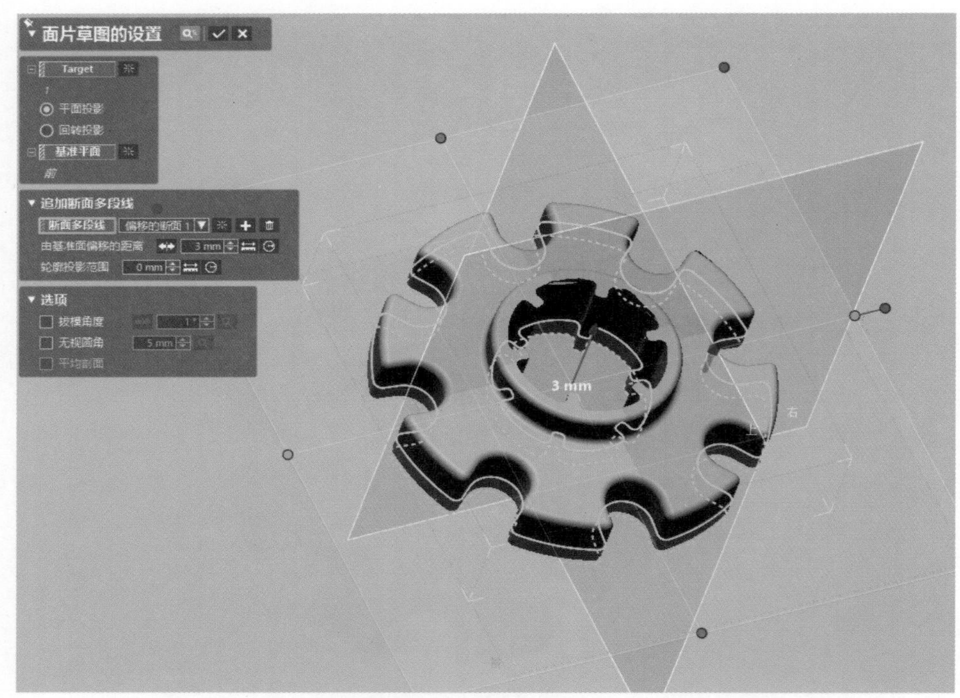

图 9–5　创建偏移的断面 1

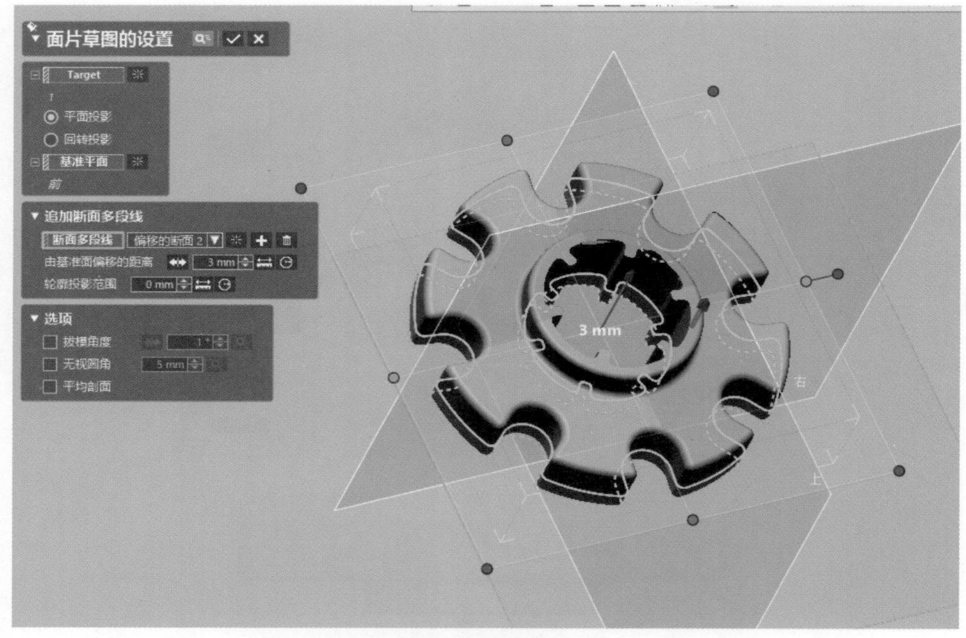

图 9–6　创建偏移的断面 2

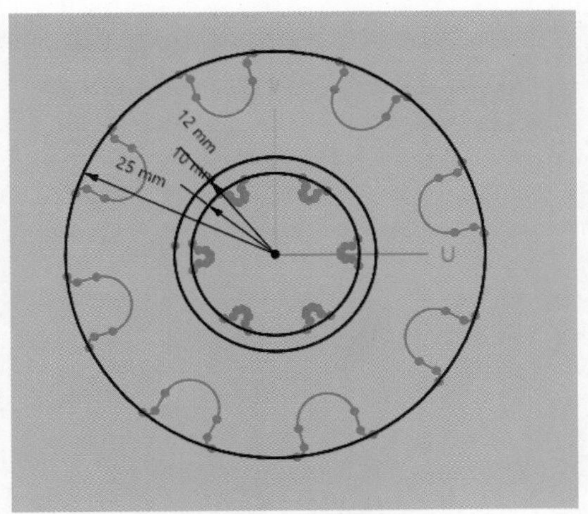

图 9-7　绘制草图

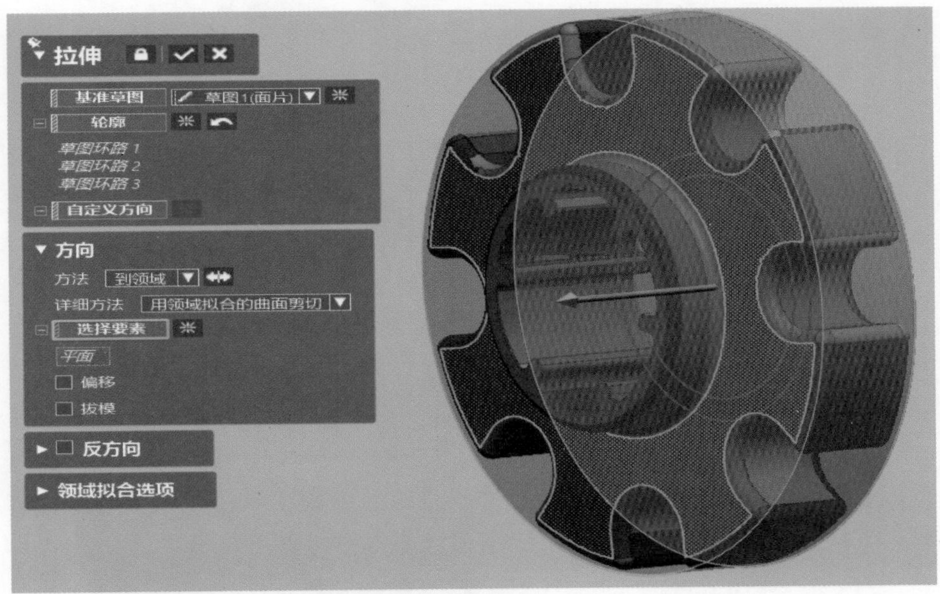

图 9-8　拉伸

（6）单击“拉伸”命令，选择绘制的“草图 1(面片)”，“轮廓”下选择“草图环路 1、草图环路 2”，在“方法”下选择“距离”，“长度”为“12mm”，“结果运算”选择“合并”，如图 9-9 所示。单击，即可完成拉伸操作。

（7）单击“拉伸”命令，选择绘制的“草图 1（面片)”，“轮廓”下选择“草图环路 1”，在“方法”下选择“距离”，“长度”为“16mm”，“结果运算”选择“切割”，如图 9-10 所示。单击，即可完成拉伸操作。

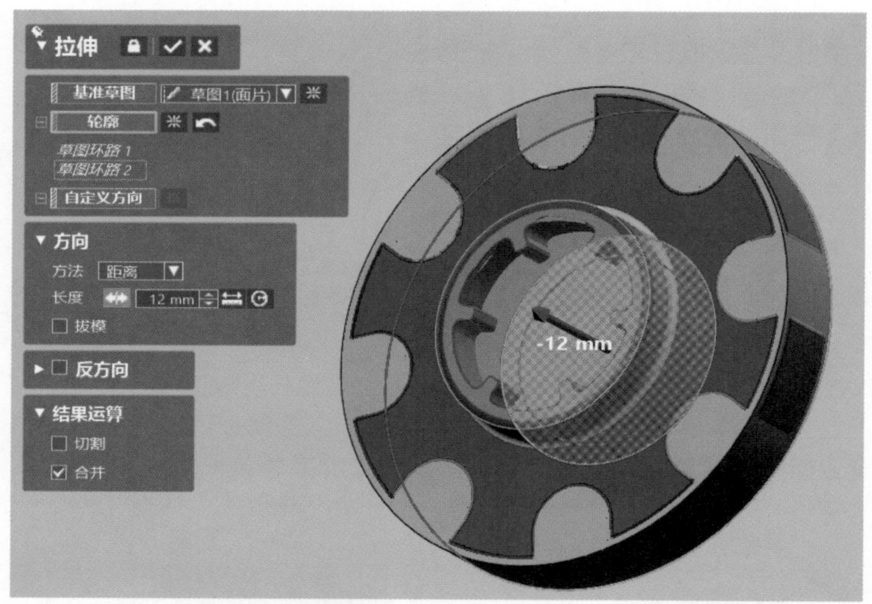

图 9–9　拉伸（合并）

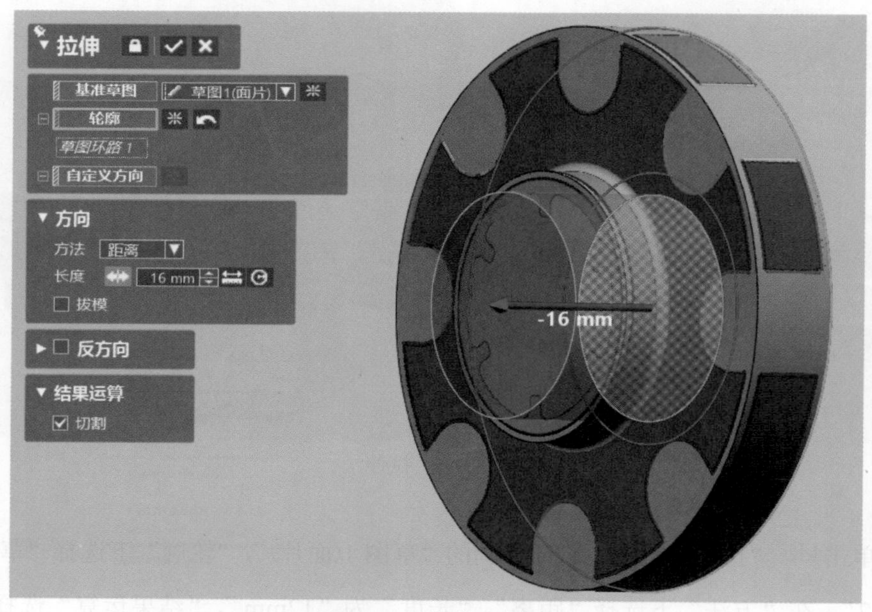

图 9–10　拉伸（切割）

（8）单击 面片草图 “面片草图”命令，选取底面“面 1”为基准平面，基准面偏移距离为“3mm”，如图 9-11 所示，单击✓，根据截取的粉色轮廓线来绘制草图，草图要进行尺寸约束和几何约束，如图 9-12 所示。

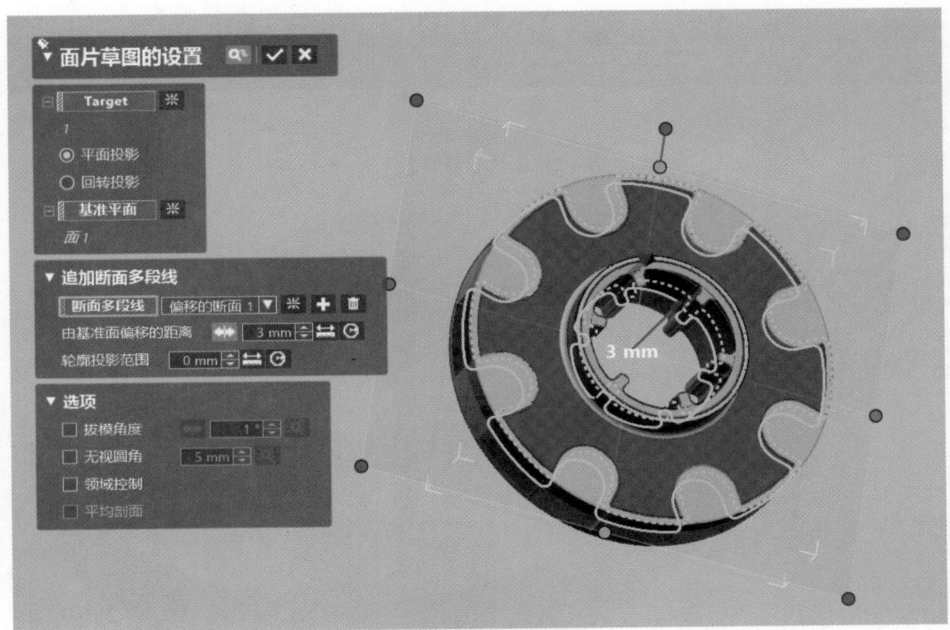

图 9-11　创建断面 1

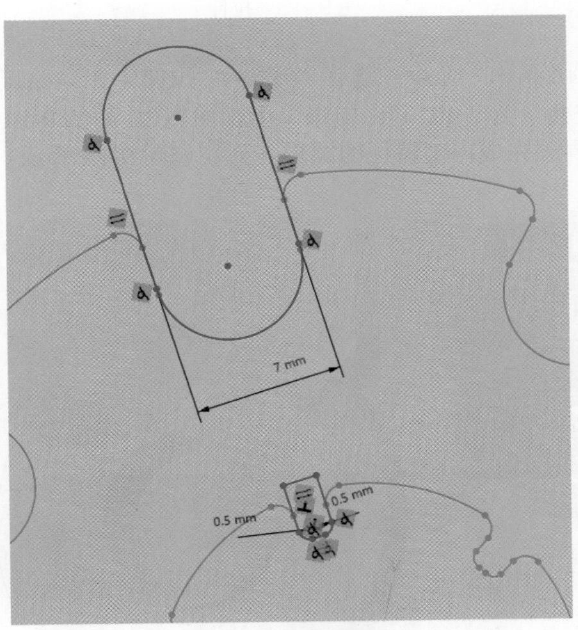

图 9-12　绘制草图

（9）单击拉伸“拉伸”命令，选择绘制的“草图 2(面片)”，“轮廓”下选择“草图环路 1、草图环路 2”，在“方法”下选择“到曲面”，选取模型上表面的平面，如图 9-13 所示。单击✓，即可完成拉伸操作。

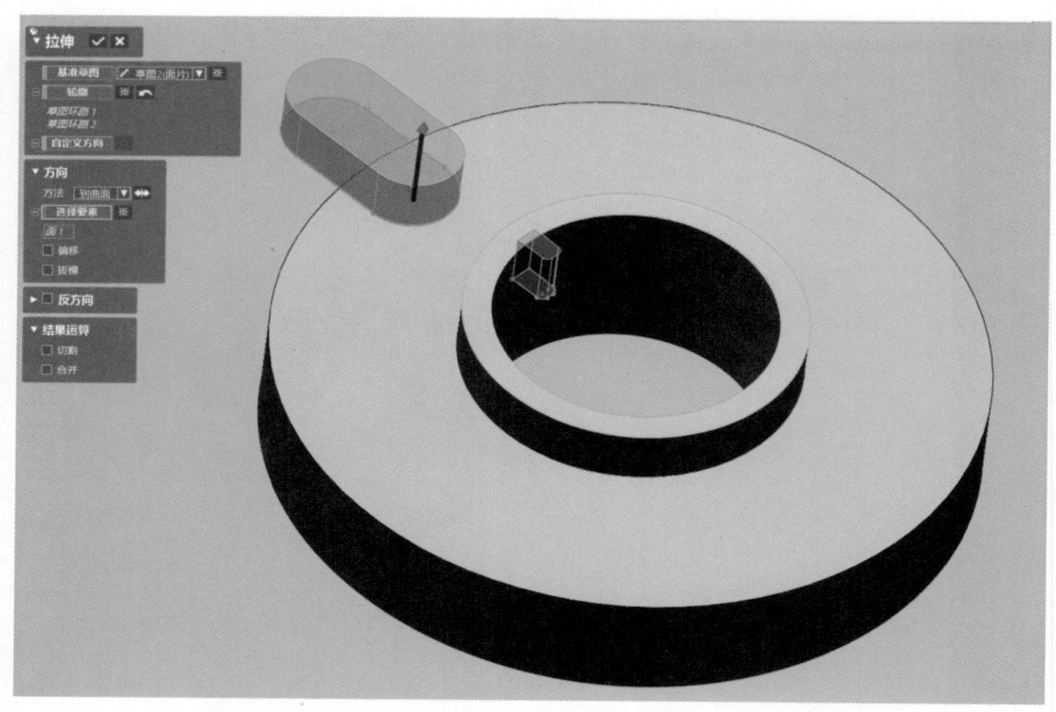

图 9–13　拉伸

（10）单击 “圆形阵列” 命令，选择“体”为“拉伸 4_2”，“回转轴”选择“面 1”，“要素数”为“8”，“交差角”为“45°”，勾选“用轴回转”，如图 9-14 所示。单击✓，即可完成圆形阵列操作。同理完成内部特征的圆形阵列，如图 9-15 所示。

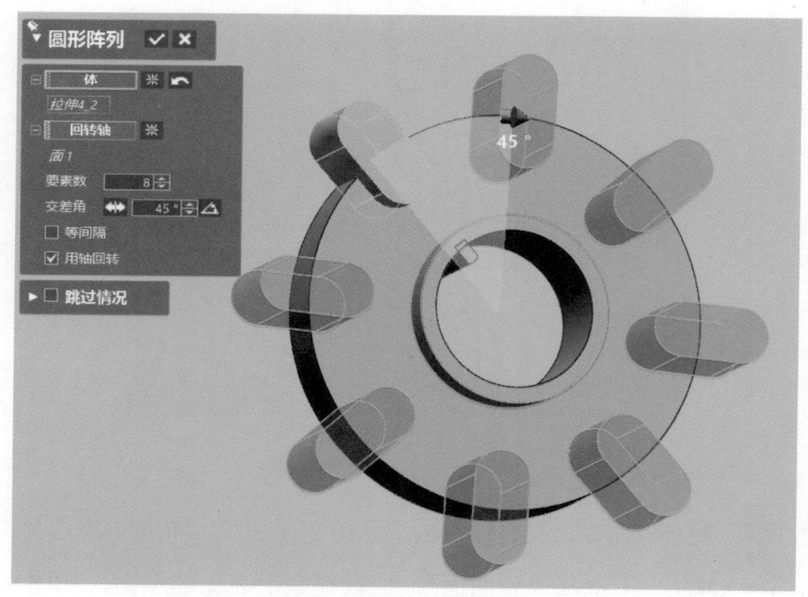

图 9–14　圆形阵列（一）

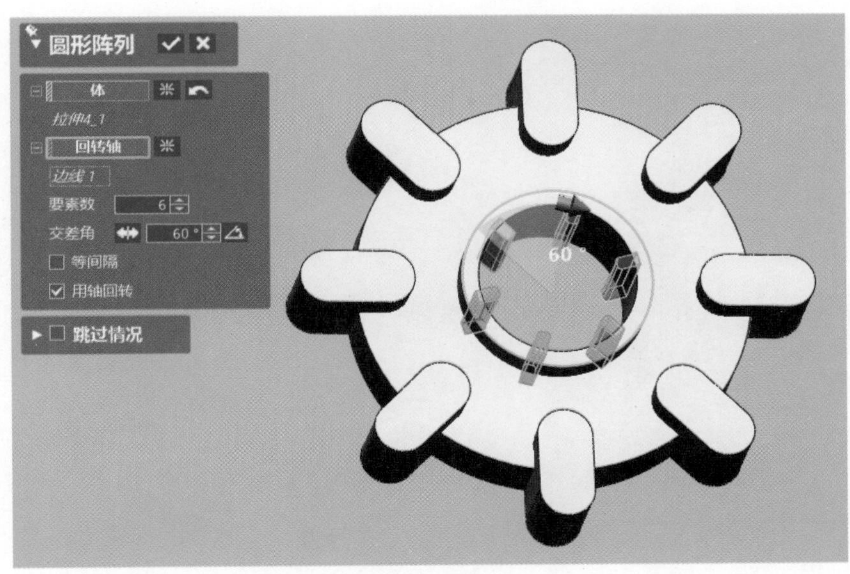

图 9–15 圆形阵列（二）

（11）单击布尔运算“布尔运算”命令，“操作方法”选择“切割”，参数如图 9-16 所示。单击✓，即可完成剪切运算操作。同理完成内部特征的合并运算操作，如图 9-17 所示。

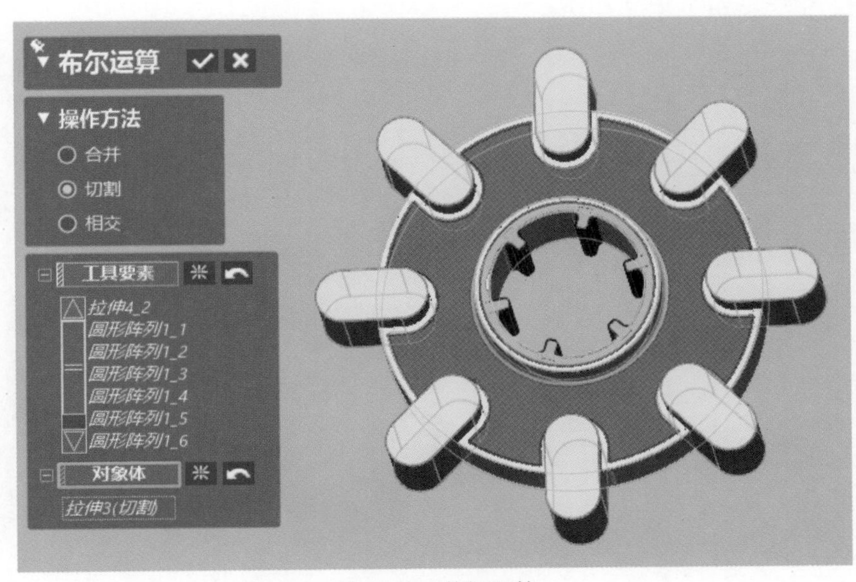

图 9–16 剪切运算

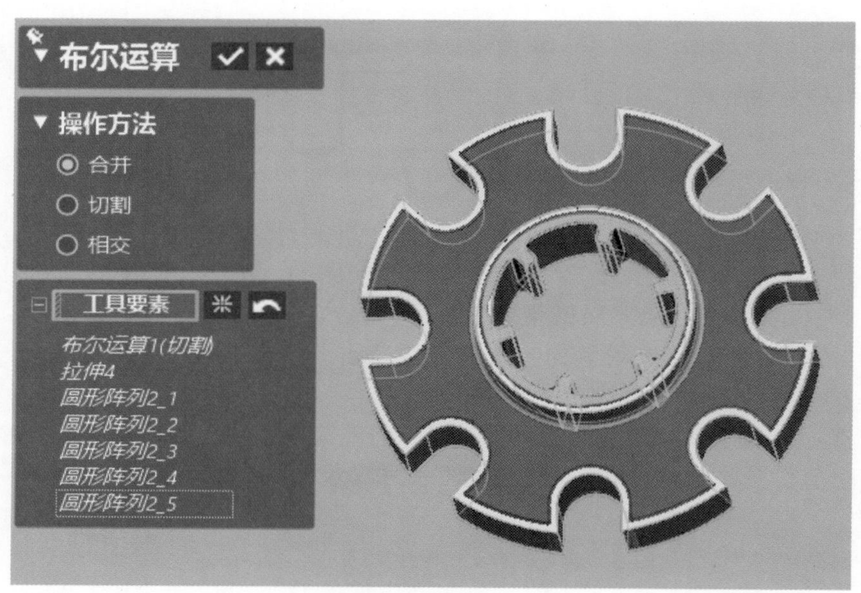

图 9–17　合并运算

（12）单击圆角“圆角”命令，选择“固定圆角”，完成倒圆角操作，如图 9-18 所示。采用同样的方法，完成其他倒圆角操作，如图 9-19 所示。数据模型创建完成。完成效果如图 9-20 所示。

（13）在 Accuracy Analyzer（TM）（精度分析）选择“偏差”，在公差 ±0.1 范围内，观察数据模型的精度，如图 9-21 所示。

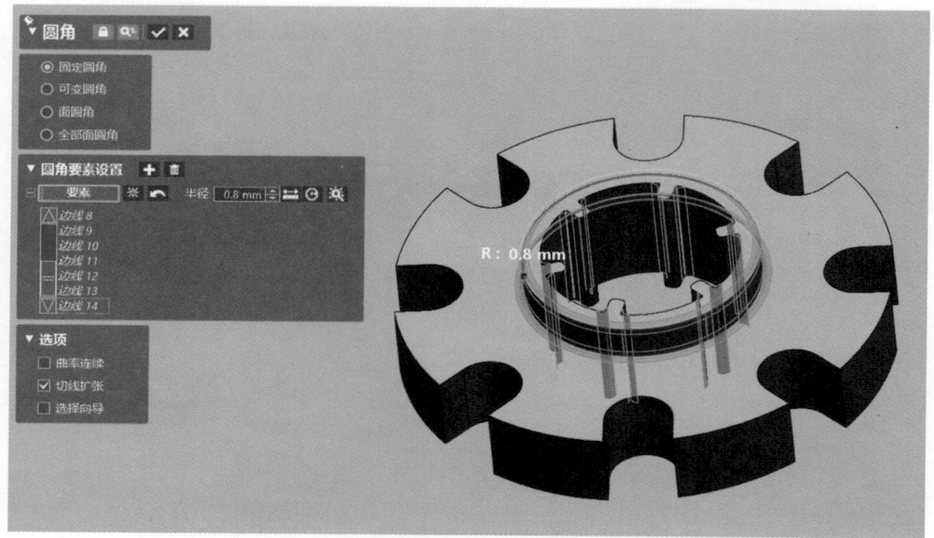

图 9–18　完成倒圆角创建（一）

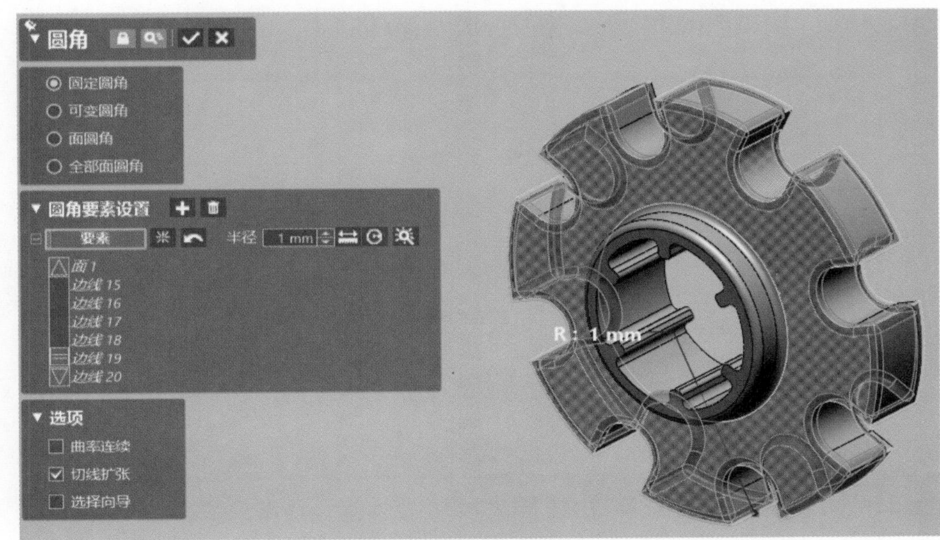

图 9-19 完成倒圆角创建（二）

图 9-20 完成效果

图 9-21 精度分析

（14）单击“输出”按钮，保存类型可选为 stp 格式，如图 9-22 所示。

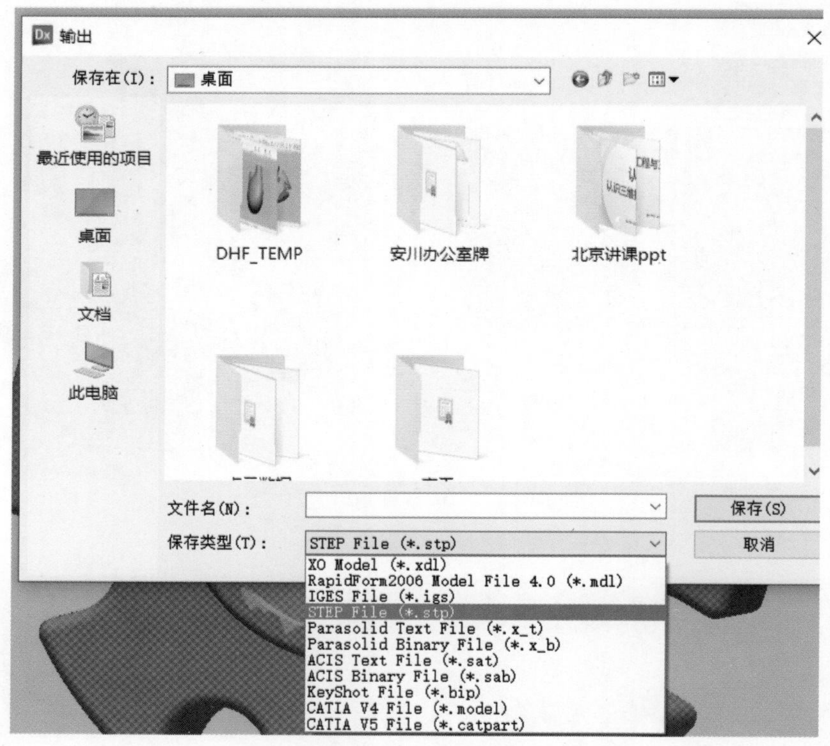

图 9-22　文件保存

9.2 案例二

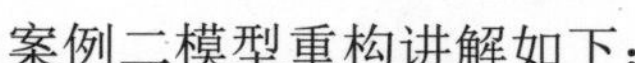

案例二模型重构讲解如下：

（1）单击“插入”→“导入”，导入 2.stl 面片文件。

（2）单击工具栏的领域“领域”按钮，进入领域组模式，单击自动分割“自动分割”，出现“自动分割”对话框，在敏感度下输入“30”，单击完成面片的领域分割，如图 9-23 所示。

（3）单击手动对齐“手动对齐”命令，选择面片文件“2”，单击“下一步”，在“移动”下，选择“3-2-1”，在“平面”下选取面片上面的平面领域，在“线”下选取面片底面的球领域，如图 9-24 所示。单击，即可完成模型的坐标系对准。

（4）单击面片草图“面片草图”命令，选取“右”为基准平面，“轮廓投影范围”为“30”，即可截取面片 2 的轮廓投影线，如图 9-25 所示。单击，根据截取的粉色轮廓线来绘制草图，草图要进行尺寸约束和几何约束，如图 9-26 所示。

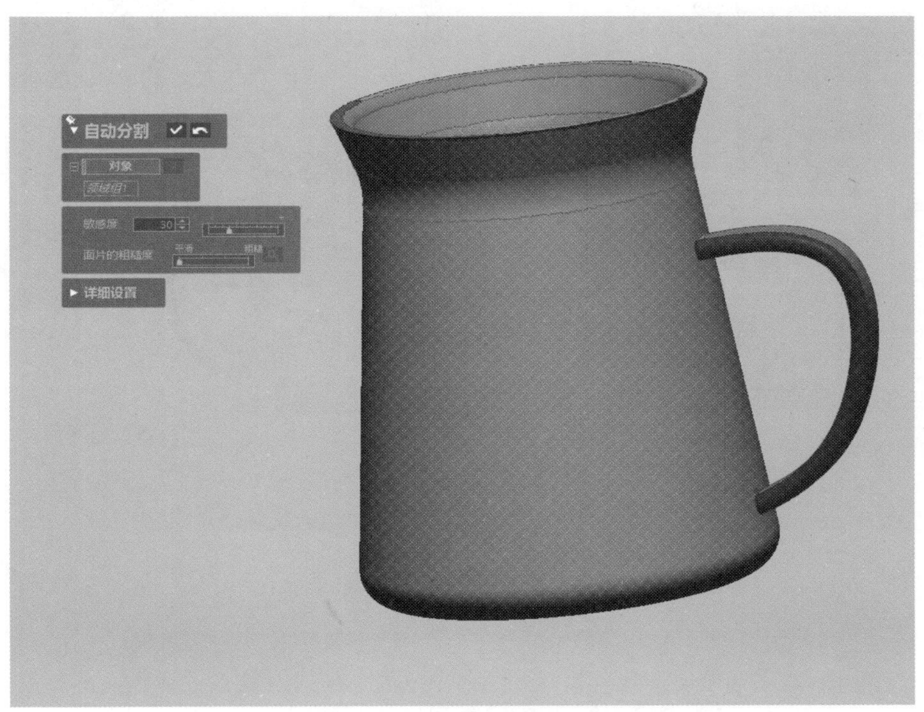

图 9–23　分割领域

图 9–24　手动对齐

图 9-25　面片草图

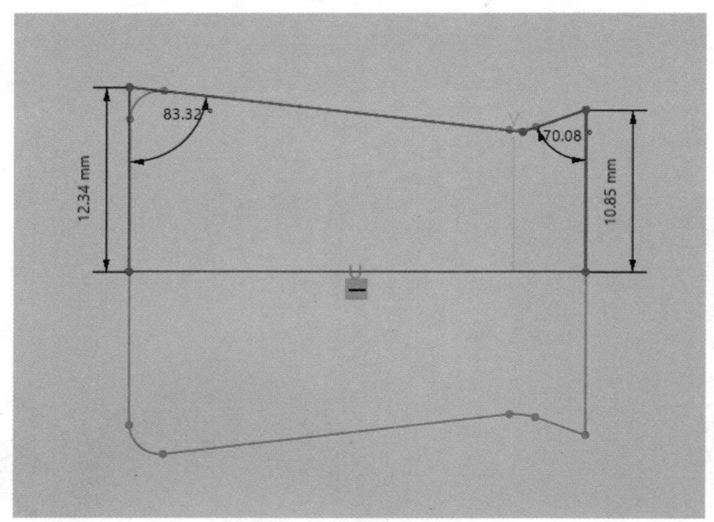

图 9-26　绘制草图

（5）单击“回转”命令，选择绘制的“草图 1（面片）”，“轮廓”下选择“草图环路 1”，在“轴”下选择“曲线 1”，方法为“单侧方向”，“角度”为“360°”，如图 9-27 所示。单击✔，即可完成回转操作。

在精度分析下，打开“偏差”，实时观察数据模型的公差。

（6）单击“基础实体”命令，选择“手动提取”，在“领域”下选择“球”领域，在“创建形状”下选择“球”，单击预览，如图 9-28 所示。单击✔，即可完成球体的操作。

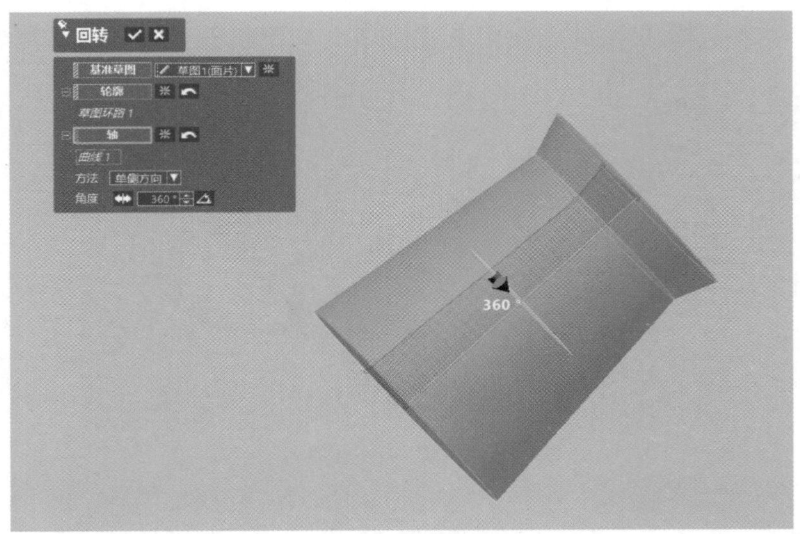

图 9–27　创建回转实体

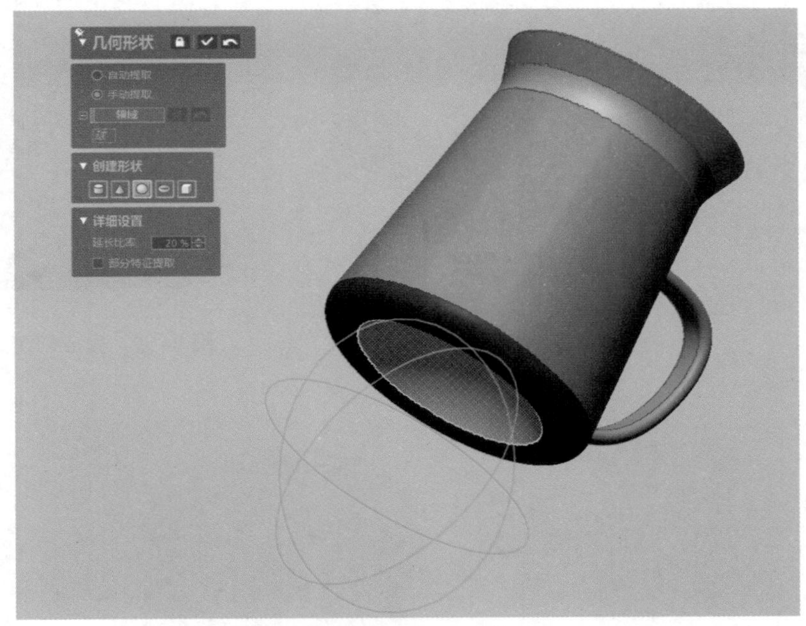

图 9–28　几何形状

（7）单击 布尔运算 “布尔运算”命令，选择“切割”，“工具要素”选择“球 1”，“对象体”选择“回转 1”，如图 9-29 所示。单击 ✔，即可完成剪切的操作。

（8）单击 圆角 “圆角”命令，选择“固定圆角”，“要素”为“边线 1、面 1”，半径为“2mm”，如图 9-30 所示。采用同样的方法，给数据模型进行倒圆角，如图 9-31 所示。

（9）单击 壳体 “壳体”命令，在“体”下选择“圆角 2（恒定）”，深度为“1mm”，删除面为“面 1”，如图 9-32 所示。

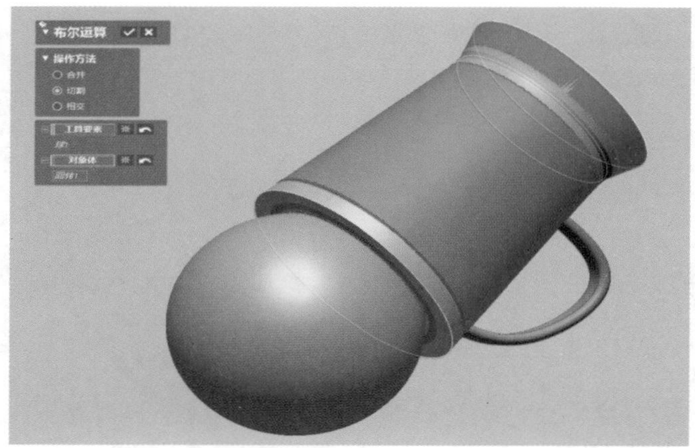

图 9–29　布尔运算

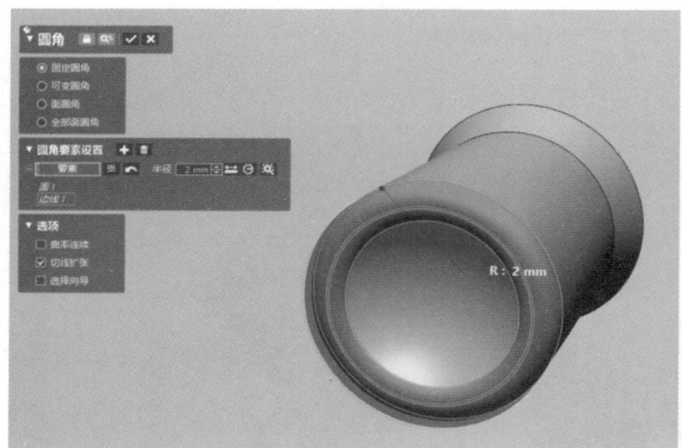

图 9–30　创建圆角

图 9–31　完成创建圆角

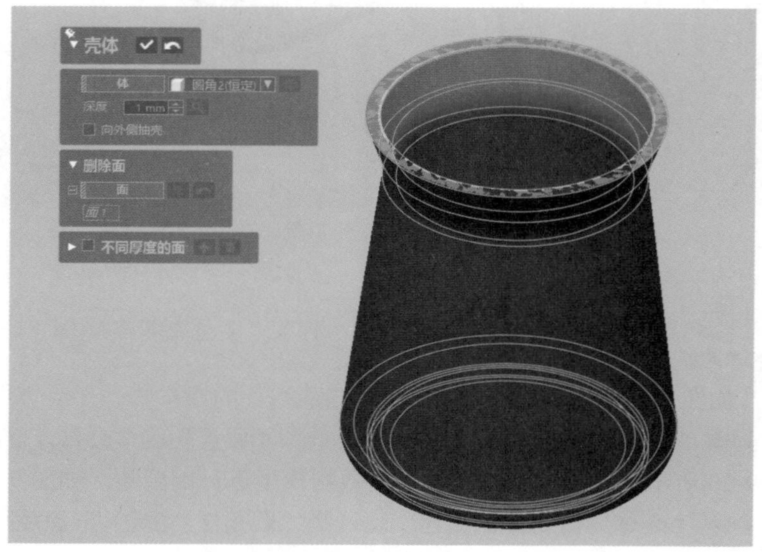

图 9–32　壳体

（10）单击“扫略精灵”命令，在“对象”下选择杯子把上的四个“回转”领域，“轮廓”下为“自动生成”，“路径”下为“自动生成”，如图 9-33 所示。单击“下一步”，勾选“末端封闭”，“结果运算”下选择“合并”。单击✓，即可完成扫略曲面的操作，如图 9-34 所示。

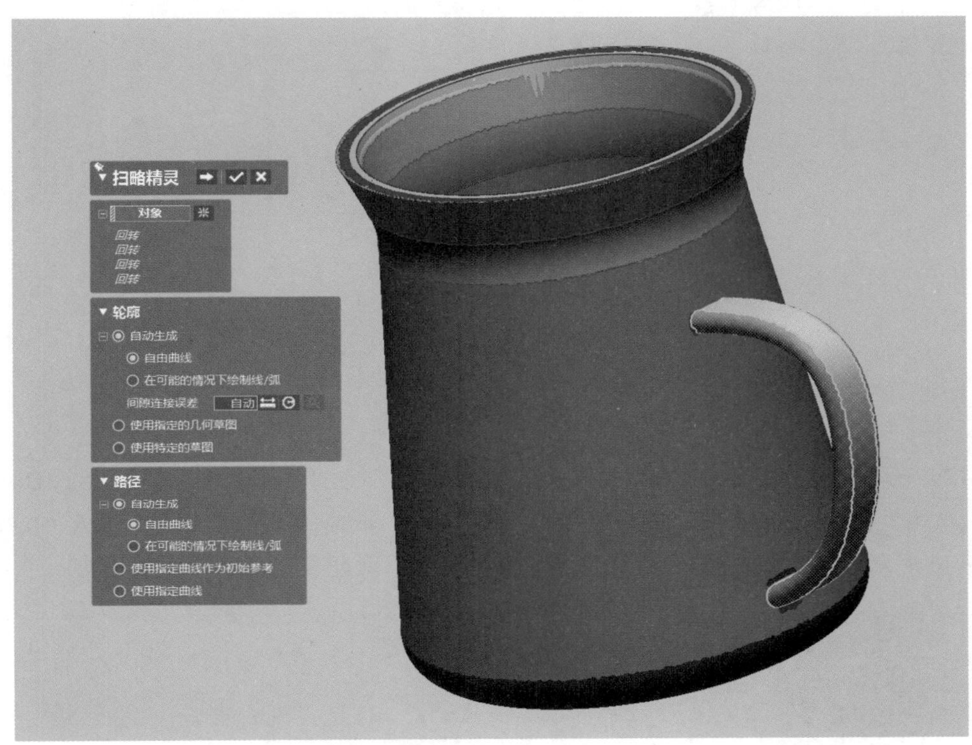

图 9-33　扫略精灵

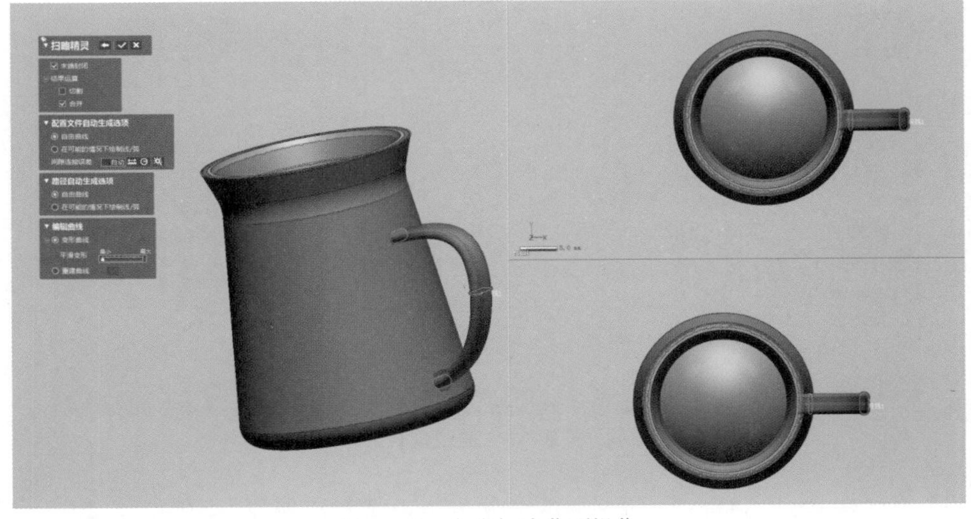

图 9-34　完成扫略曲面操作

（11）在特征树下，选中“草图 3（面片）”，单击右键，选择“编辑”，即可回到面片草图模式下。删除草图中所有曲线，单击 腰形孔 “腰形孔”命令，框选粉色轮廓，单击，即可完成腰形孔的绘制，并做尺寸约束，如图 9-35 所示。

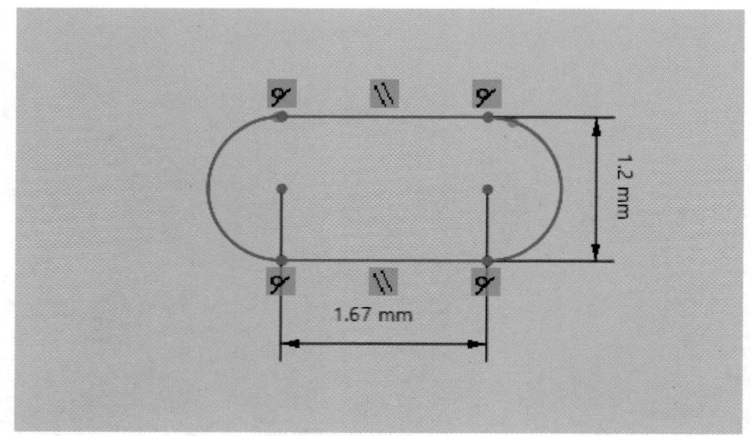

图 9–35　腰形孔绘制

（12）在特征树下，选中“3D 草图 1”，单击右键，选择“编辑”，即可回到 3D 草图模式下。单击 延长 “延长”命令，选择“曲线”，在“类型”下选择“相切”，距离输入“0.5mm”，如图 9-36 所示。单击，即可完成曲线延长的操作（保证壶把可以和壶体相交）。

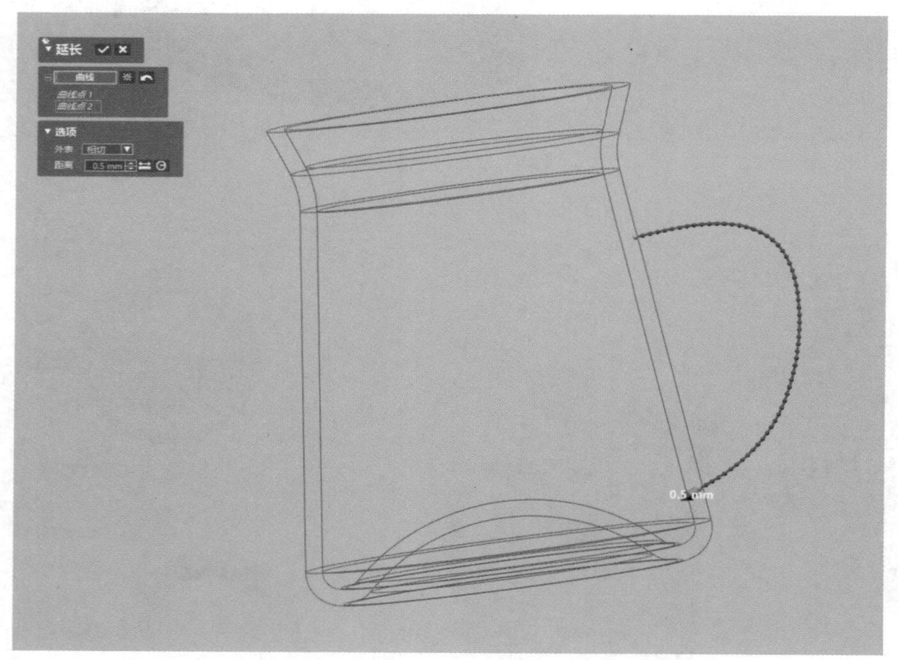

图 9–36　曲线延长

（13）在 Accuracy Analyzer（TM）精度分析下，选择“偏差”，在公差 ±0.1 范围内，观察数据模型的精度。如图 9-37 所示。

图 9–37　精度分析

（14）单击“输出”，输出格式可选为 stp。

9.3 案例三

案例三模型重构讲解如下：

（1）单击“插入”→“导入”，导入 3.stl 面片文件。

（2）单击工具栏的“领域”按钮，进入领域组模式，单击“自动分割”领域对话框，在敏感度下输入“65”，完成面片的领域分割，如图 9-38 所示。单击领域组图标，退出领域组模式。

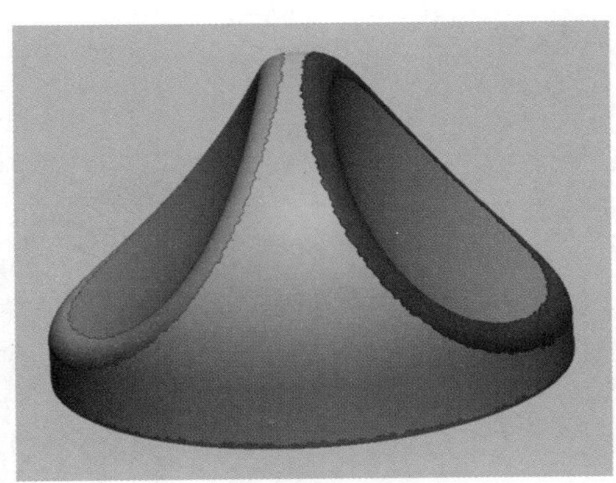

图 9–38　分割领域

（3）单击“面片草图”命令，选取面片下面的“平面 1”领域为基准平面，“由基准面偏移的距离”为“10mm”，如图 9-39 所示。单击，根据截取的粉色轮廓线来绘制草图，如图 9-40 所示。

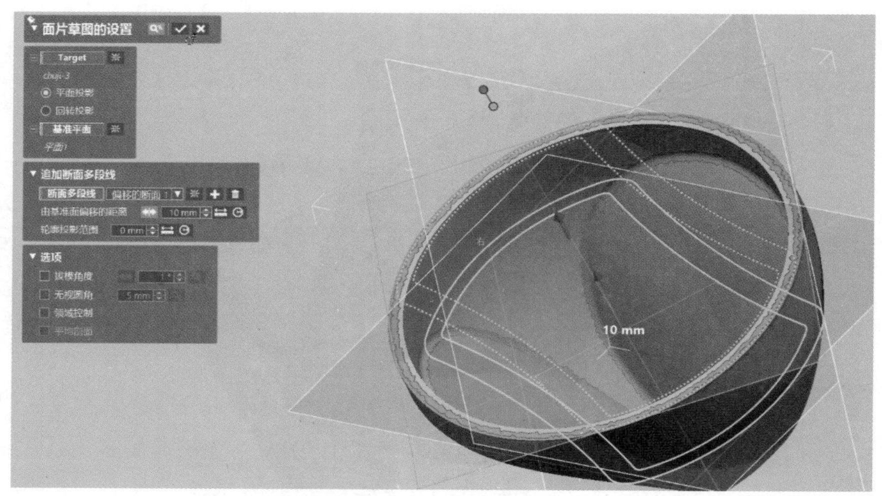

图 9-39　面片草图

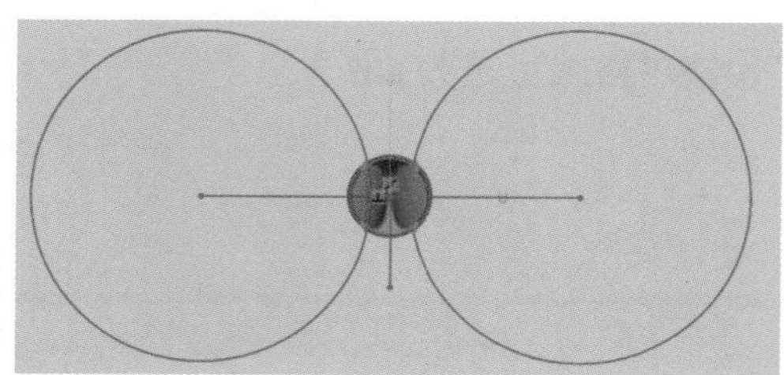

图 9-40　草图绘制

（4）单击 手动对齐 “手动对齐”命令，选择面片文件，单击“下一步”，在“移动”下，选择“3-2-1”，在“平面”下选取面片底面的“平面”领域，在“线”下选取“曲线 1”（垂直于两个圆心的直线），如图 9-41 所示。单击✓，即可完成模型的坐标系对准。

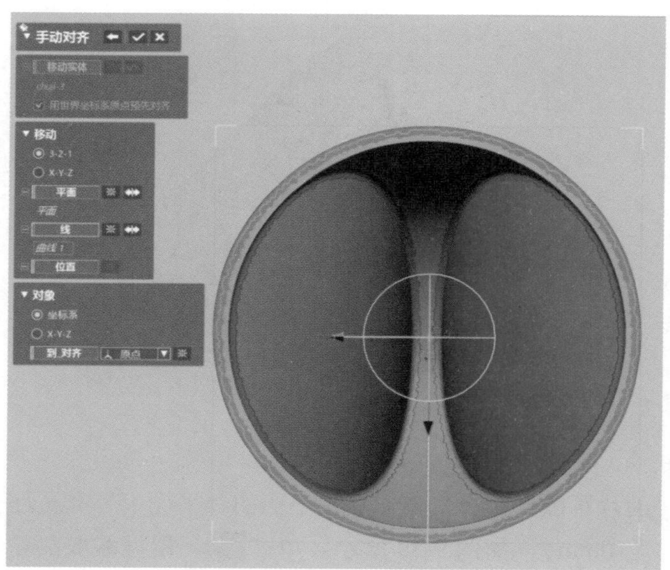

图 9-41　手动对齐

（5）单击“面片草图”命令，选取基准平面，如图 9-42 所示。单击，根据截取的粉色轮廓线来绘制草图，如图 9-43 所示。

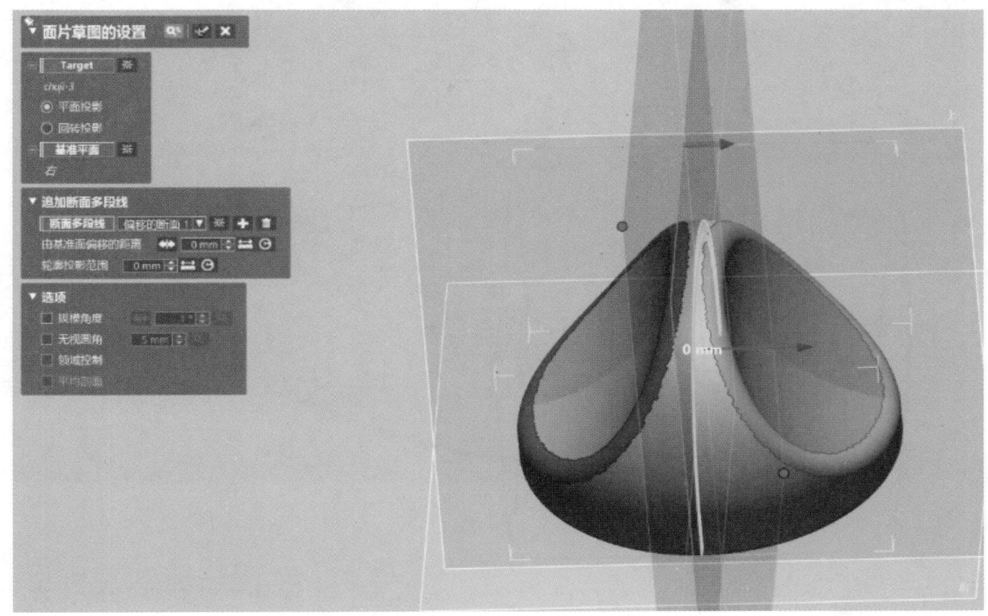

图 9–42　面片草图

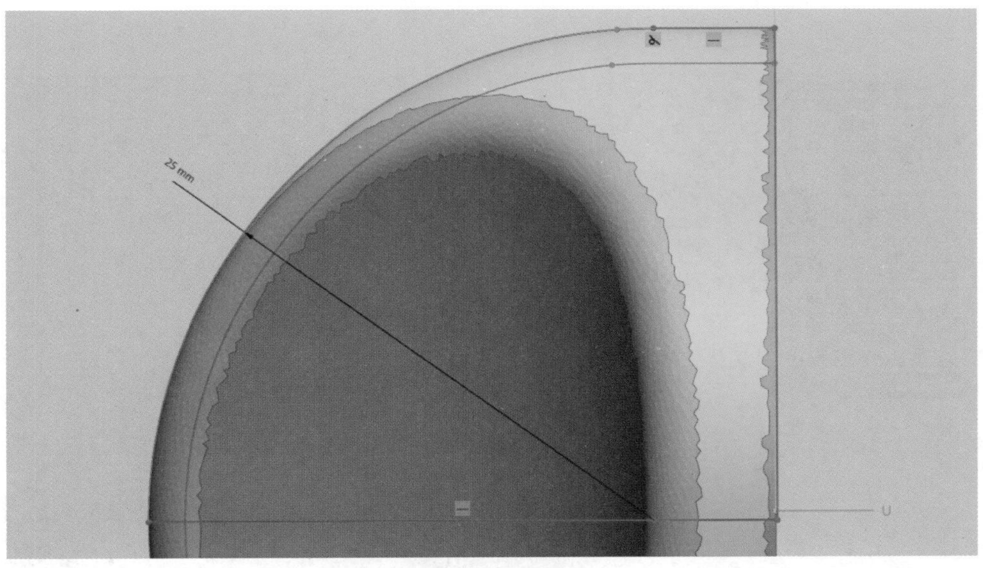

图 9–43　绘制草图

（6）单击“回转”命令，选择绘制的“草图 2（面片）”，“轮廓”下选择“草图环路 1”，在“轴”下选择“曲线 1”，“方法”为“单侧方向”，“角度”为“360°”如图 9-44 所示。单击，即可完成回转操作。

在精度分析下，打开“偏差”，实时观察数据模型的公差。

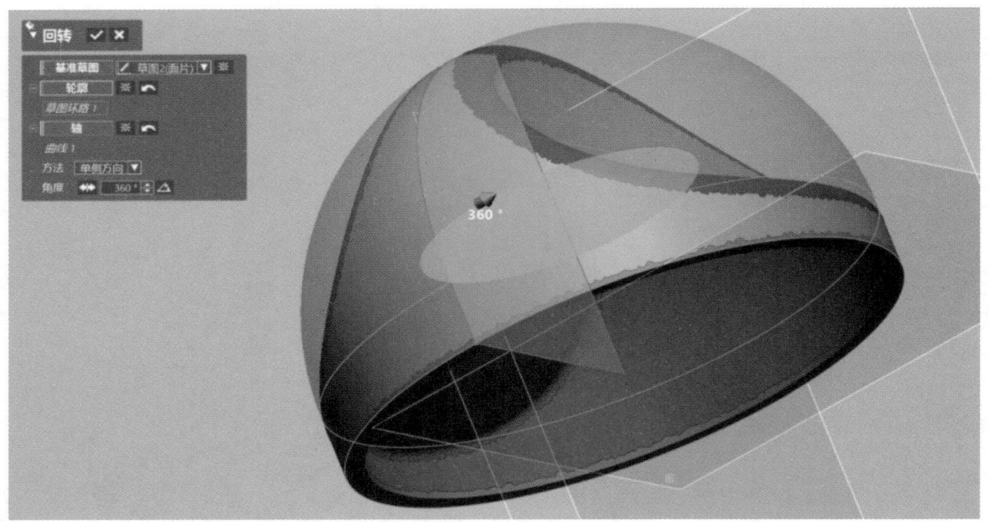

图 9-44　回转实体

（7）单击“面片拟合”命令，在“领域 / 单元面”下选择“回转”领域，在“分辨率”下选择“许可偏差”，“最大控制点数”为“50”，参数如图 9-45 所示。单击✔，即可完成面片拟合曲面的操作。另一侧采用同样的方法。

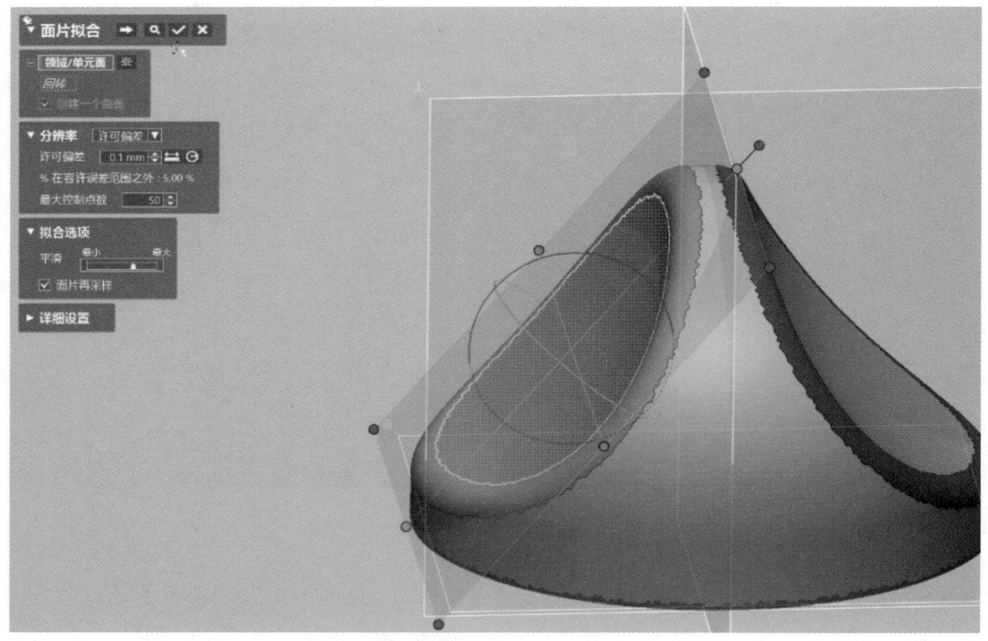

图 9-45　面片拟合

（8）单击“切割”命令，“工具要素”选择“面片拟合 1、面片拟合 2”，“对象体”选择“回转 1”，如图 9-46 所示。单击“下一步”，残留体选择主体部分，单击，即可完成切割实体的操作，如图 9-47 所示。

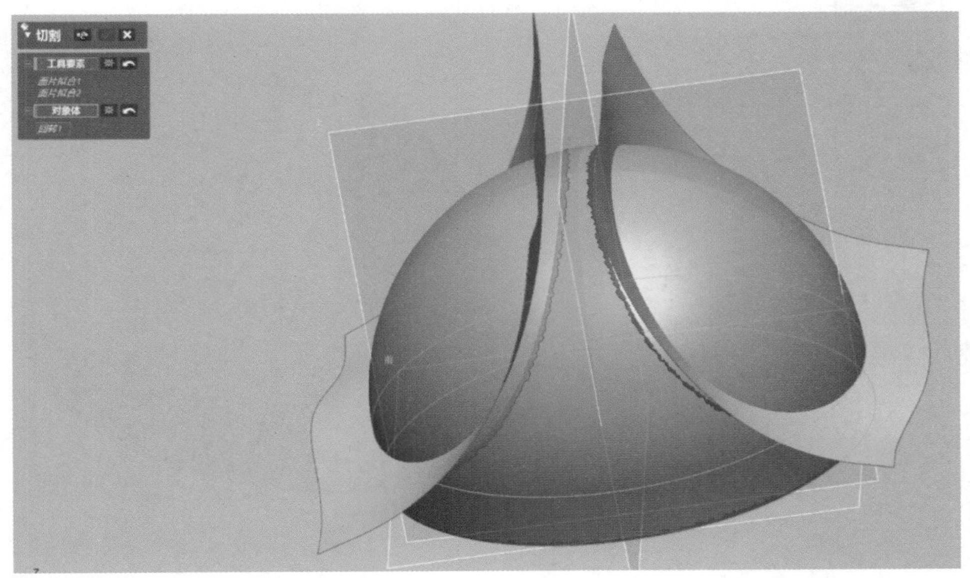

图 9–46　切割实体

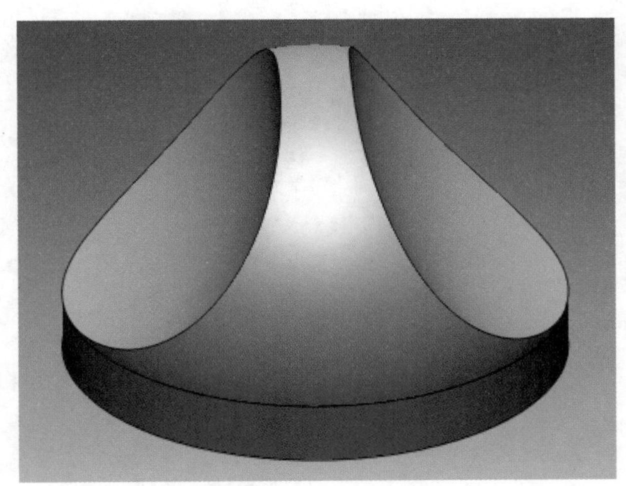

图 9–47　完成切割

（9）单击“圆角”命令，选择“固定圆角”，要素为“边线 1、边线 2”，半径为“2.65”。如图 9-48 所示。

（10）单击“壳体”命令，在“体”下选择“圆角 1(恒定)”，“深度”为“1.8mm”，“删除面”为“面”，如图 9-49 所示。

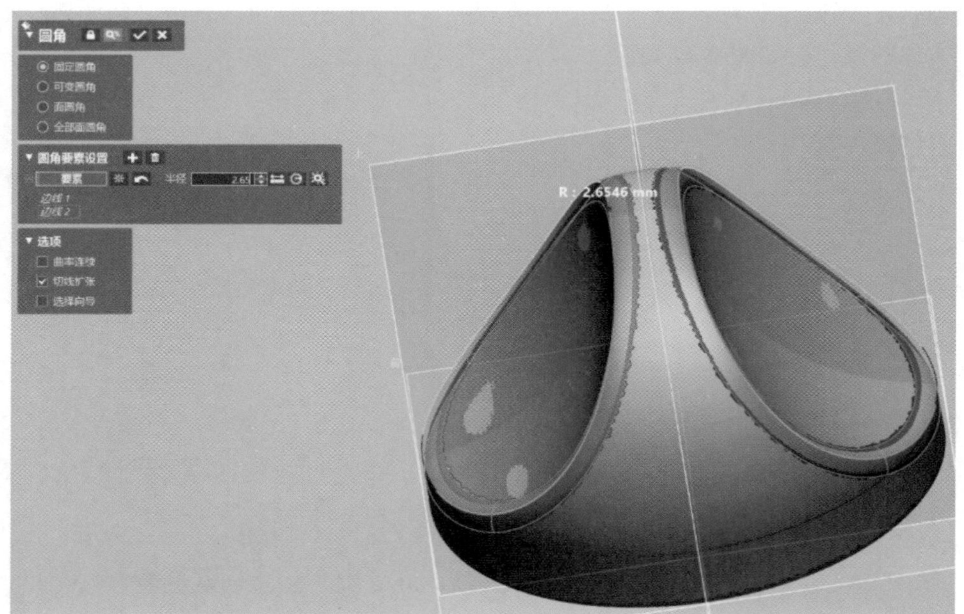

图 9–48　创建圆角

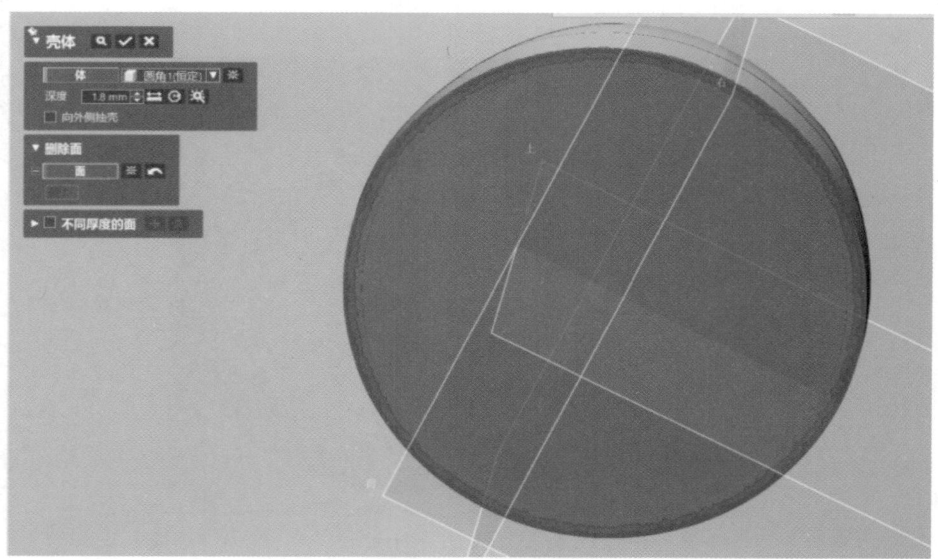

图 9–49　抽壳

（11）在 Accuracy Analyzer（TM）精度分析选择“偏差”，在公差 ±0.1 范围内，观察数据模型的精度，如图 9-50 所示。

（12）单击“输出 ”，输出格式可选为 stp。

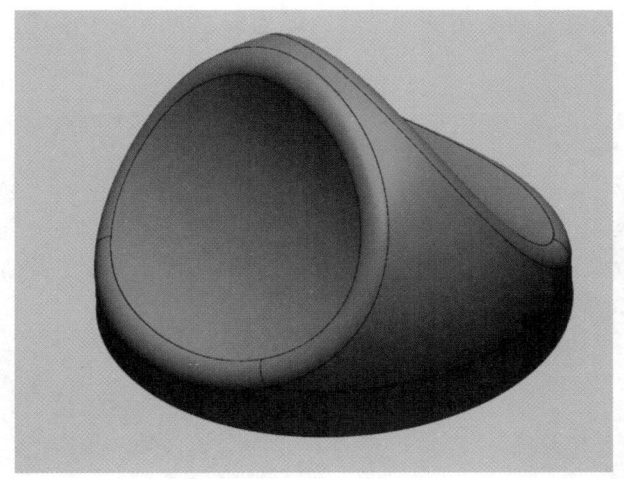

图 9-50　精度分析

9.4 案例四

案例四模型重构讲解如下：

（1）单击“插入”→“导入”，导入 4.stl 面片文件。

（2）单击工具栏的 领域 “领域”按钮，进入领域组模式，关闭“自动分割”领域对话框，利用 “圆”选取模型底面的区域后，单击“ 插入”新领域，即可划分出平面领域，完成模型的领域分割，如图 9-51 所示。单击领域组图标，退出领域组模式。

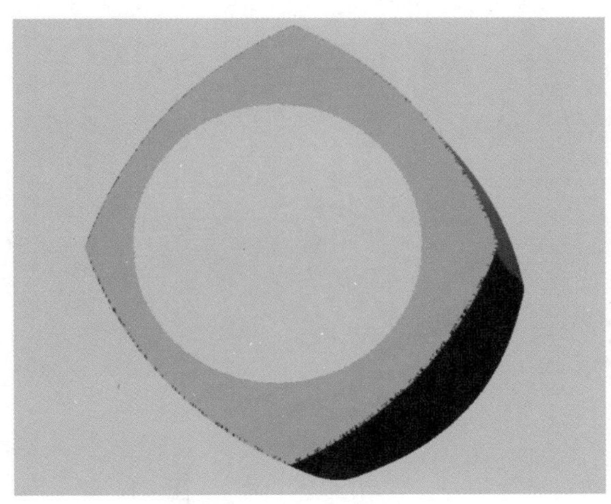

图 9-51　分割领域

（3）单击 面片草图 “面片草图”命令，选取前面划分的“平面”领域为基准平面，创建数据面片的投影轮廓范围，如图 9-52 所示。在草图工具栏中，选择“圆”来拟合出模型中四个圆，选择“直线”绘制出两条相交的直线，即为模型的两条中心线，如图 9-53 所示。然后删掉四个圆。

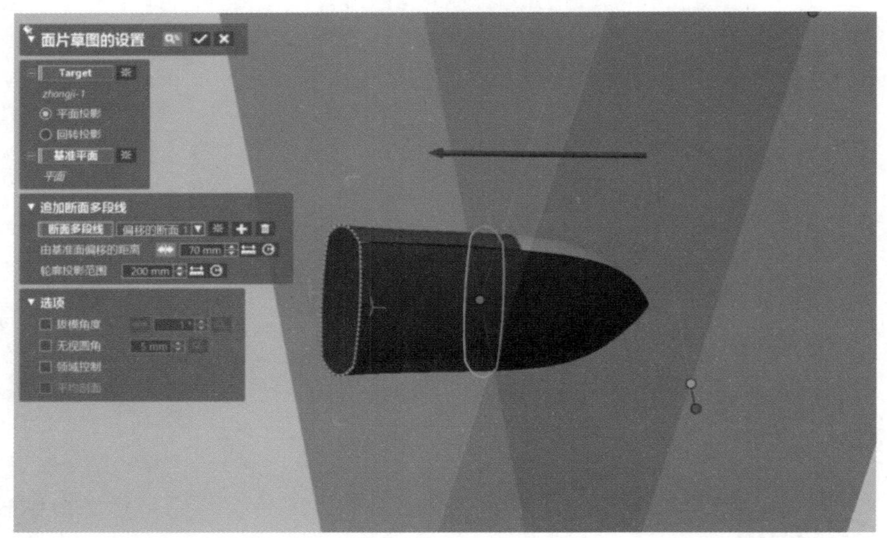

图 9–52　面片草图

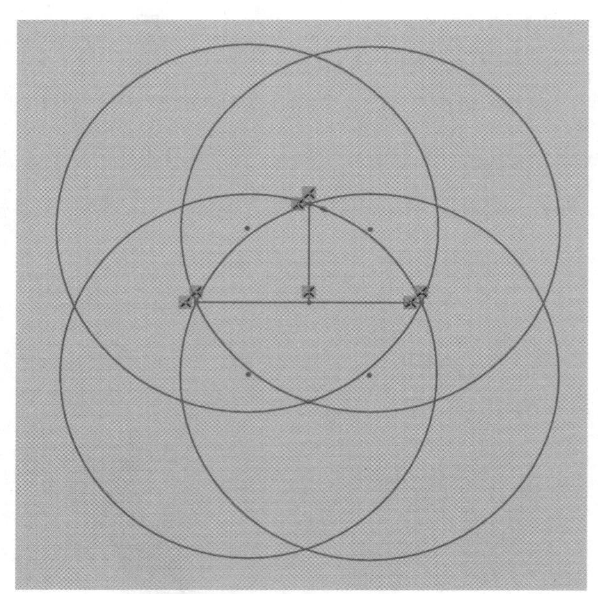

图 9–53　草图绘制

（4）单击“手动对齐”命令，单击“下一步”，在“移动”下，选择“3-2-1”，“平面”下选择底面的平面领域，“线”下选择绘制的直线，单击✔，完成模型的坐标系对准，可将视图模式翻转观察，均对准无误，如图 9-54 所示。

（5）单击工具栏的“领域”按钮，进入领域组模式，单击“自动分割”命令，“敏感度”输入“50”，进行分割领域，如图 9-55 所示，分割效果如图 9-56 所示。

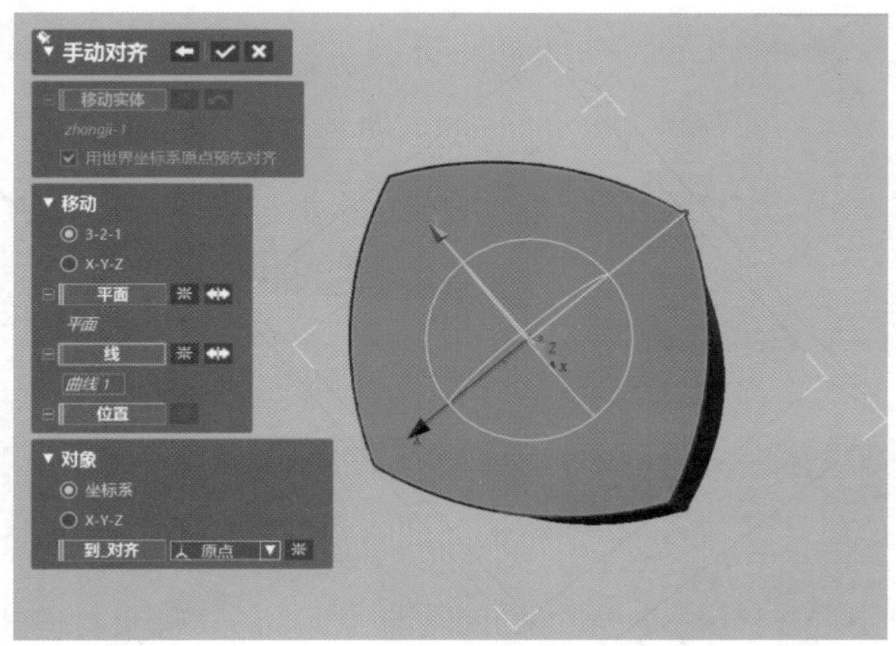

图 9–54　手动对齐

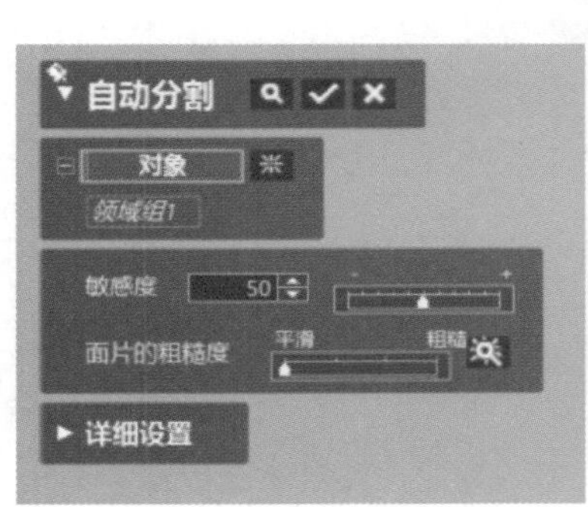

图 9–55　自动分割

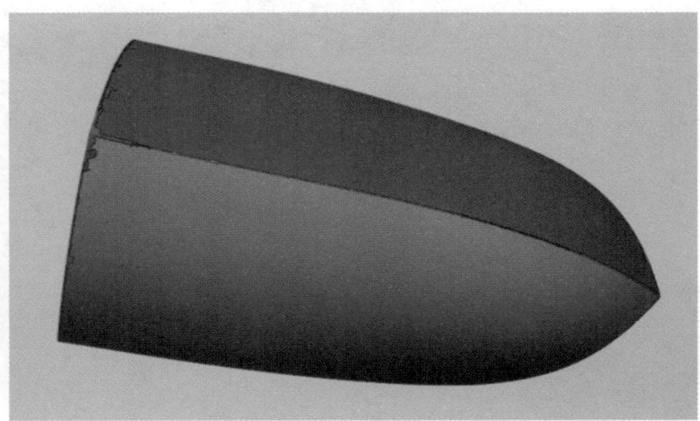

图 9–56　自动分割领域

（6）单击工具栏的 领域 “领域”按钮，进入领域组模式，关闭“自动分割”领域对话框，利用“直线”选取模型底面的区域后，单击 插入 “插入”新领域，即可划分出平面领域，如图 9-57 所示，完成领域的创建，如图 9-58 所示。

（7）单击 面片拟合 “面片拟合”命令，在“领域”上选取分割部分的领域，在“分辨率”下选择“许可偏差”，“最大控制点数”为“50”。单击，即可完成面片拟合曲面的操作，如图 9-59 所示。下侧采用同样的方法，如图 9-60 所示。

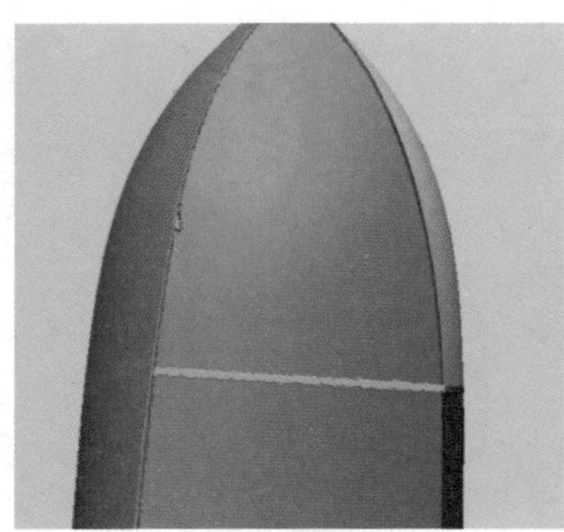

图 9-57 直线划分

图 9-58 分割领域

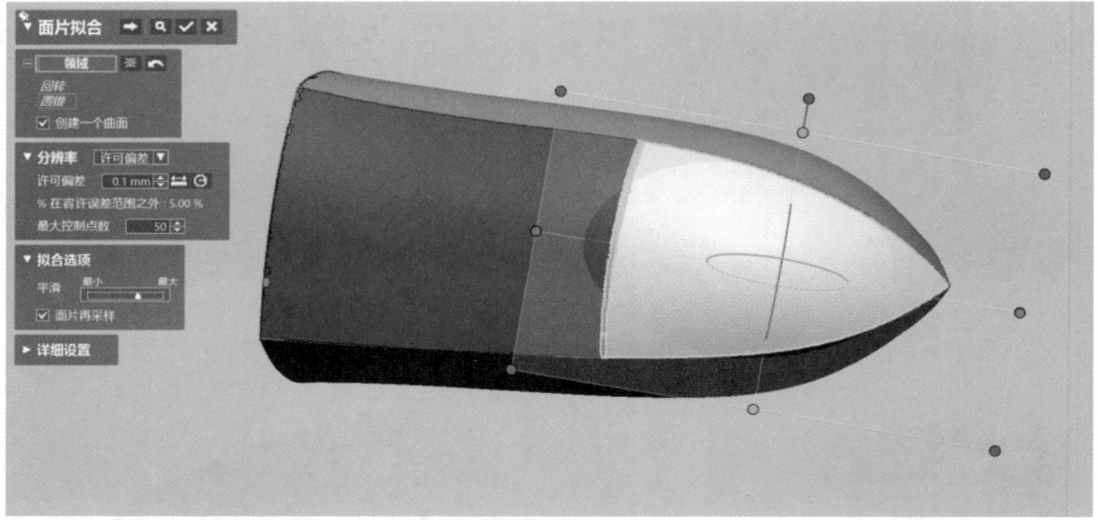

图 9-59 面片拟合（一）

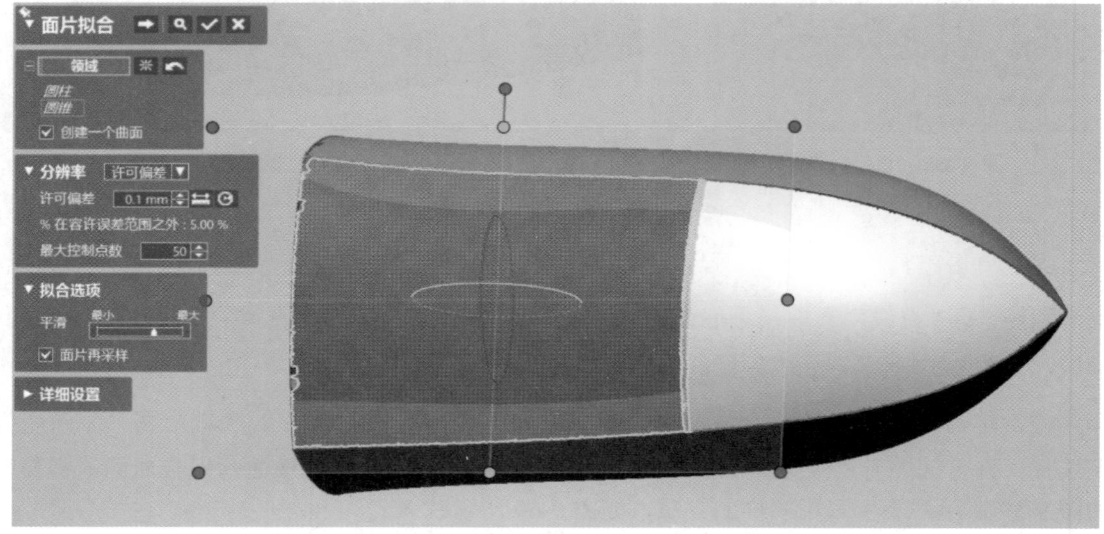

图 9-60 面片拟合（二）

（8）单击 “平面” 命令，要素选择底平面，在“方法”下选择“偏移”，距离根据领域的划分判断，创建“平面 1、平面 2”，如图 9-61 所示。

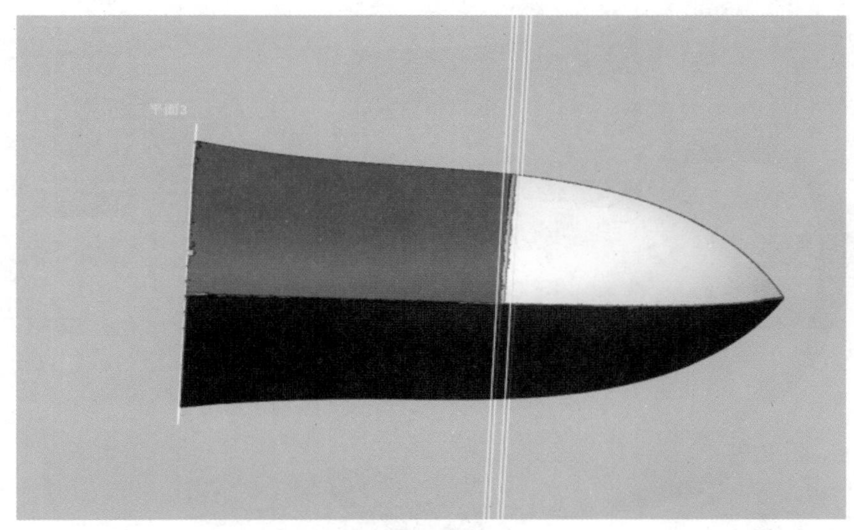

图 9–61　创建平面

（9）单击 “剪切曲面” 命令，“工具要素” 选取 “平面 1、平面 2”，“对象体” 为 “面片拟合 1、面片拟合 2”，单击 “下一步”，选取如图 9-62 所示的保留体。单击 “放样” 命令，“轮廓” 选择 “边线 1、边线 2”，“约束条件” 选择 “与面相切”，单击 完成放样，如图 9-63 所示。

（10）单击 “镜像” 命令，对称平面为 “前、上”，完成镜像效果如图 9-64 所示。单击 “剪切曲面” 命令，选择镜像曲面进行剪切，如图 9-65 所示。

（11）单击 “缝合” 命令，将四个曲面缝合成一个体。

图 9–62　剪切曲面

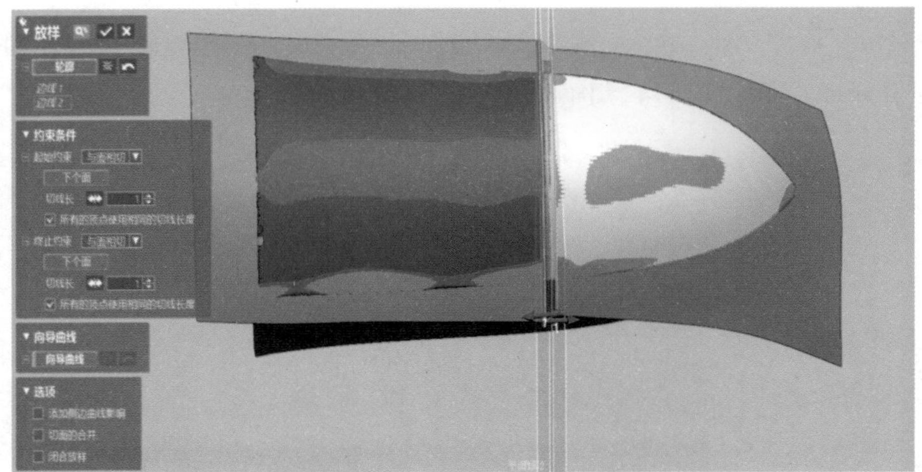

图 9-63　曲面放样

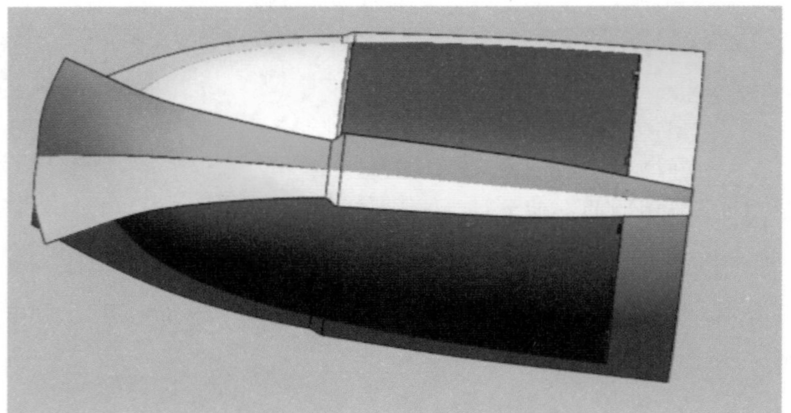

图 9-64　镜像曲面（一）

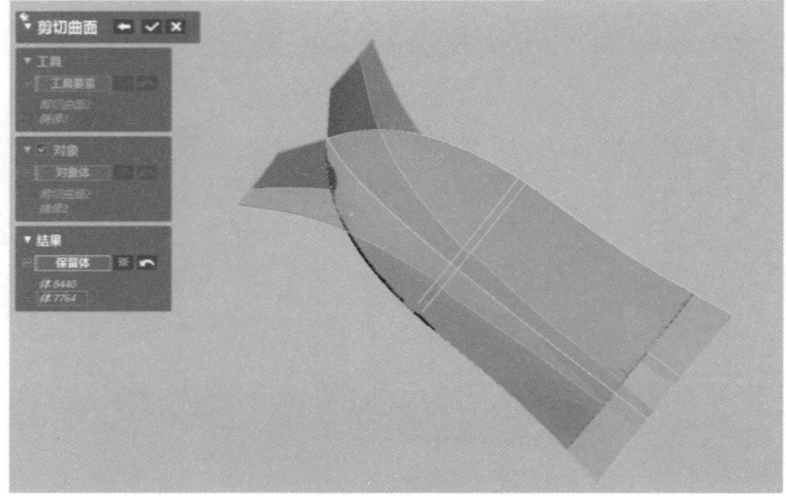

图 9-65　镜像曲面（二）

（12）单击“剪切曲面”命令，将底部多余部分进行修剪，如图 9-66 所示。

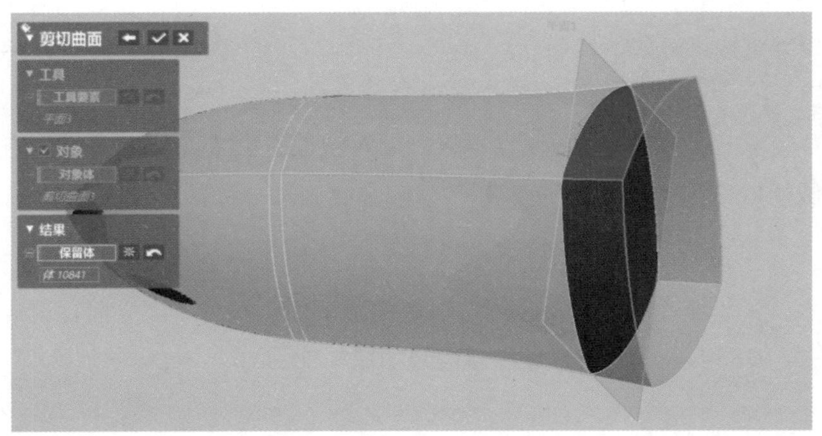

图 9-66　修剪底面

（13）单击“面填补”命令，分别选择未封闭的四条边，单击，曲面将自动封闭为实体，即完成了数据模型的构建，如图 9-67 所示。

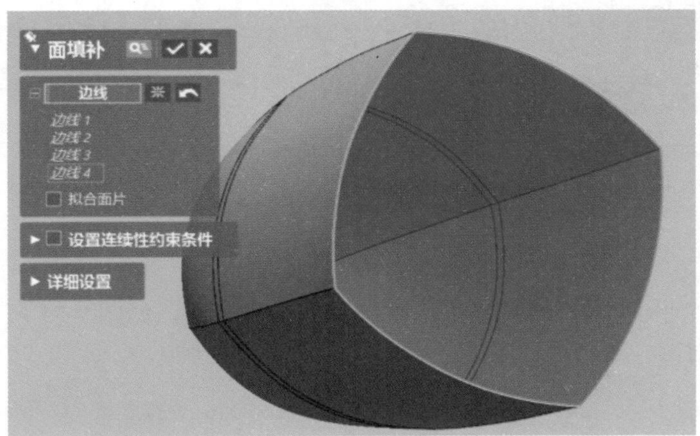

图 9-67　面填补

（14）在 Accuracy Analyzer（TM）精度分析下，选择“偏差”，在公差 ±0.1 范围内，观察数据模型的精度，如图 9-68 所示。

（15）单击“输出”，输出格式可选为 stp。

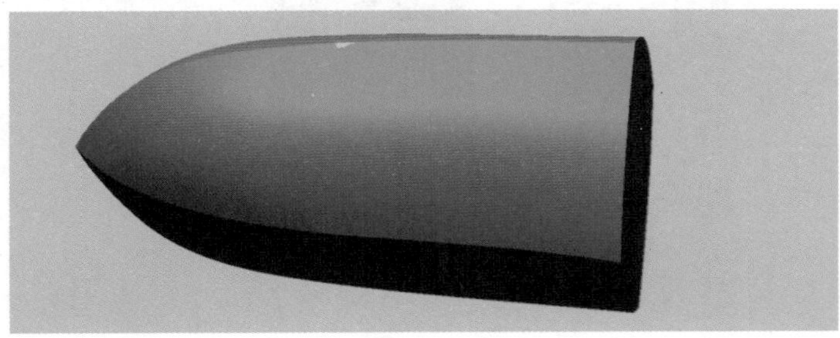

图 9-68　精度分析

9.5 案例五

案例五模型重构讲解如下：

（1）单击“插入”→“导入”，导入 5.stl 面片文件。

（2）单击工具栏的“领域”按钮，进入领域组模式，单击“自动分割”领域对话框，敏感度设为“35”，单击。利用“画笔”按钮，选取模型上面的区域后，单击“插入”新领域，即可划分出自由领域，完成模型的领域分割，如图 9-69 所示。

（3）单击“面片草图”命令，选取底面的平面领域为基准平面，创建数据面片的投影轮廓范围。参照粉色轮廓线，绘制草图，如图 9-70 所示。

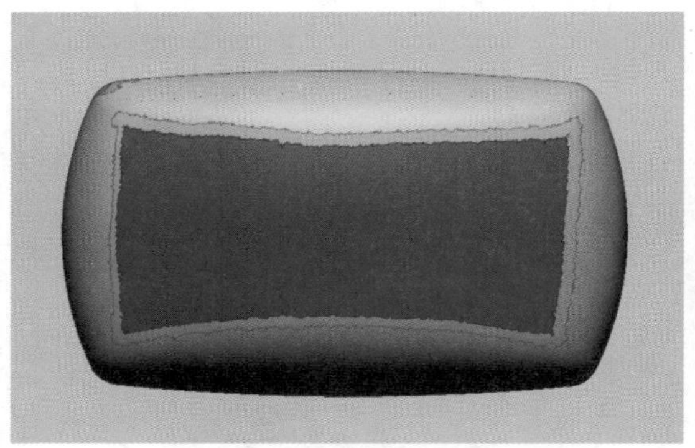

图 9–69　分割领域

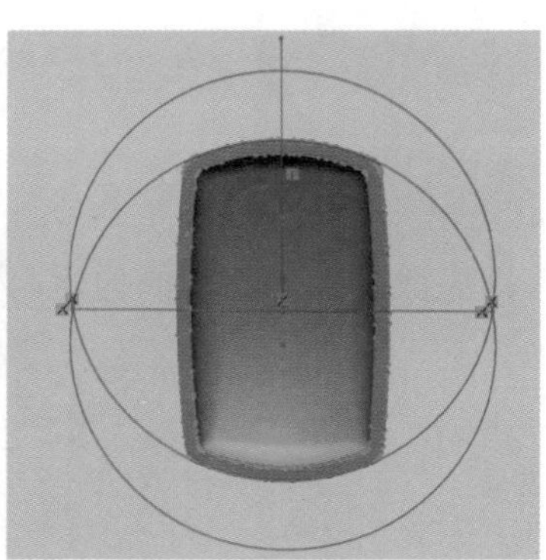

图 9–70　面片草图

（4）单击“手动对齐”命令，单击“下一步”，在“移动”下，选择“3-2-1”，“平面”下选取底面的平面领域，“线”下选择绘制的一条直线，如图 9-71 所示。单击，完成模型的坐标系对准，可将视图模式翻转观察，均对准无误。

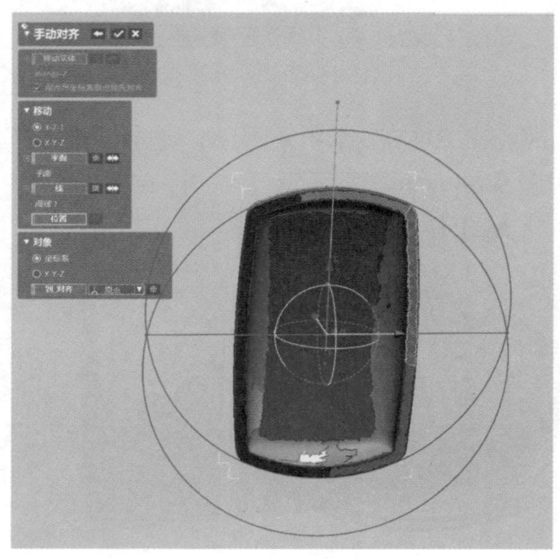

图 9–71　手动对齐

（5）单击“面片草图”，选取“右”为基准平面，创建数据面片的轮廓投影范围，绘制草图，如图 9-72 所示。

（6）单击“拉伸”命令，选择前面绘制的草图，完成如图 9-73 所示的拉伸效果。

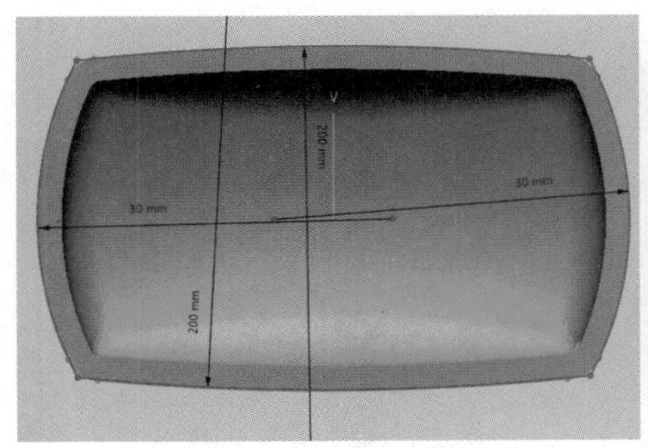

图 9–72　面片草图

图 9–73　拉伸面片

（7）单击“放样向导”命令，选取模型顶面的回转领域，在“断面”下，选择“断面数”，“断面数”为“6”，平滑度为最大，效果如图 9-74 所示，单击✓，完成曲面放样。

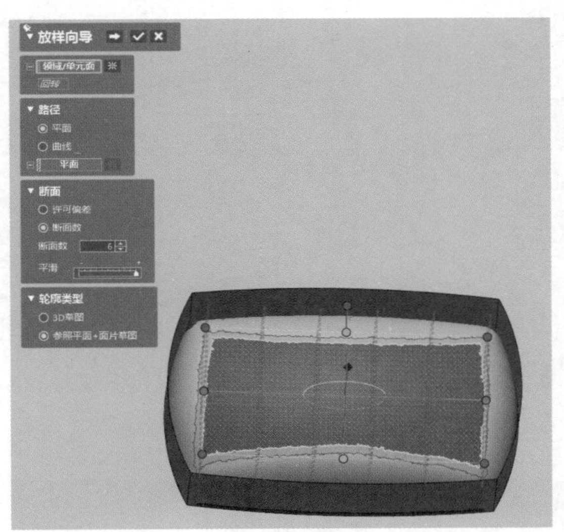

图 9–74　放样向导

（8）单击“延长曲面”命令，在“边线 / 面”中选取“面 1”，“终止条件”“距离”为“10mm”，“延长方法”为“线形”，如图 9-75 所示。单击✓，完成曲面的延长。

（9）单击“剪切曲面”命令，工具要素选取“放样 2、拉伸 1”，对象体为“放样 2、拉伸 1”，单击“下一步”，选取如图 9-76 所示的保留体。

（10）单击“圆角”命令，选择“可变圆角”，选取“边线 1”，在边线的中间添加一个点，打开“偏差”，根据颜色，输入合适的半径值，如图 9-77 所示。

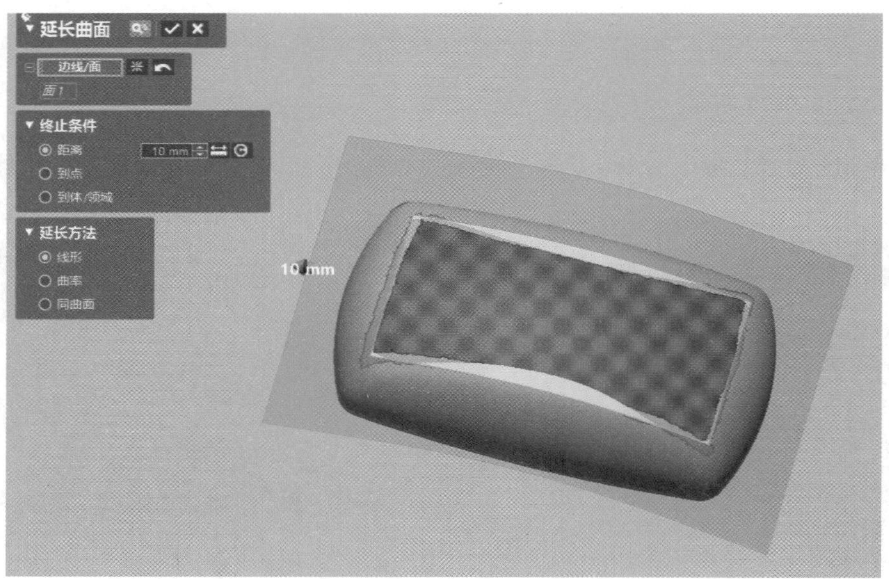

图 9-75　延长曲面

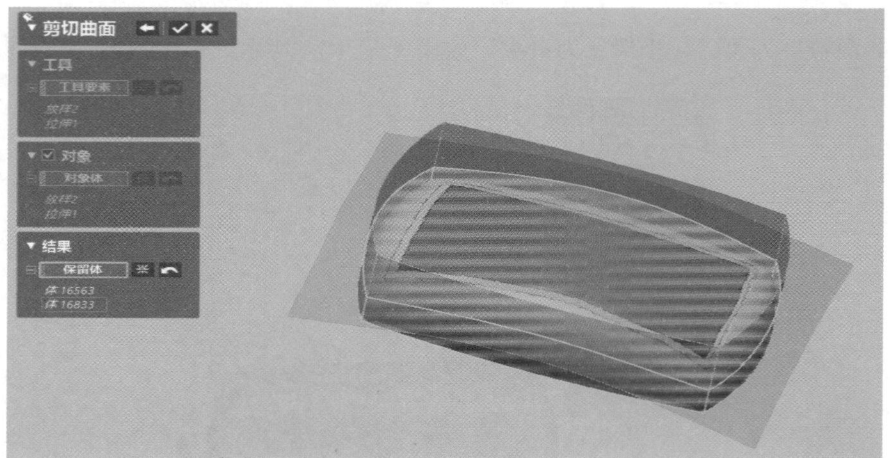

图 9-76　剪切曲面

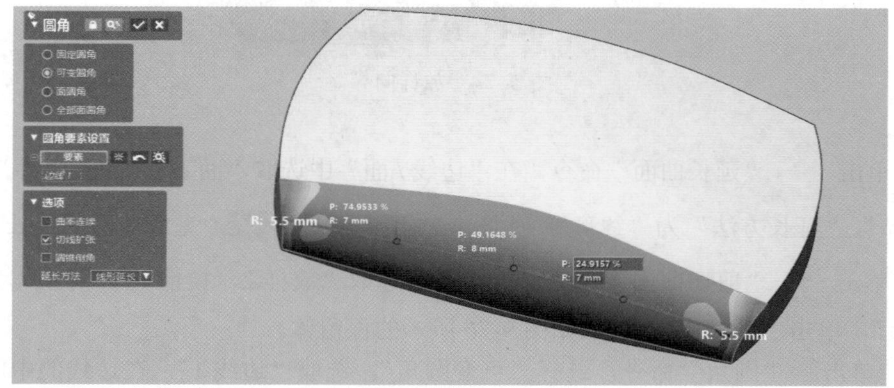

图 9-77　倒圆角（一）

（11）单击“圆角”命令，选择“可变圆角”，选取“边线1、边线2、边线3”，输入合适的半径值，如图9-78所示。

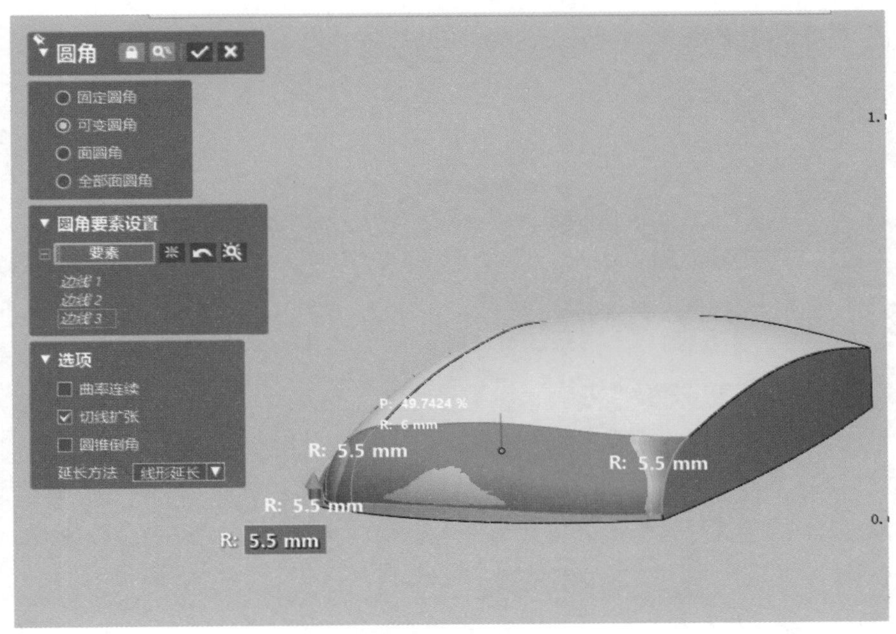

图9-78　倒圆角（二）

（12）单击平面“平面”命令，选择“要素”为“前”，“方法”为“偏移”，“偏移选项”下“距离”为“1.1mm”，如图9-79所示。

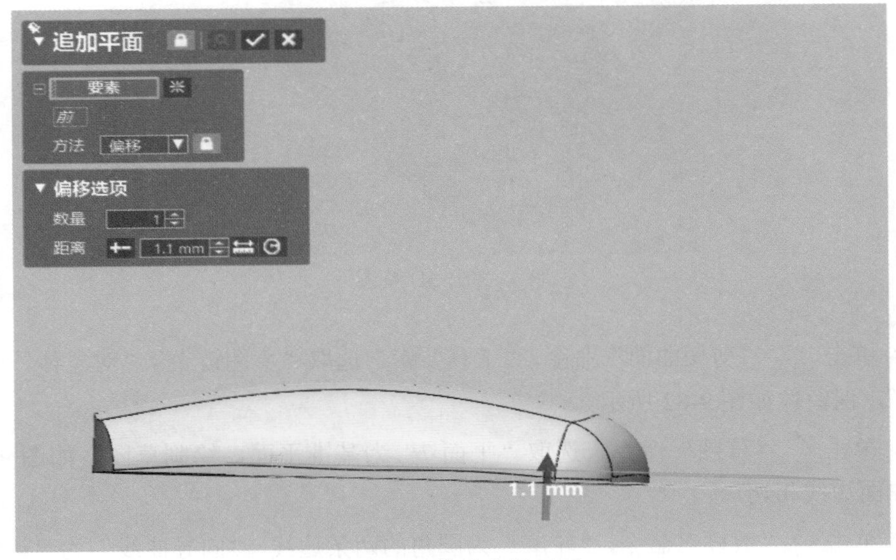

图9-79　偏移参照平面

（13）单击“剪切曲面”命令，“工具要素”选取“右、平面7、上”，“对象体”选择“圆角2（可变）”，单击“下一步”，选取如图9-80所示的保留体。

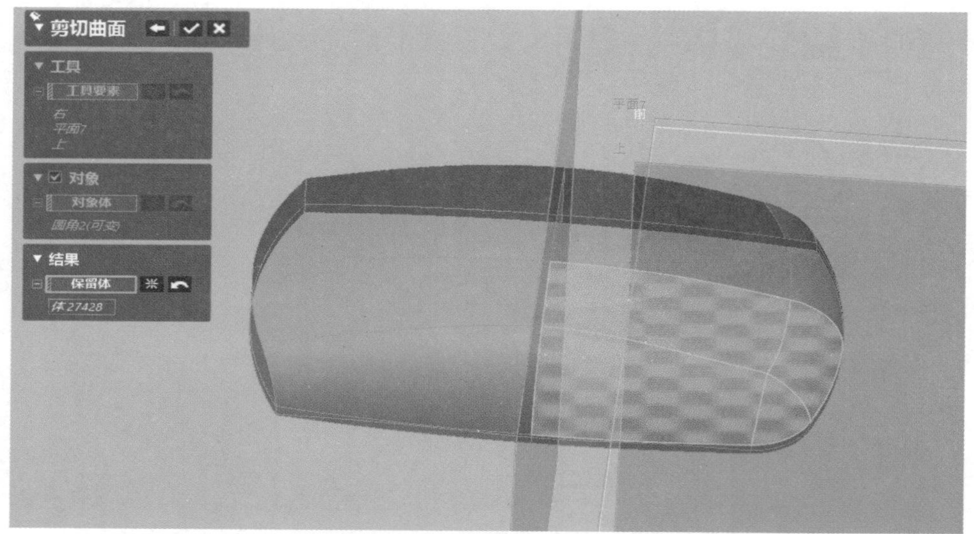

图9–80　剪切曲面（一）

（14）单击“3D草图”，绘制草图，如图9-81所示。

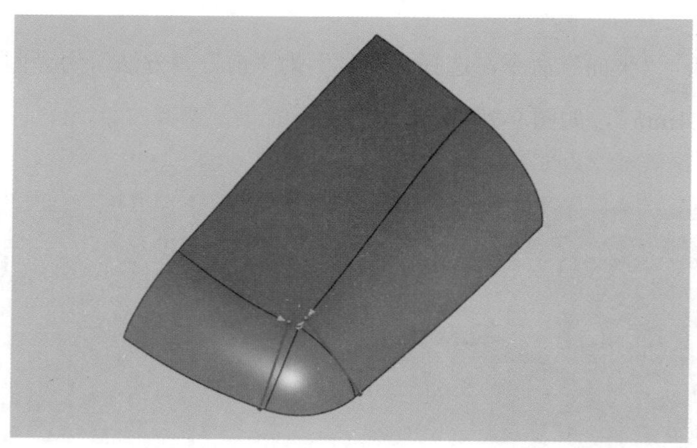

图9–81　3D草图

（15）单击“剪切曲面”命令，“工具要素”选取“草图链1”，“对象体”选取“剪切曲面2”，保留体如图9-82所示。

（16）单击“草图”命令，选取“平面7”为基准平面，绘制草图，如图9-83所示（必须与曲面边线相切）。

（17）单击“放样”命令，“轮廓”为圆角的两条边线，“向导曲线”为“边线3、草图链1”，约束条件下，“起始约束”和“终止约束”都为“与面相切”，如图9-84所示。

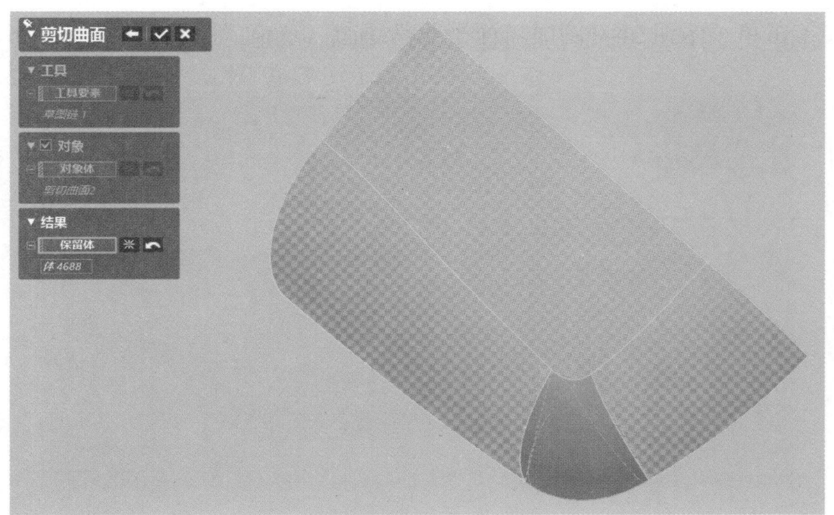

图 9-82　剪切曲面（二）

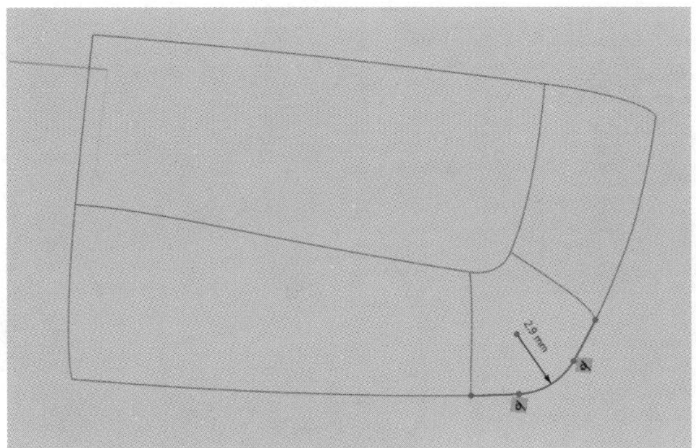

图 9-83　草图绘制

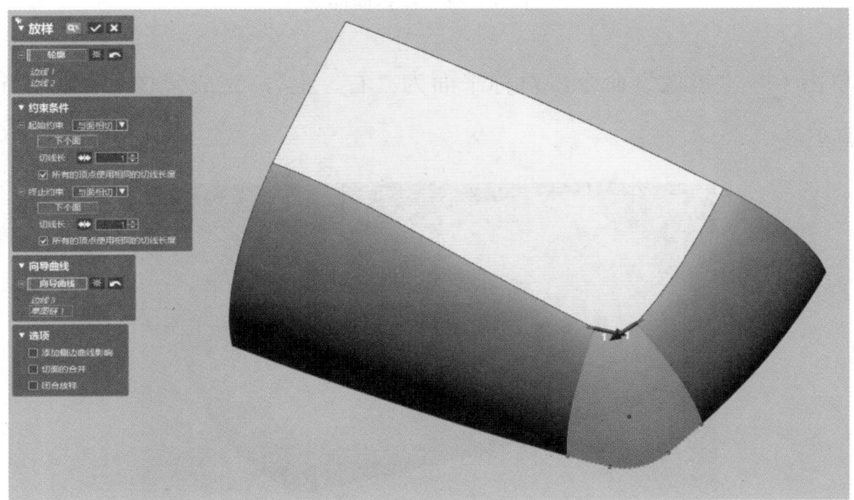

图 9-84　曲面放样

（18）单击 “缝合”命令，曲面体为两个曲面，如图 9-85 所示。

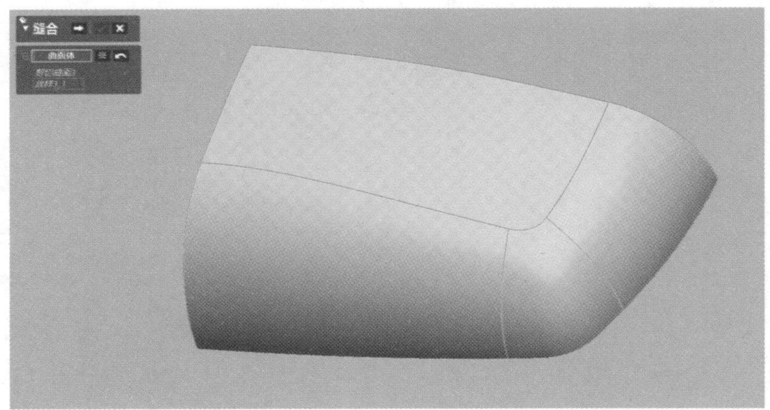

图 9–85　曲面缝合

（19）单击 “延长曲面”命令，延长距离为“1.2mm”如图 9-86 所示。

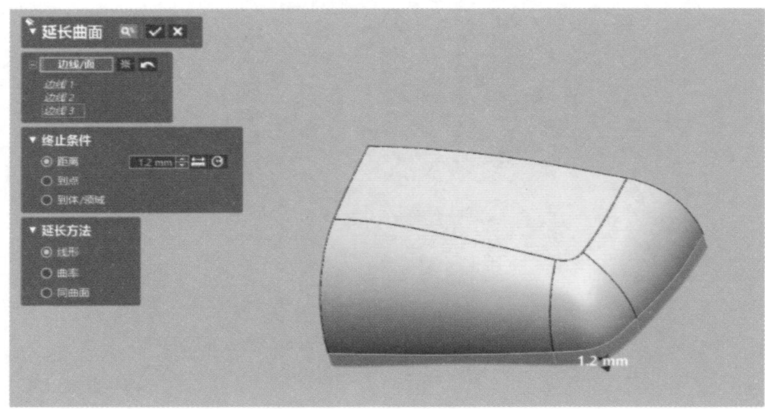

图 9–86　延长曲面

（20）单击 “镜像”命令，对称平面为“右、上”，完成镜像后，将其缝合，效果如图 9-87 所示。

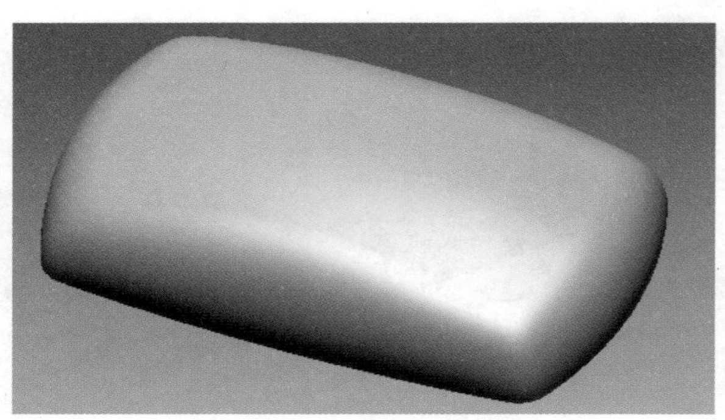

图 9–87　镜像

（21）单击“赋厚曲面”命令，曲面向内侧赋厚，如图 9-88 所示。

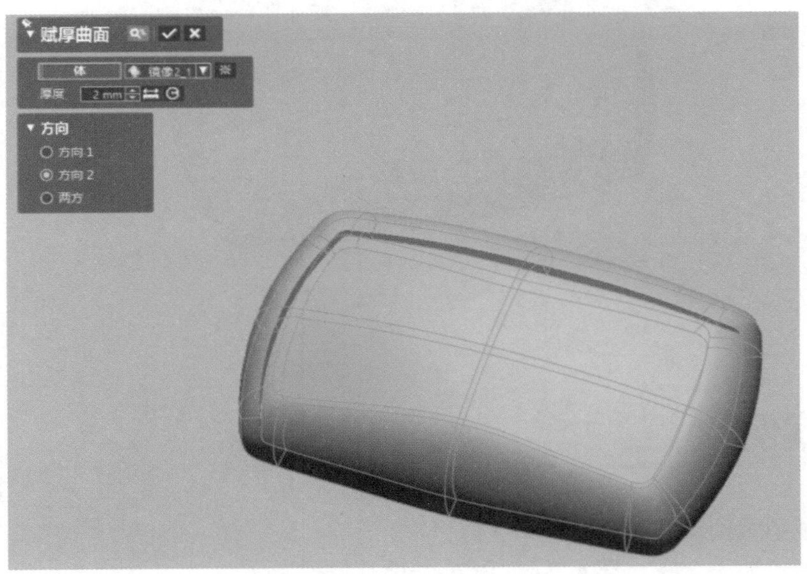

图 9–88　赋厚

（22）单击“切割”命令，“工具要素”选取“前”，保留体如图 9-89 所示，单击，模型重构完成。

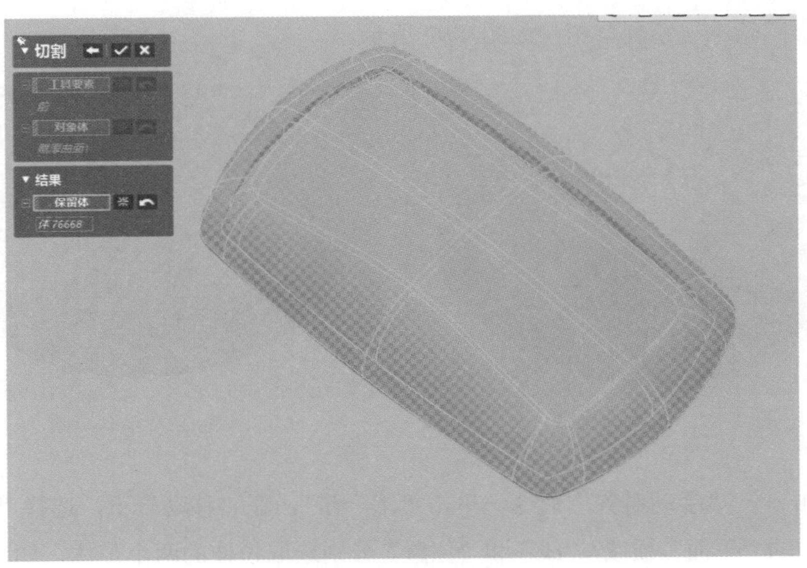

图 9–89　剪切实体

（23）在 Accuracy Analyzer（TM）精度分析选择“体偏差”，在公差 ±0.1 范围内，观察数据模型的精度，如图 9-90 所示。

（24）单击“输出”，输出格式可选为 stp。

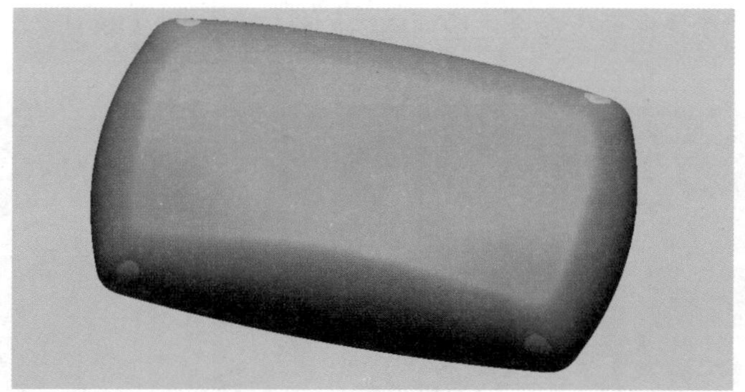

图 9-90 精度分析

9.6 案例六

案例六模型重构讲解如下：

（1）单击“插入”→“导入”，导入 6.stl 面片文件。

（2）单击工具栏的 领域 “领域”按钮，进入领域组模式，利用选取模型底面的区域后，单击 插入 “插入”，插入新领域，即可划分出平面领域，完成模型的领域分割，如图 9-91 所示。

（3）单击 面片草图 “面片草图”命令，基准平面选取“平面领域”，创建数据面片的轮廓投影范围。参照轮廓线绘制草图，如图 9-92 所示。

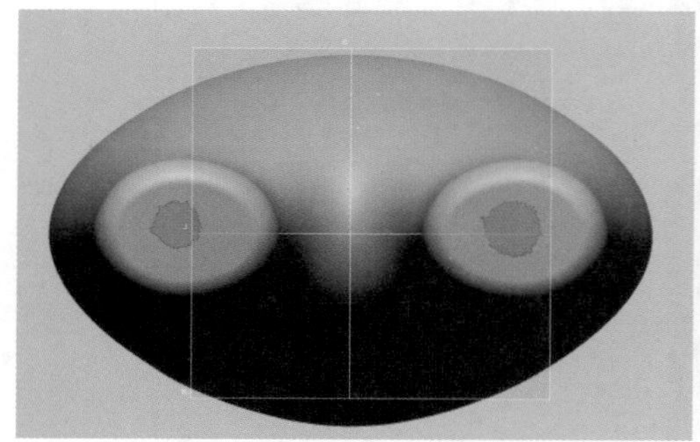

图 9-91 插入新领域

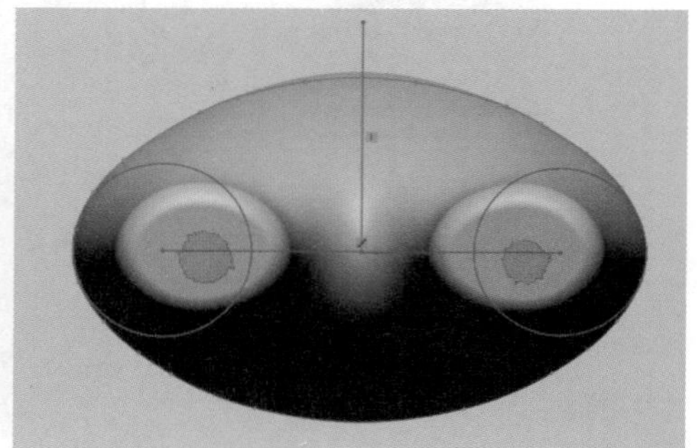

图 9-92 绘制草图

（4）单击 手动对齐 “手动对齐”命令，单击“下一步”，在“移动”下，选择“3-2-1”，“平面”选取底面的“平面”领域，“线”和“位置”分别选取拉伸的两个片体，如图 9-93 所示，单击，完成模型的坐标系对准。

（5）单击 平面 “平面”命令，打开“追加平面”对话框，“要素”选取“前”，在“方法”下，选择“偏移”，偏移距离为“1.5mm”，效果如图 9-94 所示，创建出平面 1。采用同样的方法，分别创建出平面 2、平面 3、平面 4、平面 5，如图 9-95 所示。

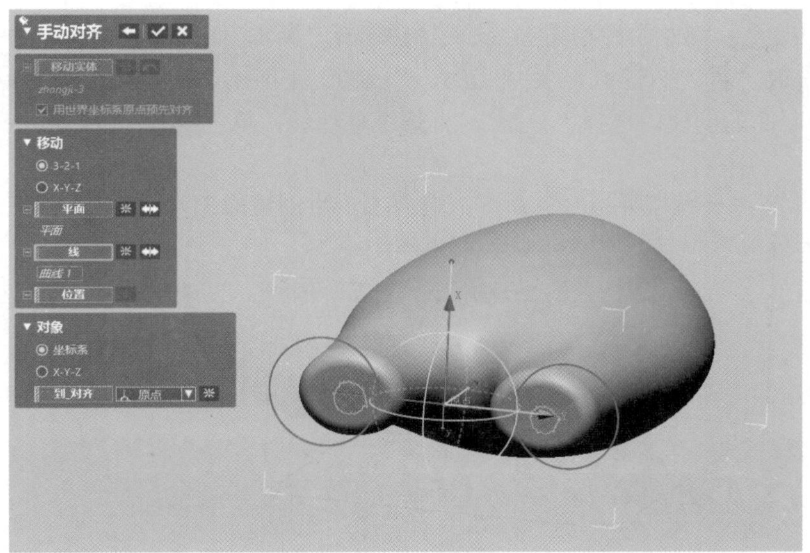

图 9–93　手动对齐

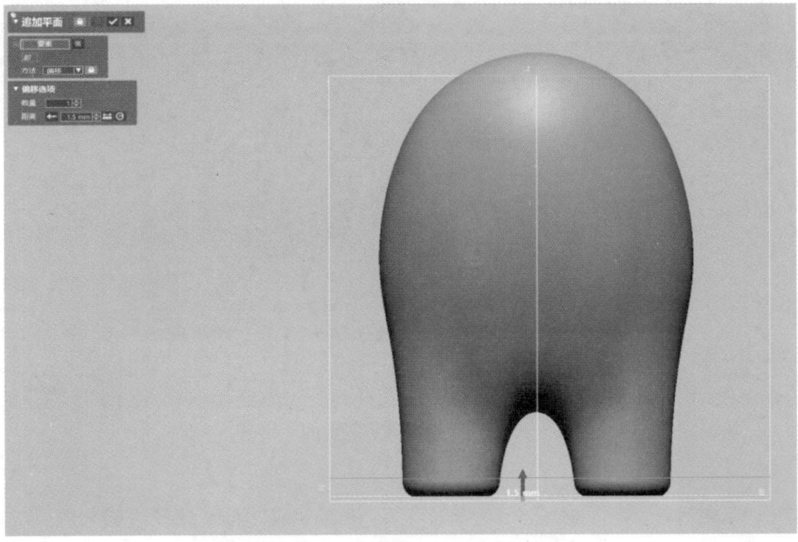

图 9–94　创建参照平面 1

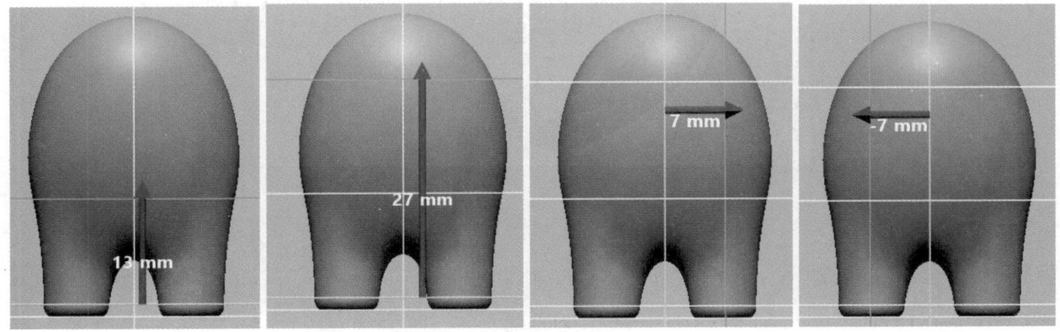

图 9–95　创建参照平面 2、3、4、5

（6）单击 “3D 面片草图”，在工具栏选择“断面”，选择“选择平面”，在“基准平面”下，选取“右、平面 4、上、平面 5、平面 2、平面 1、平面 3”，如图 9-96 所示，单击，完成断面的创建。选择“分割”，框选全部曲线，单击，完成曲线的分割，如图 9-97 所示。

（7）单击 “传统境界拟合”命令，选取上一步创建的 3D 曲线，去掉左侧的曲线环，单击确定，完成境界拟合的曲面，如图 9-98 所示。

（8）单击 “平面”命令，在“方法”下，选择“偏移”，创建平面，效果如图 9-99 所示。

（9）单击 “剪切曲面”命令，“工具要素”选取上一步所创建的平面，完成效果如图 9-100 所示。

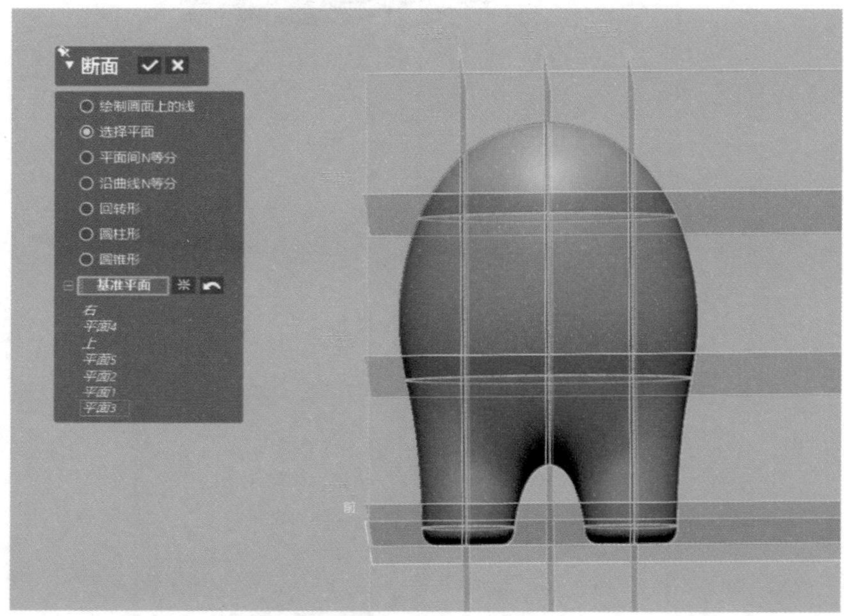

图 9–96　创建断面

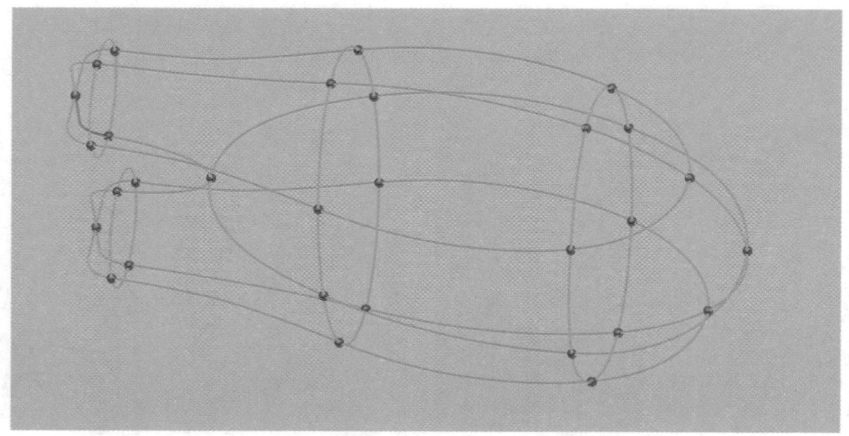

图 9–97　曲线分割

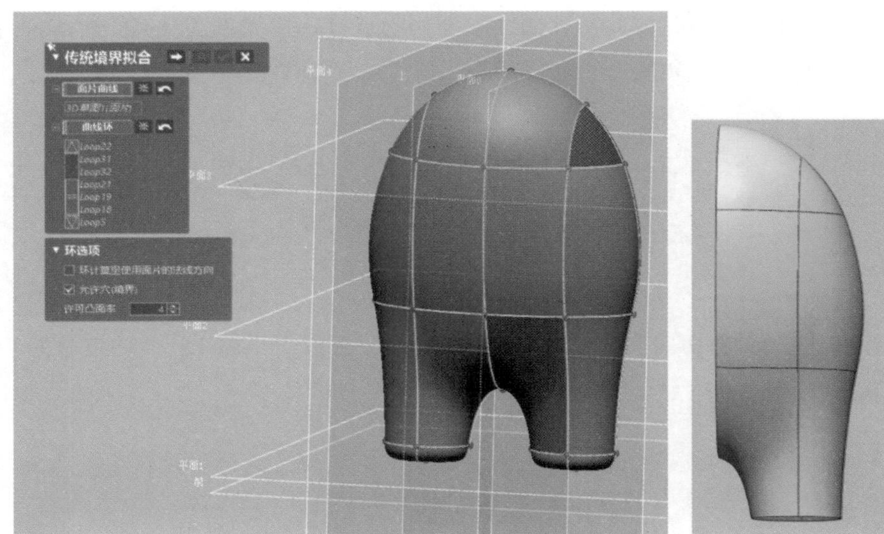

图 9-98　传统境界拟合

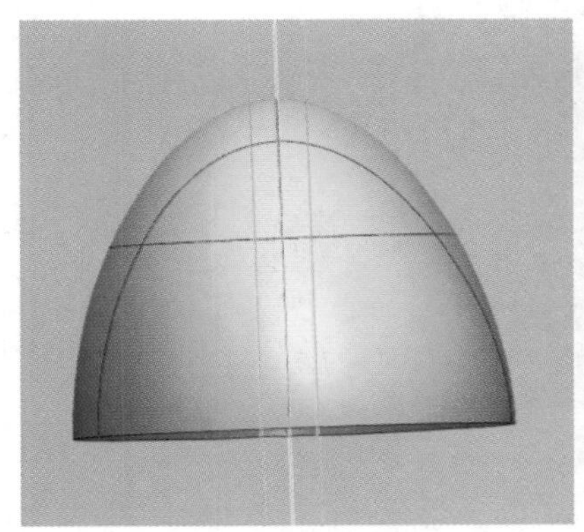

图 9-99　参照平面

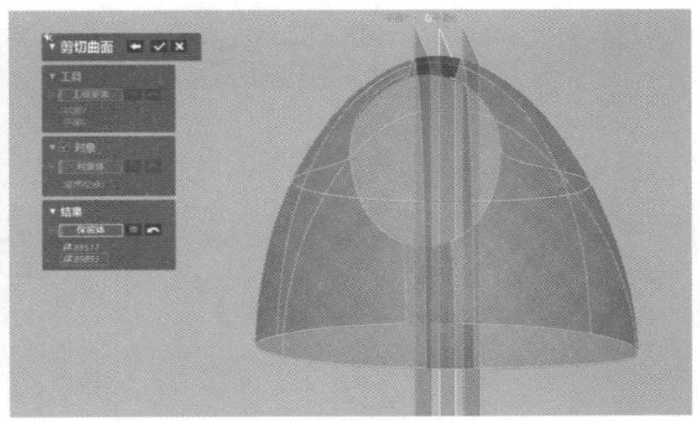

图 9-100　剪切曲面

（10）单击 放样 “放样”命令，完成曲面放样，效果如图 9-101 所示。

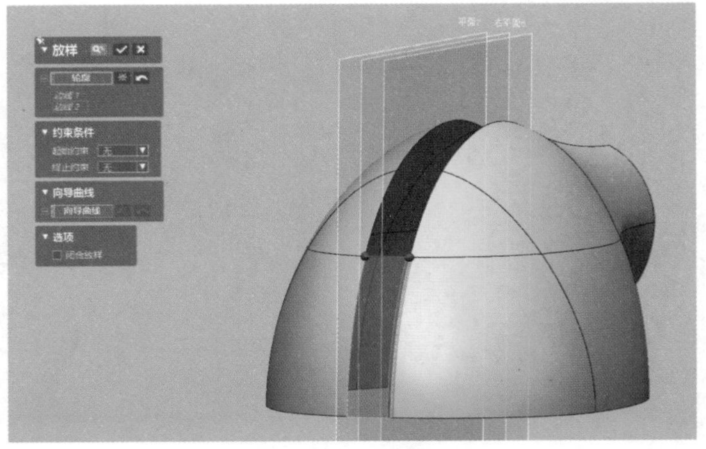

图 9-101　曲面放样

（11）通过上述方法，完成此部分曲面的剪切与放样，效果如图 9-102 所示。

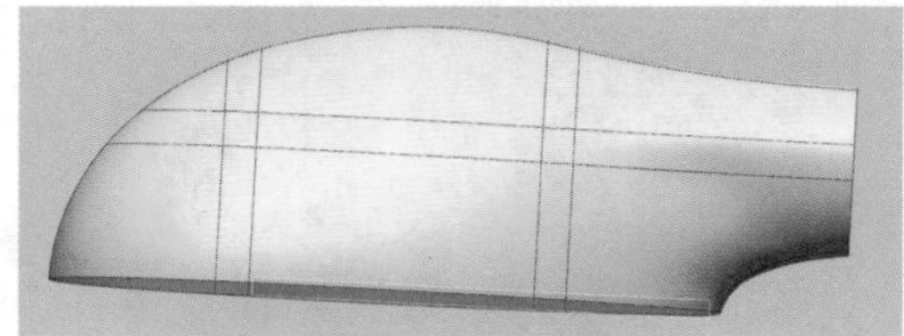

图 9–102　曲面剪切与放样

（12）单击 剪切曲面 “剪切曲面”命令，“工具要素”选取“平面 15”（通过参照平面“上”偏移 0.75mm 创建“平面 15”），如图 9-103 所示。

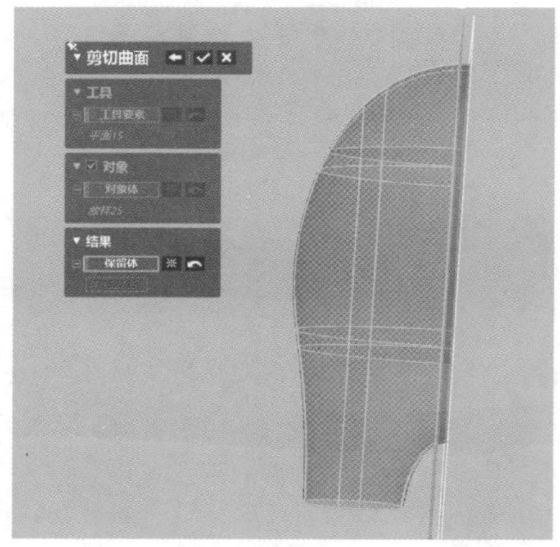

图 9–103　曲面剪切

（13）单击 基础曲面 “基础曲面”命令，利用面片底面的平面领域，创建平面，如图 9-104 所示。

（14）单击 延长曲面 “延长曲面”命令，延长距离为 2.3mm，“延长方法”为“线形”，如图 9-105 所示。

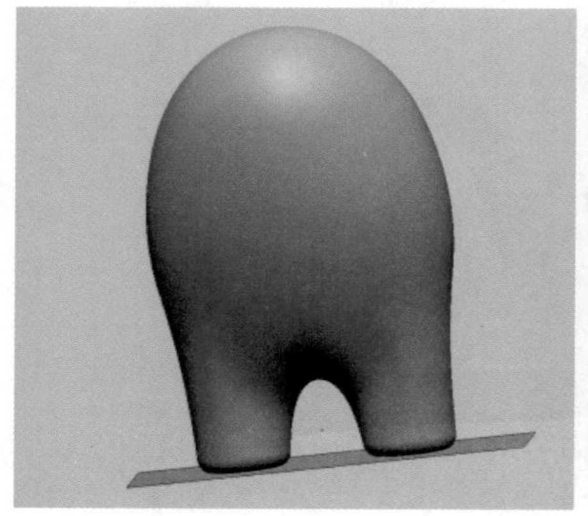

图 9–104　几何形状创建

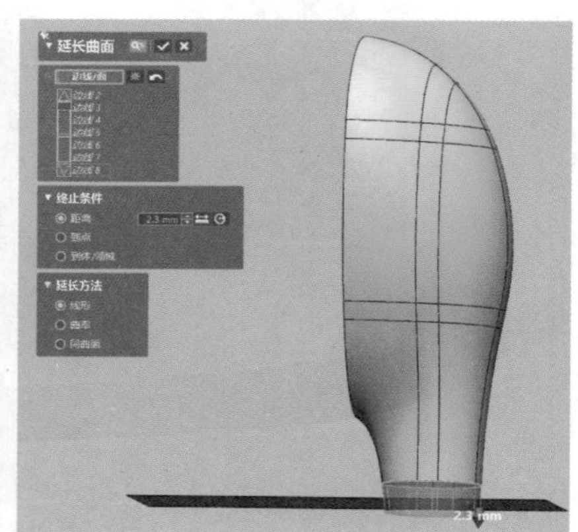

图 9–105　曲面延长

（15）通过“剪切”“倒圆角”命令，完成效果如图 9-106 所示。

（16）单击“镜像”命令，“对称平面”为“上”，如图 9-107 所示。

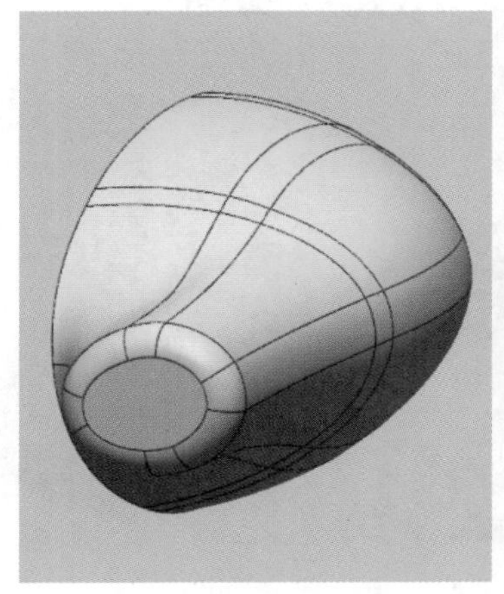

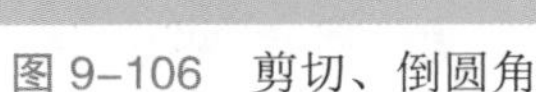

图 9-106 剪切、倒圆角

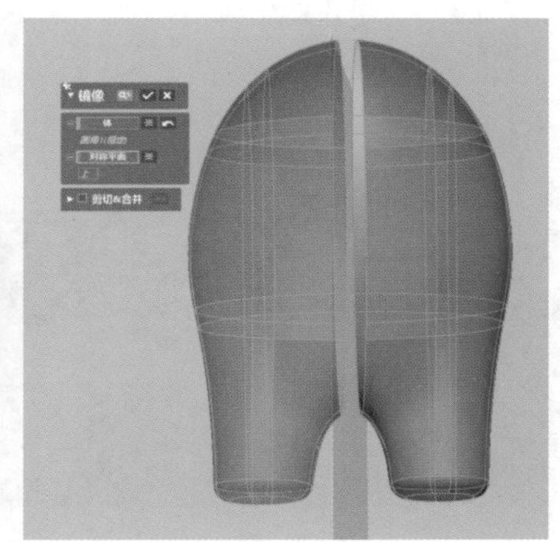

图 9-107 镜像

（17）通过“放样”“缝合”命令，完成中间曲面的创建，完成效果如图 9-108 所示。

（18）在 Accuracy Analyzer（TM）精度分析选择“体偏差”，在公差 ±0.1 范围内，观察数据模型的精度，如图 9-109 所示。

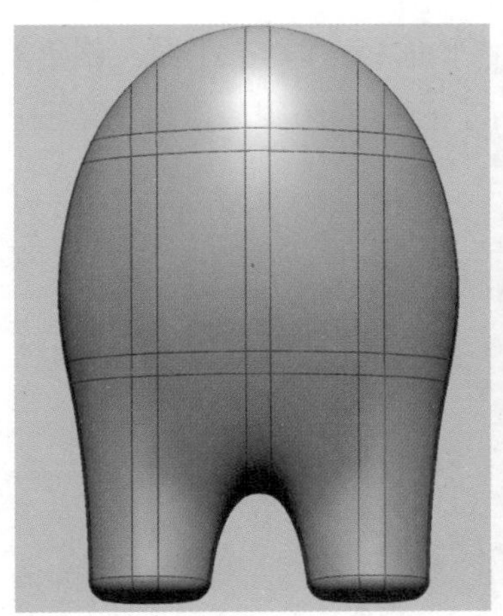

图 9-108 完成效果

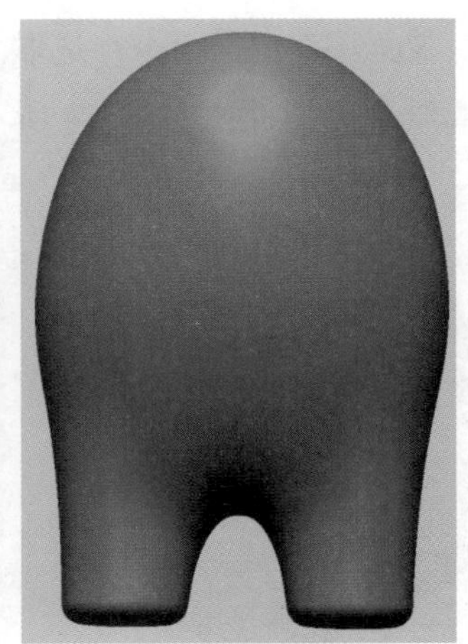

图 9-109 精度分析

（19）单击“输出”，输出格式可选为 stp。

9.7 案例七

案例七模型重构讲解如下：

（1）单击“插入”→“导入”，导入 7.stl 面片文件。面片显示为内部颜色，如图 9-110 所示。

（2）单击工具栏的“多边形”按钮，进入面片模式，单击“修正法线方向”命令，选择“全体面片”，单击，如图 9-111 所示。完成效果如图 9-112 所示。

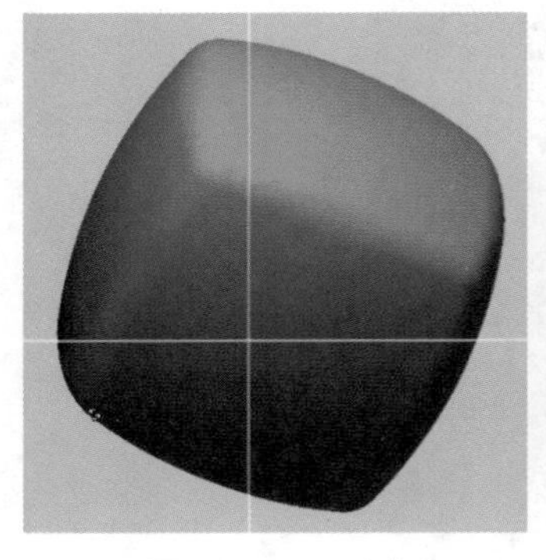

图 9-110　面片

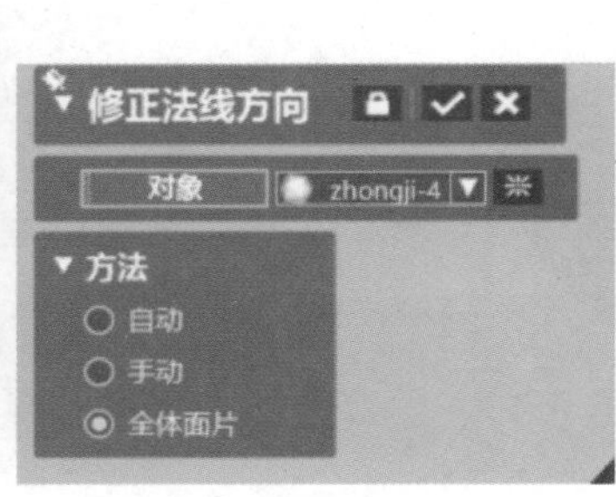

图 9-111　修正法线方向

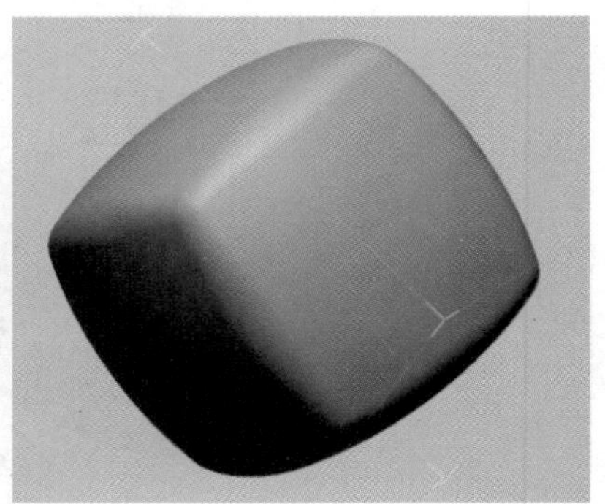

图 9-112　完成效果

（3）单击工具栏的“领域”按钮，进入领域组模式，弹出“自动分割”领域对话框，敏感度设为“30”，单击，即可划分出 6 个球面领域，如图 9-113 所示。

（4）单击“平面”命令，在“方法”下选择“提取”，选取任意一个球面领域，即可创建出平面 1。

（5）单击“面片草图”命令，选取“平面 1”为基准平面，创建数据面片的轮廓投影范围，参照轮廓绘制草图，如图 9-114 所示。删除四个圆后，退出草图。

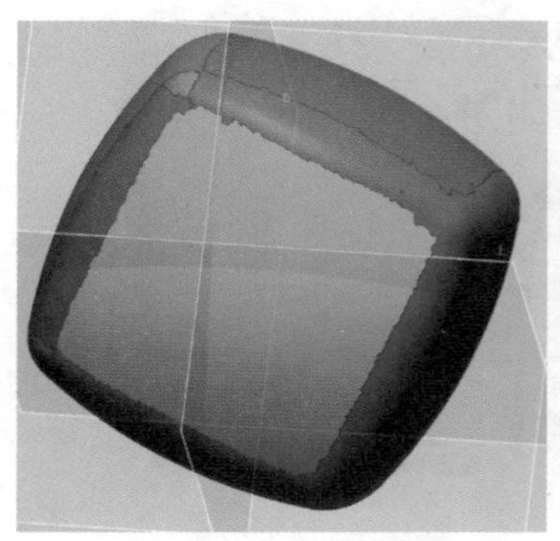

图 9-113　分割领域

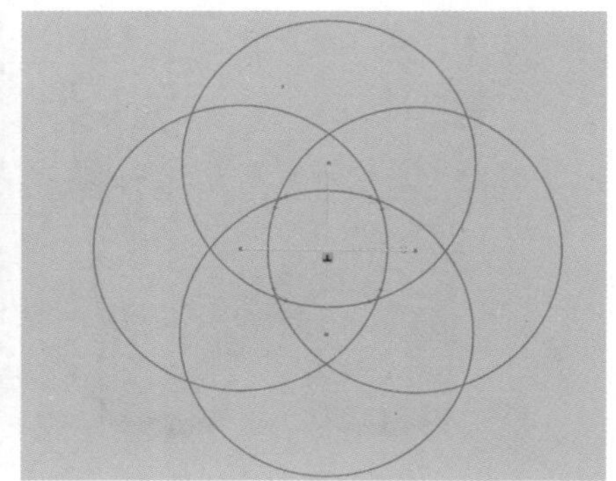

图 9-114　绘制草图

（6）单击“手动对齐”命令，单击“下一步”，在“移动”下，选择“3-2-1”，“平面”下选取“平面 1”，“线下”选取绘制的直线，如图 9-115 所示，单击，完成模型的坐标系对准。

（7）单击“基础曲面”命令，选择“自动提取”，分别选取 6 个球面领域，提取形状选择“球”，如图 9-116 所示，单击。

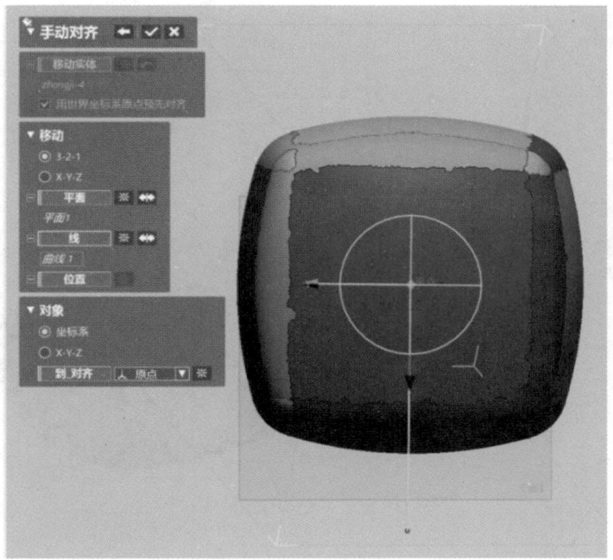

图 9–115　手动对齐

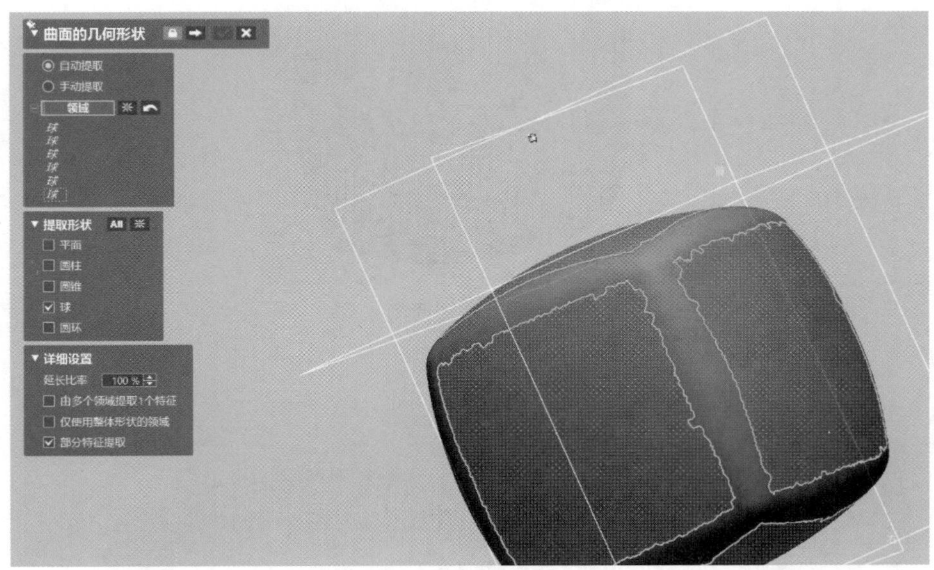

图 9–116　几何形状

（8）单击 剪切曲面 “剪切曲面”命令，“工具要素”选取“球曲面 1、球曲面 2”，“对象体”为“球曲面 1、球曲面 2”，单击“下一步”，选取如图 9-117 所示的相交部分为保留体。

（9）以此类推，依次使用剪切命令进行修剪，最终得到相交部分模型，如图 9-118 所示。

（10）单击 圆角 “圆角”命令，选择“可变圆角”，选取模型的边线，单击边线，边线呈紫色时，在其中间添加一个点，参数如图 9-119 所示。将侧面其余三条边线均按此参数进行圆角创建。

图 9-117 剪切曲面（一）

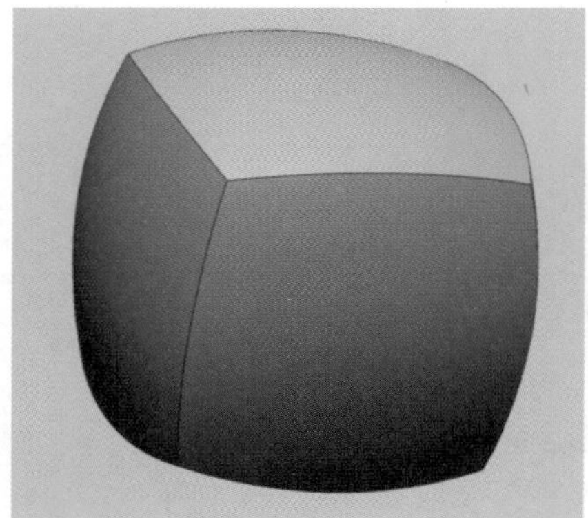

图 9-118 剪切曲面（二）

图 9-119 可变圆角创建

（11）单击 圆角“圆角”命令，选择“可变圆角”，选取数据模型的 8 条边线，半径值如图 9-120 所示。单击✓。另一侧采用相同的方法。此时模型创建完成。

（12）在 Accuracy Analyzer（TM）精度分析下，选择“体偏差”，在公差 ±0.1 范围内，观察数据模型的精度，如图 9-121 所示。

（13）单击“输出”，输出格式可选为 stp。

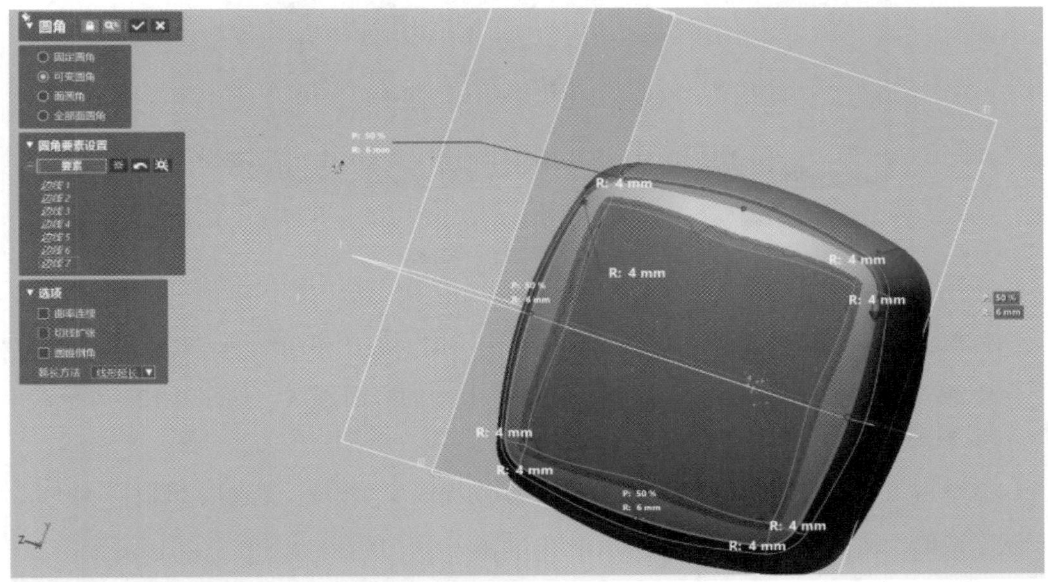

图 9-120　可变圆角创建

图 9-121　精度分析

9.8 案例八

案例八模型重构讲解如下：

（1）单击“插入”→“导入”，导入 8.stl 面片文件。

（2）单击工具栏的“领域”按钮，进入领域组模块，单击“自动分割”领域对话框，敏感度设为“55”，单击，完成模型的领域划分，如图 9-122 所示。

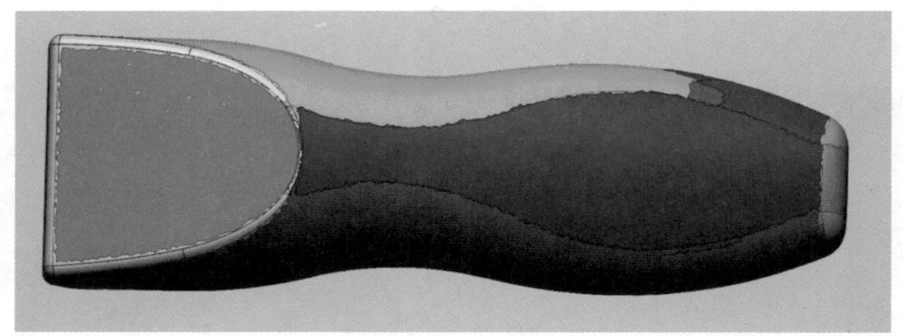

图 9-122　分割领域

（3）单击“手动对齐”命令，单击“下一步”，在“移动”下，选择“3-2-1”，“平面”选取模型后端的平面领域，“线”选取模型上端的平面领域，如图 9-123 所示，单击，完成模型的坐标系对准。

（4）单击“基础曲面”命令，选取“手动提取”，“领域”下选取“圆柱”领域，“创建形状”选取“圆柱”，如图 9-124 所示，单击。

（5）单击“3D 面片草图”，绘制如图 9-125 所示的曲线。

（6）单击“扫描”命令，“轮廓”选取“草图链 1”，“路径”选取“草图链 2”，即可完成扫描曲面的创建，如图 9-126 所示。

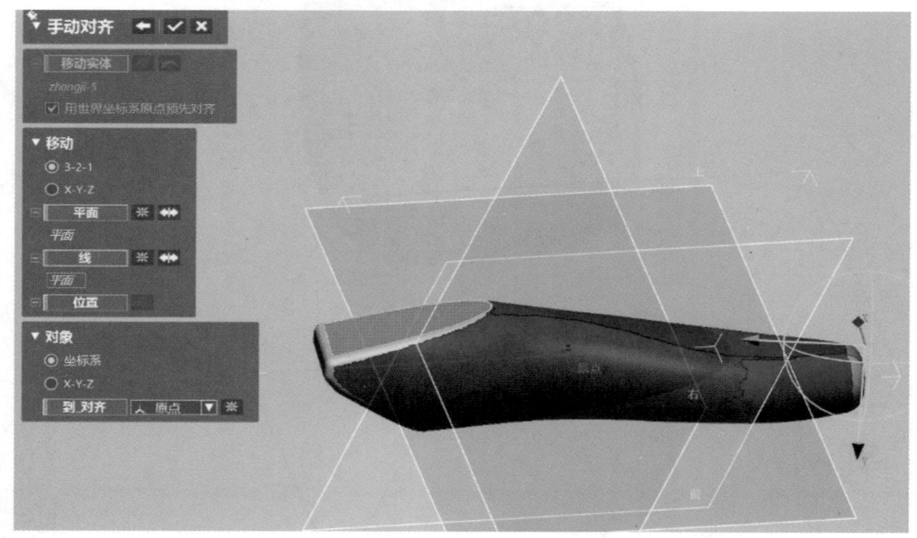

图 9-123　手动对齐

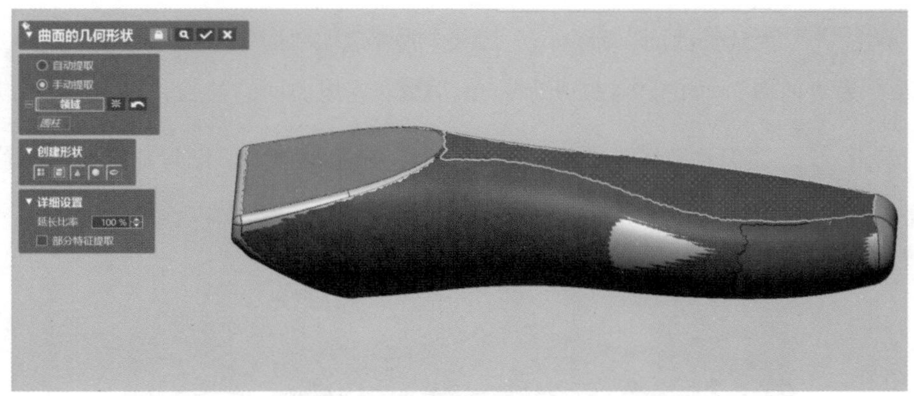

图 9–124　曲面的几何形状

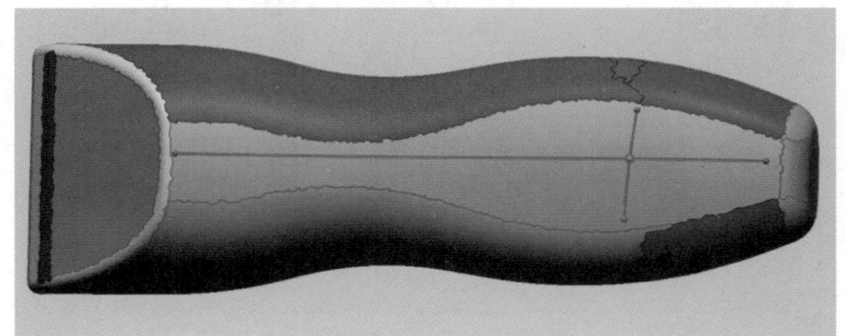

图 9–125　3D 面片草图

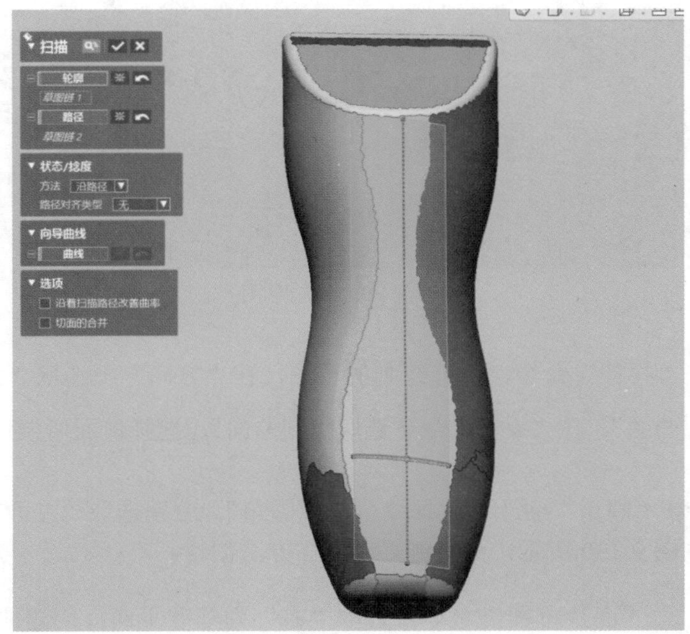

图 9–126　曲面扫描

（7）单击 “延长曲面”命令，在边线 / 面中选取“面 1”，延长距离为“43.5mm”，“延长方法”为“曲率”，如图 9-127 所示，单击✓，完成曲面的延长。

（8）单击 “面片草图”命令，选取“上”为基准平面，创建数据面片的轮廓投影范围，绘制草图，如图 9-128 所示。

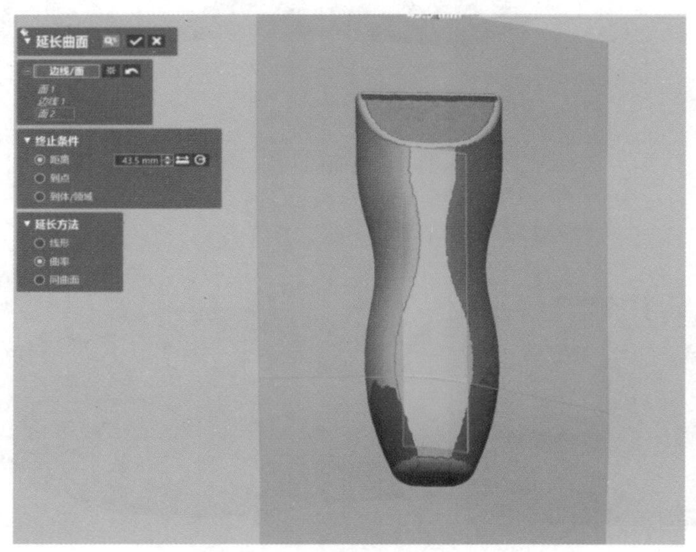

图 9–127　延长曲面

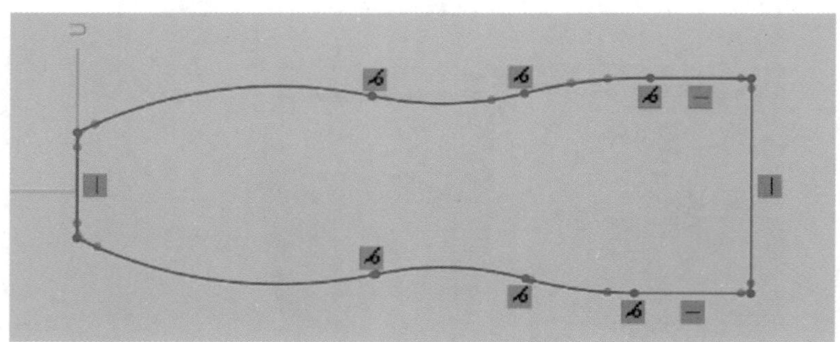
图 9–128　绘制草图

（9）单击 “拉伸”命令，选择绘制的草图，在“方向”下选取“到曲面”，选择前面所创建的“圆柱曲面”，在“反方向”下选取“到曲面”，选择前面所创建的“扫描曲面”，如图 9-129 所示。

（10）单击 “圆角”命令，选择“全部面圆角”，分别选取“左面”“中心”“右面”，创建的圆角效果如图 9-130 所示，另一侧采用同样方法创建。

（11）单击 “面片草图”命令，选取“右”为基准平面，创建面片的轮廓投影范围，绘制草图，如图 9-131 所示。

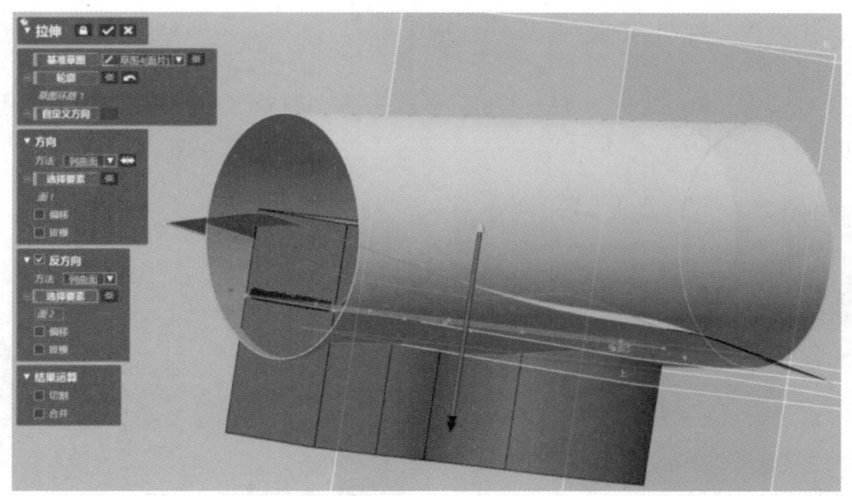

图 9-129　拉伸实体

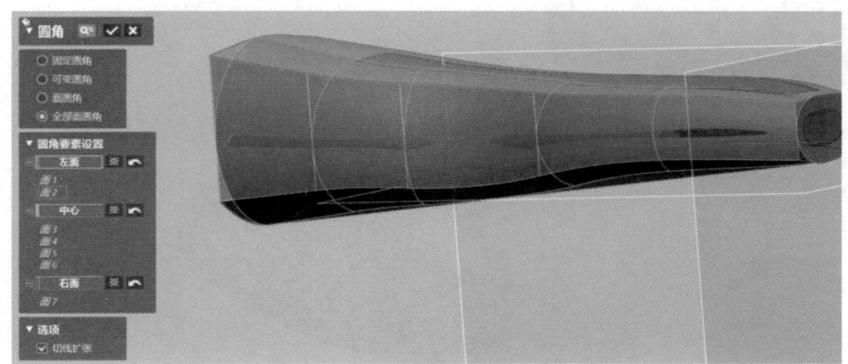

图 9-130　圆角

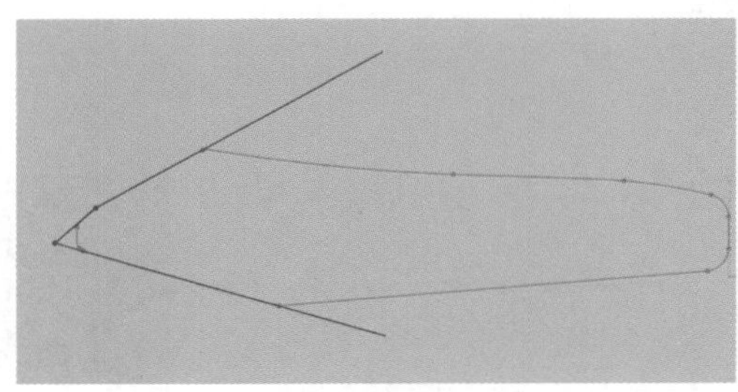

图 9-131　面片草图

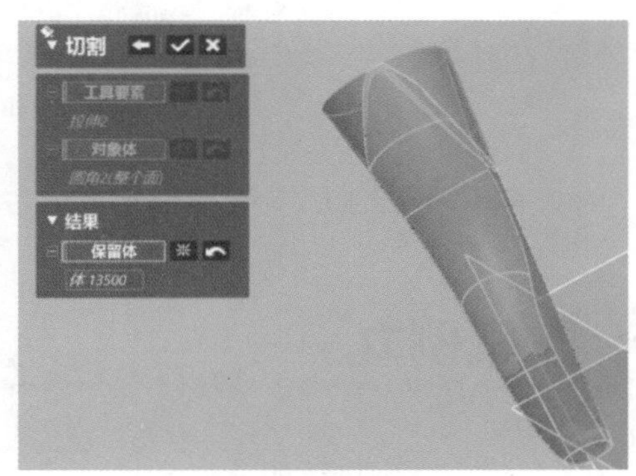

图 9-132　剪切实体

（12）单击“拉伸”命令，选择绘制的草图，拉伸片体的距离超过模型的外形即可。

（13）单击“切割”命令，“工具要素”选取前面拉伸的两个片体，对象体选取数据模型，单击“下一步”，保留体如图 9-132 所示。

（14）单击“圆角”命令，选择“固定圆角”，分别选取数据模型的边线 / 面，创建的圆角如图 9-133 所示。

（15）在 Accuracy Analyzer（TM）精度分析选择“偏差”，在公差 ±0.1 范围内，观察数据模型的精度，如图 9-134 所示。

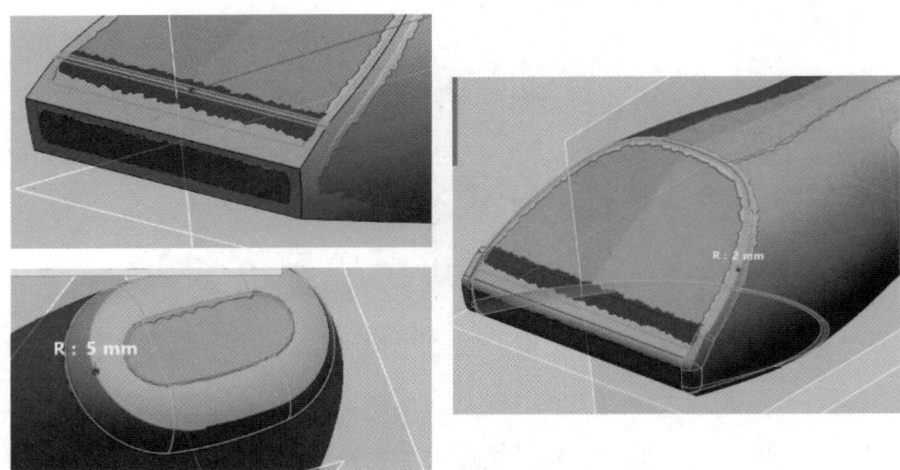

图 9-133 圆角

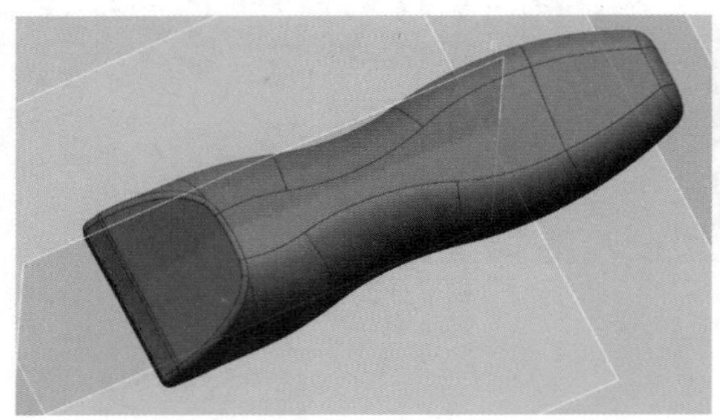

图 9-134 精度分析

（16）单击“输出”，输出格式可选为 stp。

9.9 案例九

案例九模型重构讲解如下：

（1）单击“插入”→“导入”，导入 9.stl 面片文件。

（2）单击工具栏的“领域”按钮，进入领域组模块，弹出“自动分割”领域对话框，“敏感度”设为“50”，单击，完成模型的领域划分，如图 9-135 所示。

（3）单击“面片草图”命令，选取“平面”为领域平面，创建数据面片的轮廓投影范围，参照轮廓绘制草图，如图 9-136 所示。删除三个圆后，退出草图。

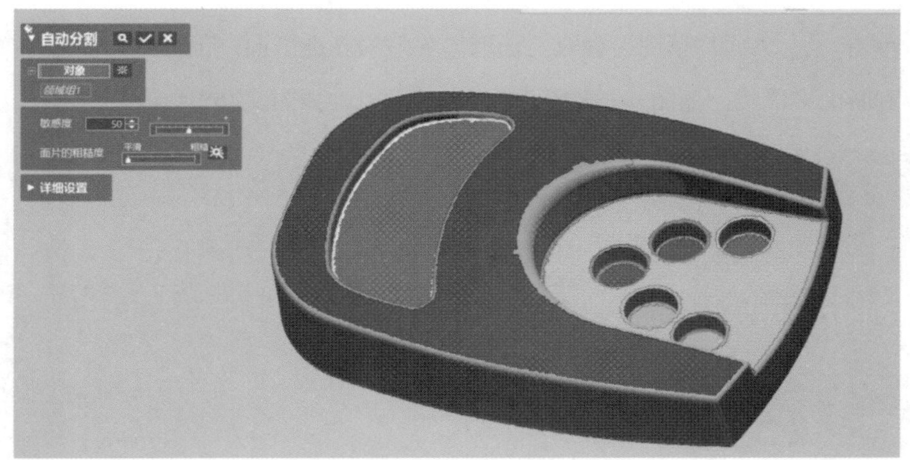

图 9-135　分割领域

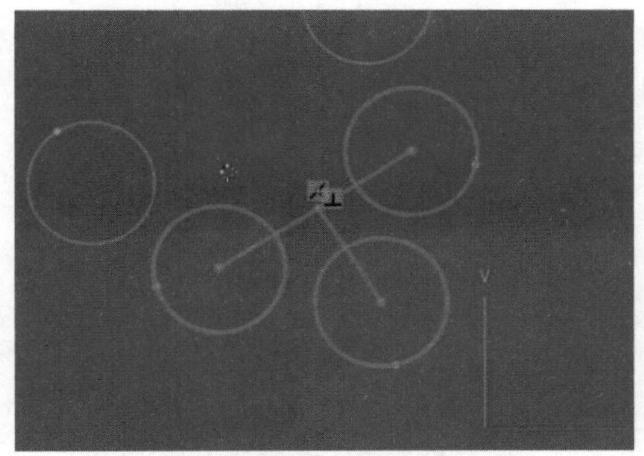
图 9-136　绘制草图

（4）单击手动对齐“手动对齐”命令，单击“下一步”，在“移动”下，选择“3-2-1”，“平面”下选取领域平面，“线”下选取绘制的直线，如图 9-137 所示，单击☑，完成模型的坐标系对准。

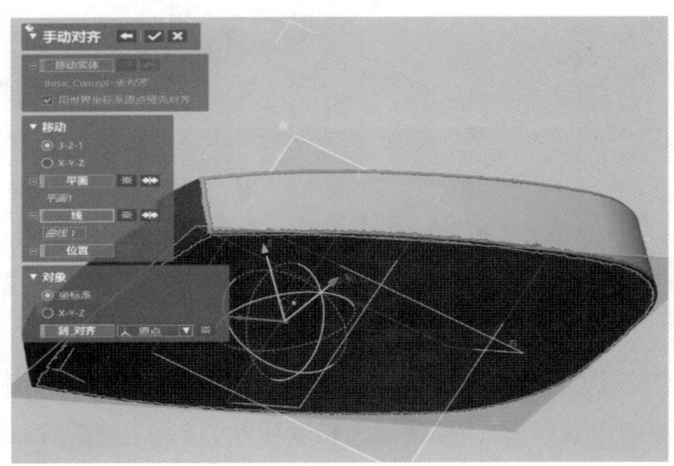

图 9-137　手动对齐

（5）单击“面片草图”命令，选取“前”为基准平面，创建数据面片的轮廓投影范围，得到断面多段线，如图 9-138 所示，绘制草图 1，如图 9-139 所示。

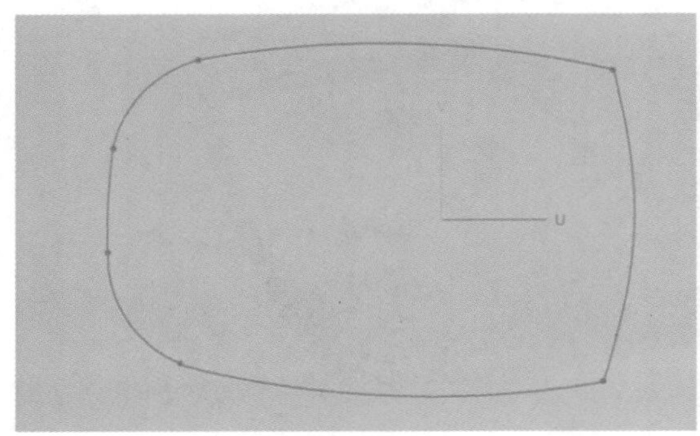

图 9–138　断面多段线

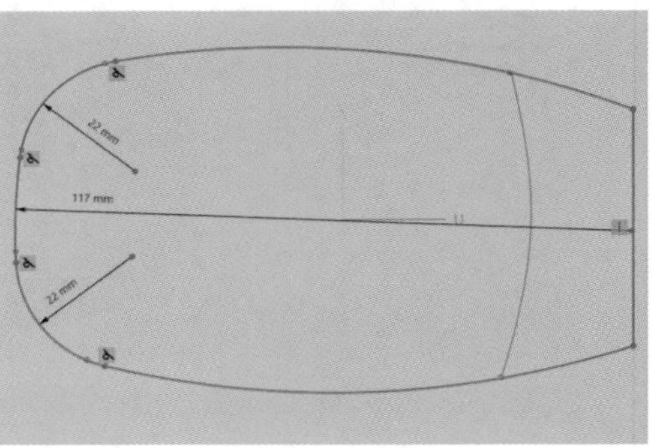

图 9–139　绘制草图 1

（6）单击“拉伸”命令，选择绘制的草图，在“方向”下选取“到领域”，单击✔，完成实体拉伸，如图 9-140 所示。

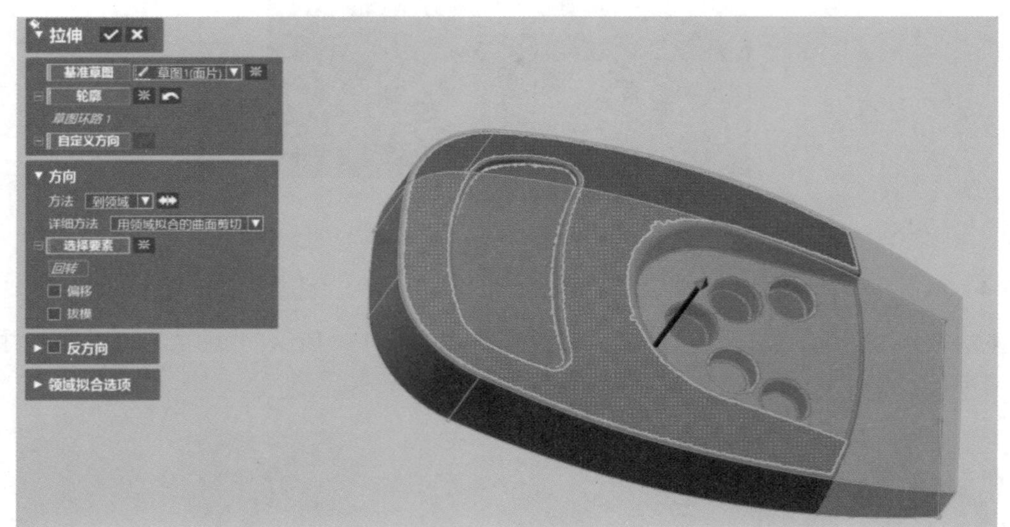

图 9–140　拉伸实体到领域

（7）单击“面片拟合”命令，在“领域”下选择“圆锥”领域，在“分辨率”下选择“控制点数”，“U 控制点数”为“30”，“V 控制点数”为“30”，参数如图 9-141 所示。单击✔，即可完成面片拟合曲面的操作。

（8）单击“切割”命令，“工具要素”选择“面片拟合 2”，“对象体”选择“拉伸 1”，如图 9-142 所示。单击“下一步”，保留体选择主体部分，单击✔，即可完成剪切实体的操作。

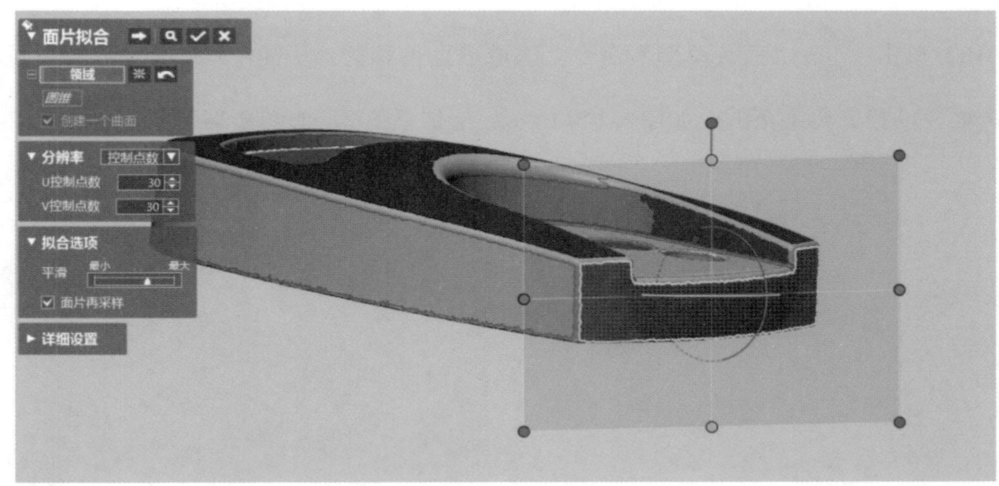

图 9–141　面片拟合

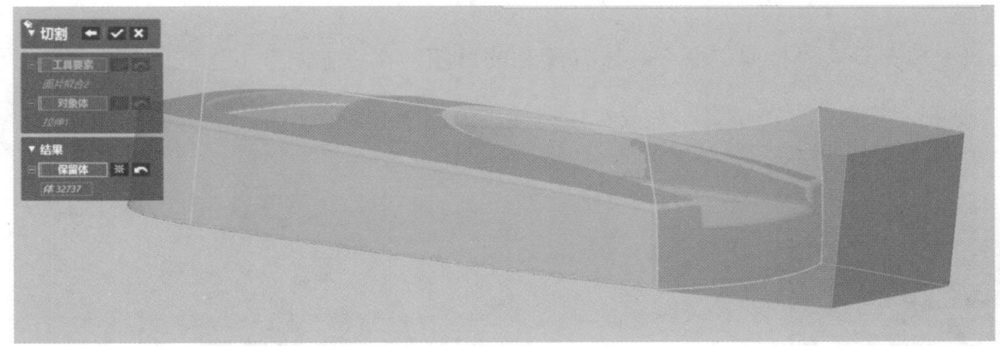

图 9–142　切割实体

（9）单击 平面 “平面”命令，“要素”选取“前”，在“方法”下，选择“偏移”，偏移距离为“40mm”，创建出平面 1，效果如图 9-143 所示。

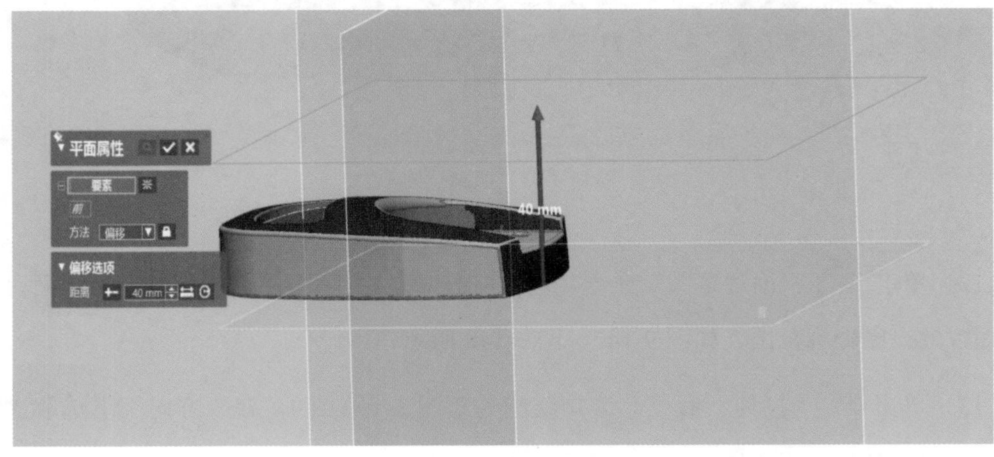

图 9–143　创建平面 1

（10）单击 “面片草图”命令，选取前面偏移的“平面 1”领域为基准平面，创建数据面片的投影轮廓范围，如图 9-144 所示。绘制草图 2，如图 9-145 所示。

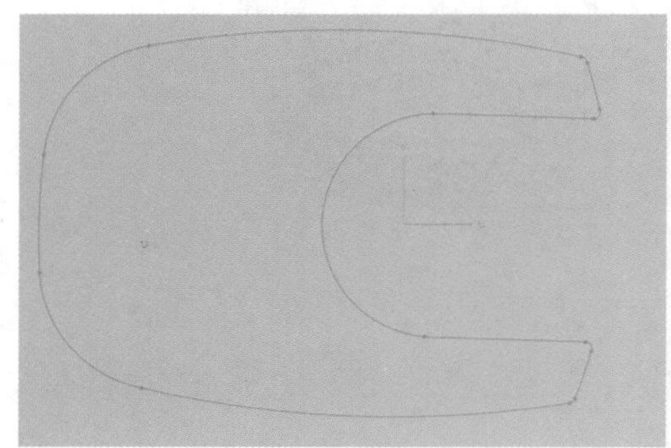
图 9–144　断面多段线

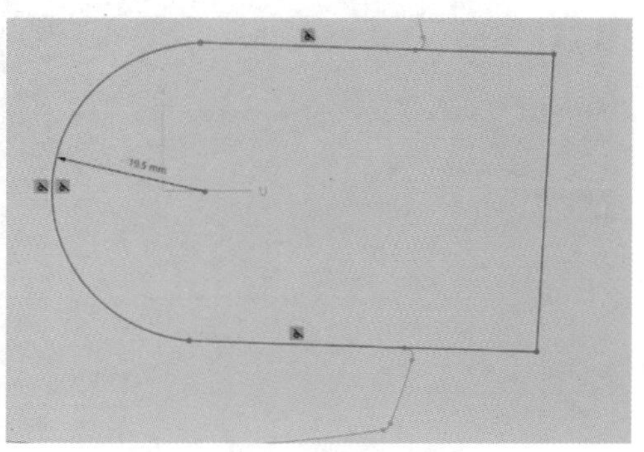
图 9–145　绘制草图 2

（11）单击 “拉伸”命令，选择绘制的草图，在“方向”下选取“到领域”，“结果运算”选择“切割”，单击☑，完成实体拉伸，如图 9-146 所示。

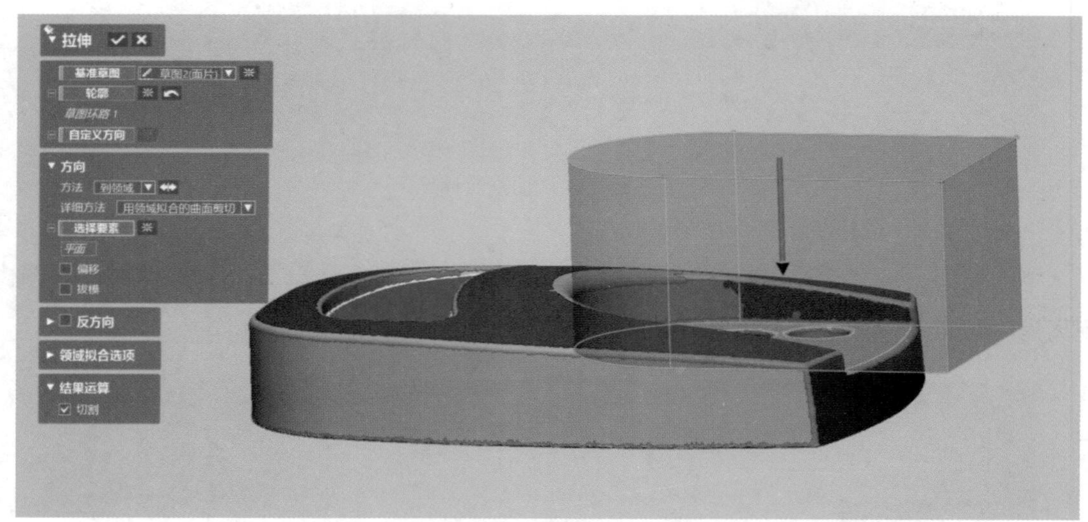

图 9–146　切割拉伸 1

（12）单击 “面片草图”命令，选取前面偏移的“平面 1”领域为基准平面，创建数据面片的投影轮廓范围，如图 9-147、图 9-148 所示。

（13）单击 “拉伸”命令，选择绘制的草图 3、草图 4，在“方向”下选取“到领域”，“结果运算”选择“切割”，单击☑，完成实体拉伸。如图 9-149、图 9-150 所示。

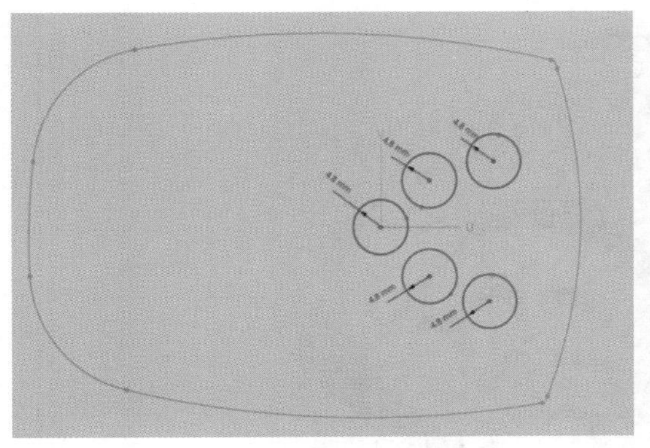

图 9-147　绘制草图 3

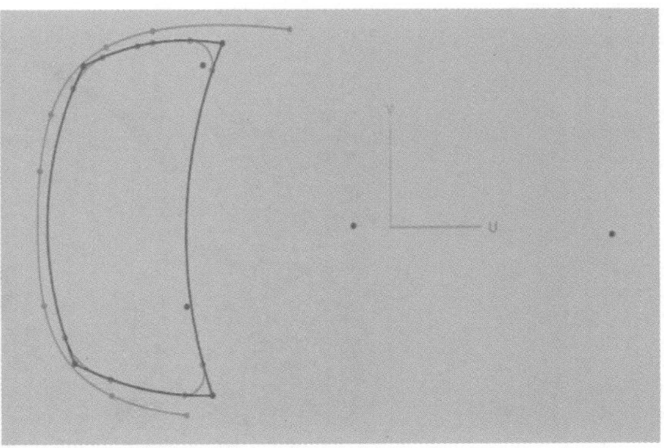

图 9-148　绘制草图 4

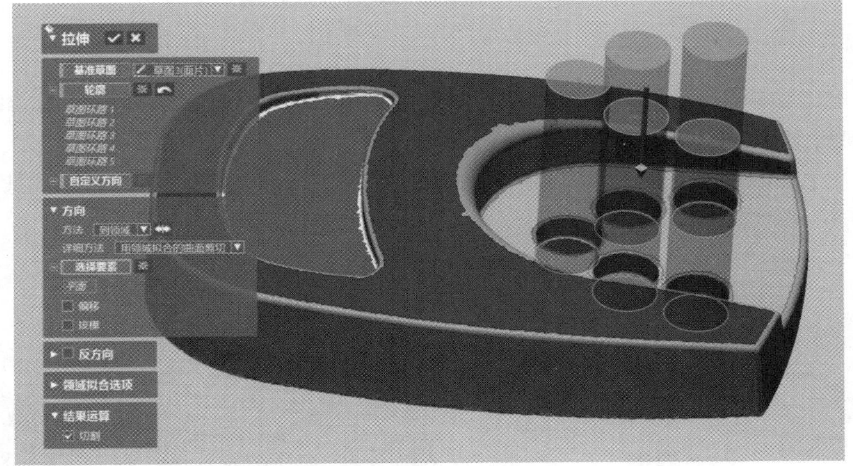

图 9-149　切割拉伸 2

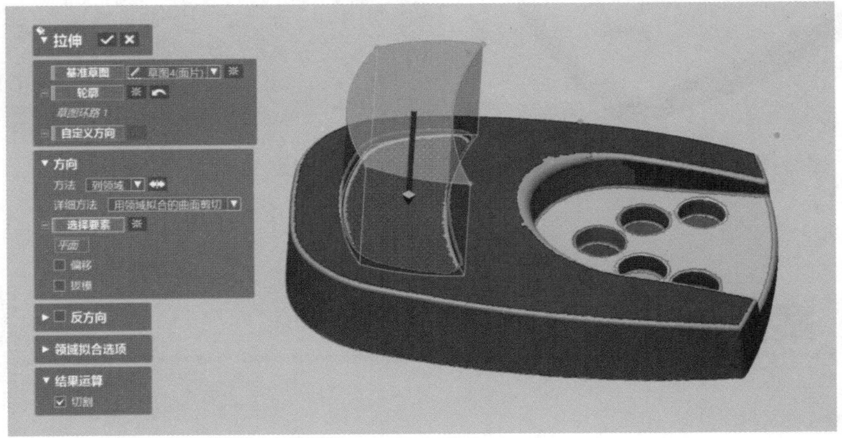

图 9-150　切割拉伸 3

（14）单击圆角“圆角”命令，选择“可变圆角”，选取模型的边线，单击边线，边线呈紫色时，在其中间添加一个点，参数如图 9-151 所示。

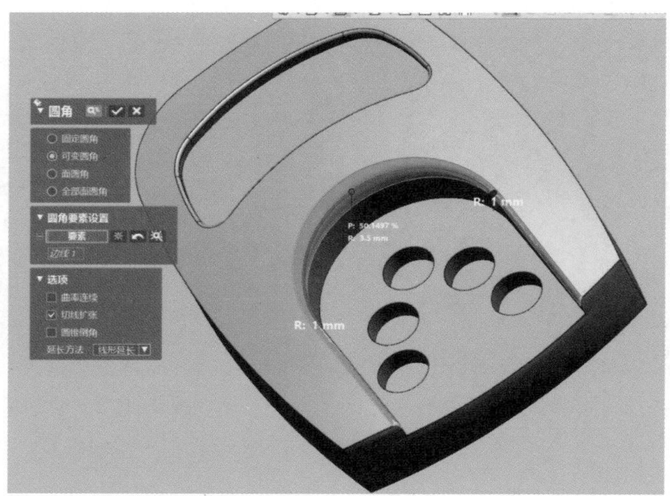

图 9-151 可变圆角

（15）单击 “圆角” 命令，选择“固定圆角”，分别选取数据模型的边线 / 面，创建的圆角如图 9-152 所示。

（16）在 Accuracy Analyzer（TM）精度分析选择“偏差”，在公差 ±0.1 范围内，观察数据模型的精度。如图 9-153 所示。

（17）单击 “输出”，输出格式可选为 stp。

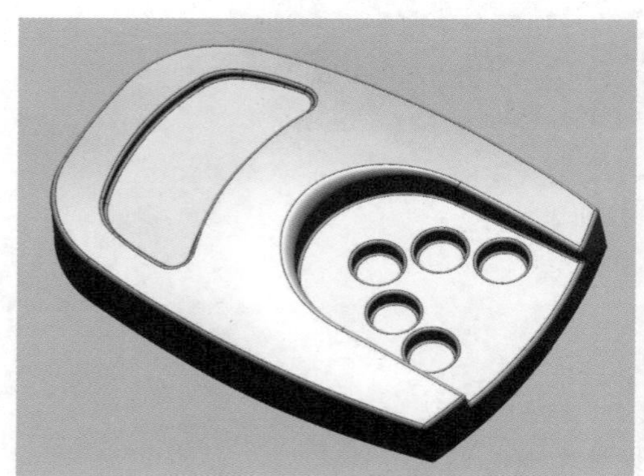
图 9-152 创建圆角

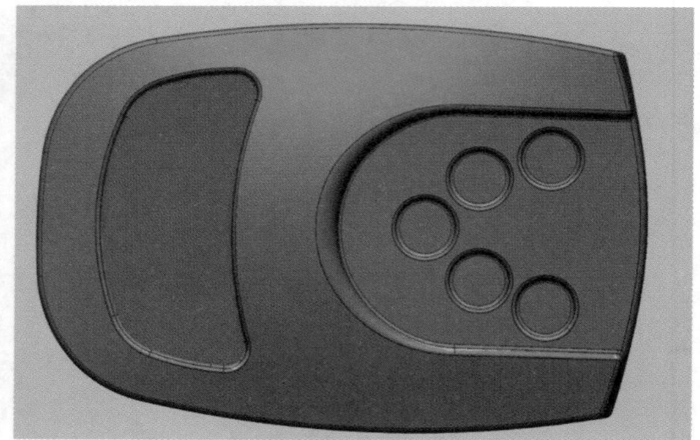
图 9-153 精度分析

9.10 案例十

案例十模型重构讲解如下：

（1）单击“插入”→“导入”，导入 10.stl 面片文件。

（2）单击工具栏的 领域（领域组），进入领域组模式，弹出“自动分割”领域对话框，在敏感度下输入“30”，完成面片的领域分割，如图 9-154 所示。单击领域组图标，退出领域组模式。

（3）单击 “平面”命令，“要素”选取 5 个“平面”如图 9-155 所示，创建出平面 1。

图 9-154　分割领域

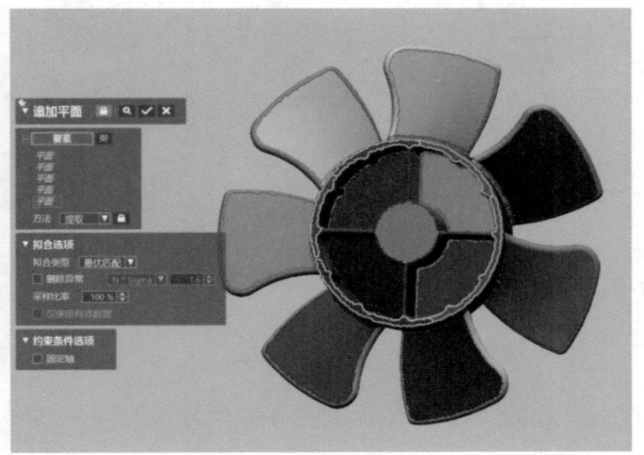

图 9-155　平面 1

（4）单击 “面片草图”命令，选取前面创建的“平面 1”领域为基准平面，创建数据面片的投影，如图 9-156 所示。在草图工具栏中，选择“圆”来拟合出模型中圆，选择“直线”绘制出一条与圆相交的直线，如图 9-157 所示。然后删掉圆。

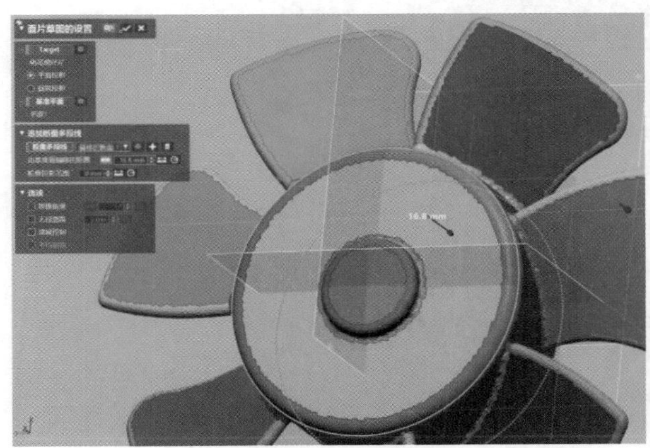

图 9-156　面片草图

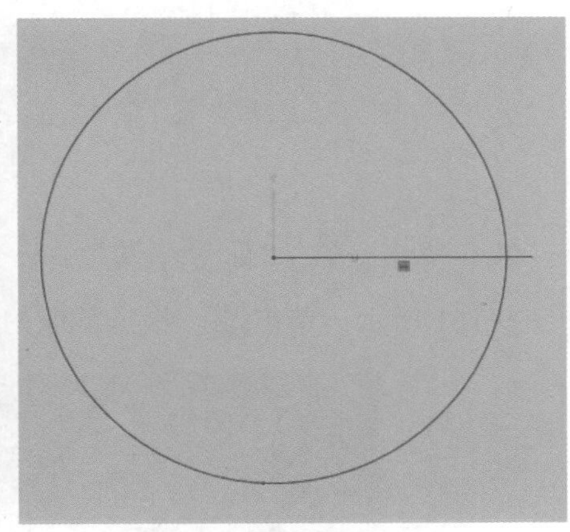

图 9-157　草图绘制

（5）单击 “手动对齐”命令，单击“下一步”，在“移动”下，选择“3-2-1”，“平面”下选择底面的“平面 1”，“线”下选择绘制的直线，单击，完成模型的坐标系对准，可将视图模式翻转观察，均对准无误，效果如图 9-158 所示。

（6）单击 “面片草图”命令，选取“前”为基准平面，创建数据面片的轮廓投影范围，绘制草图，如图 9-159 所示。

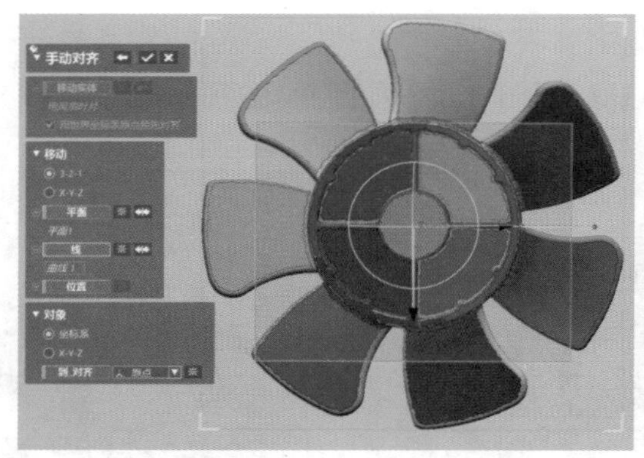

图 9–158　手动对齐

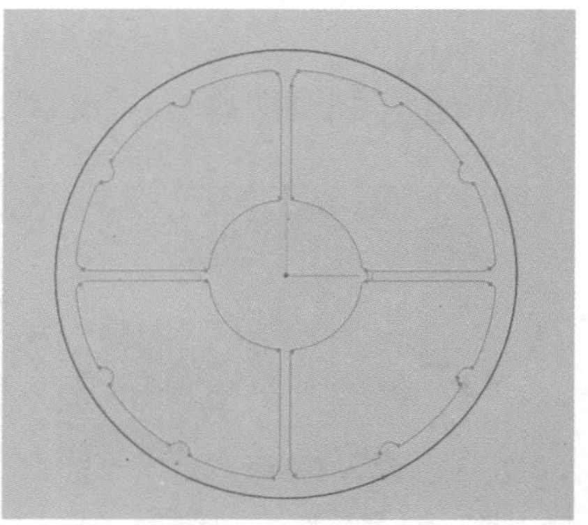
图 9–159　绘制草图

（7）单击“拉伸”命令，选择绘制的草图，在“方向”下选取“到领域”，“选择要素”选择“平面”，如图 9-160 所示。

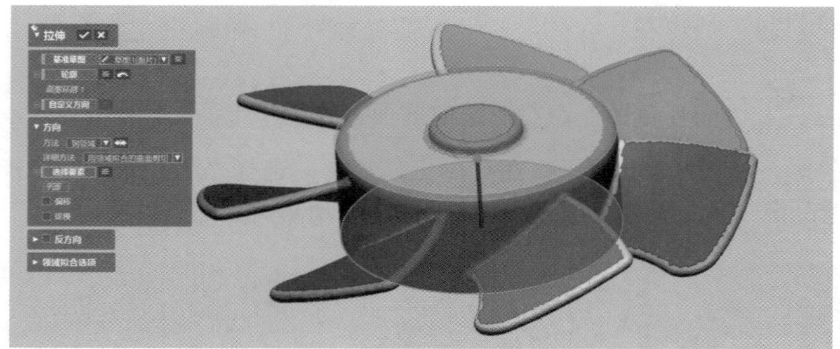

图 9–160　拉伸实体

（8）单击“面片草图”命令，选取“前”为基准平面，偏移距离为“2.2mm”，如图 9-161 所示。单击✓，根据截取的粉色轮廓线来绘制草图，如图 9-162 所示。

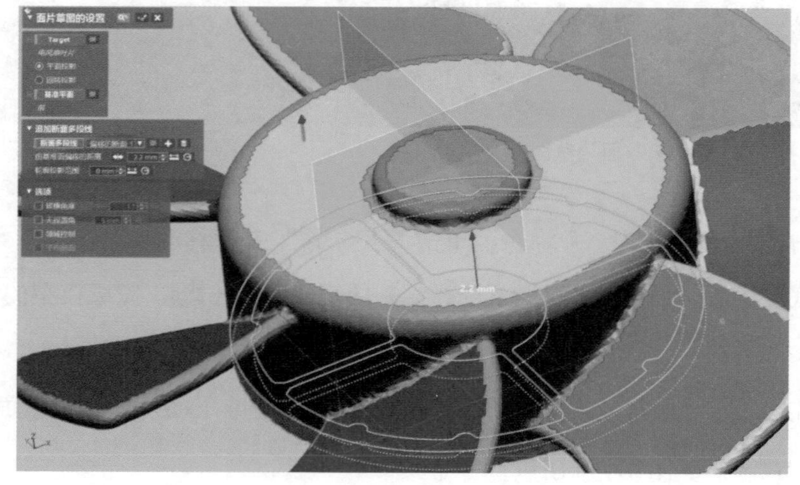

图 9–161　面片草图

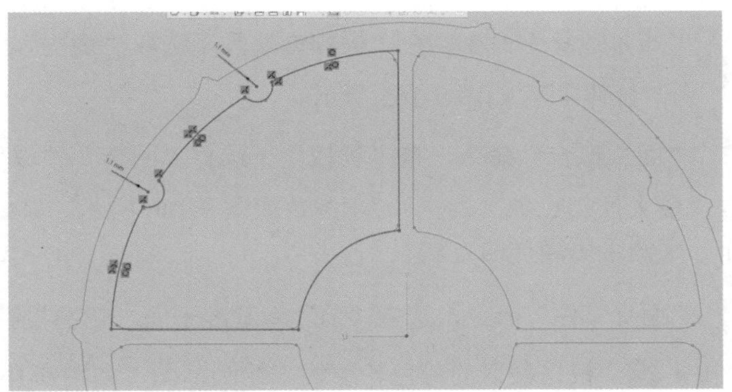

图 9-162　绘制草图

（9）单击 “拉伸” 命令，选择绘制的草图，在“方向”下选取“到领域”，选择“平面领域”，在“反方向”下选取距离为“8.15mm”，如图 9-163 所示。

（10）单击 “圆形阵列” 命令，选择拉伸体，在“回转轴”下选取“圆柱”领域，在“要素数”下填 4，“交差角”为 90° 如图 9-164 所示。

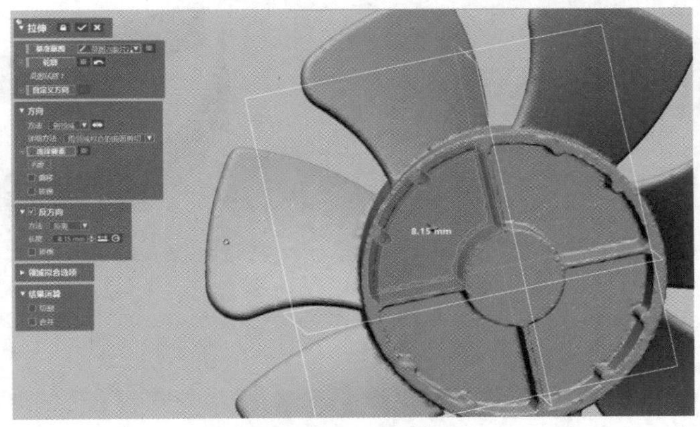

图 9-163　拉伸实体

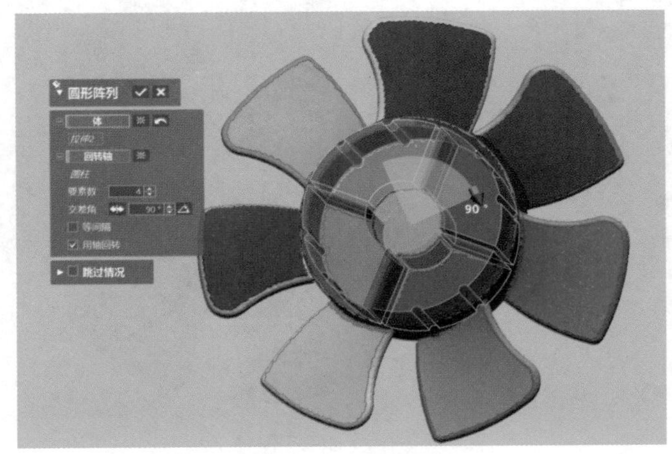

图 9-164　圆形阵列

（11）单击“布尔运算”命令，在“操作方法”下选取“切割”，“工具要素”选择阵列体，“对象体”为“拉伸 1”，如图 9-165 所示。

（12）单击“面片拟合”命令，在“领域”下选择“回转”领域，在“分辨率”下选择“许可偏差”，“最大控制点数”为“50”，参数如图 9-166 所示。单击☑，即可完成面片拟合曲面的操作。底侧采用同样的方法。

（13）单击“面片草图”命令，选取“前”为基准平面，轮廓投影范围“53.5mm”，如图 9-167 所示。单击☑，根据截取的粉色轮廓线来绘制草图，如图 9-168 所示。

（14）单击“拉伸”命令，选择绘制的草图，在“方向”下“方法”选取距离，“长度”为“34mm”，如图 9-169 所示。

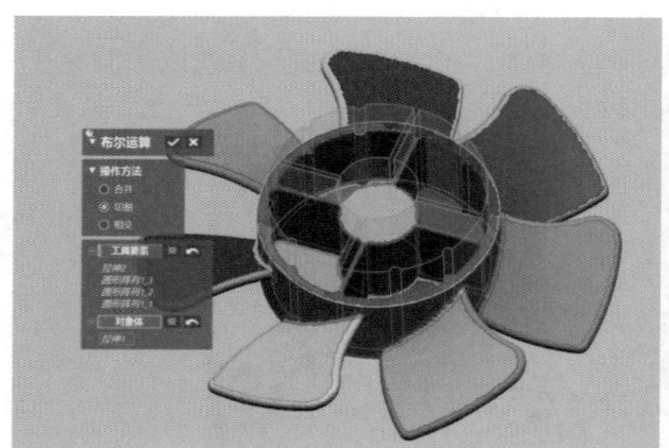

图 9–165　布尔运算

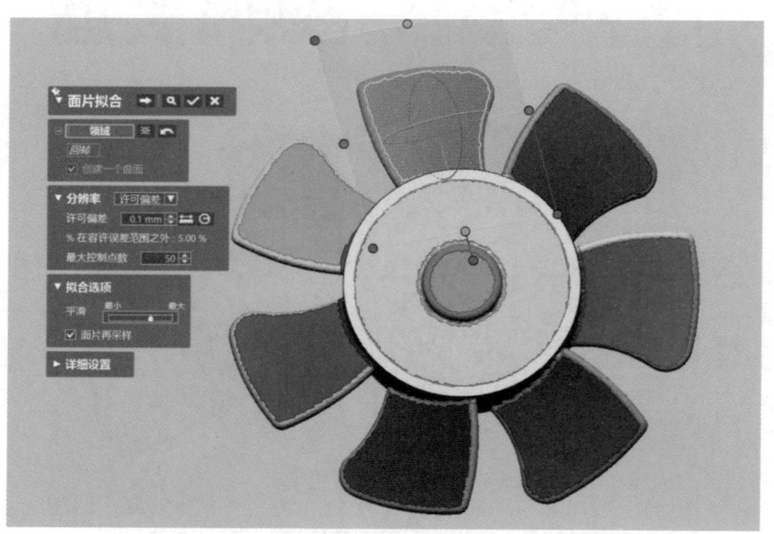

图 9–166　面片拟合

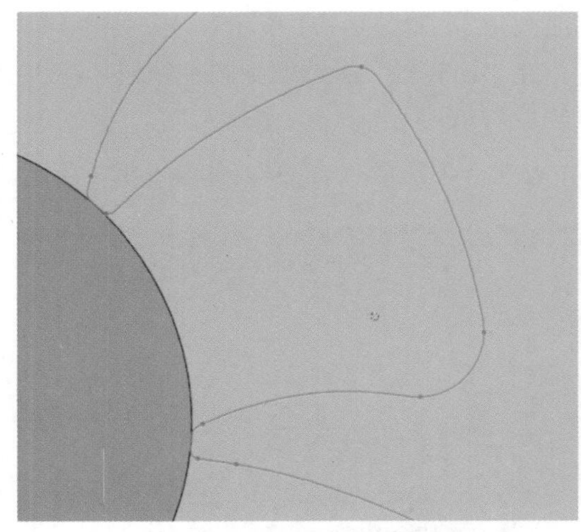

图 9-167　断面多段线

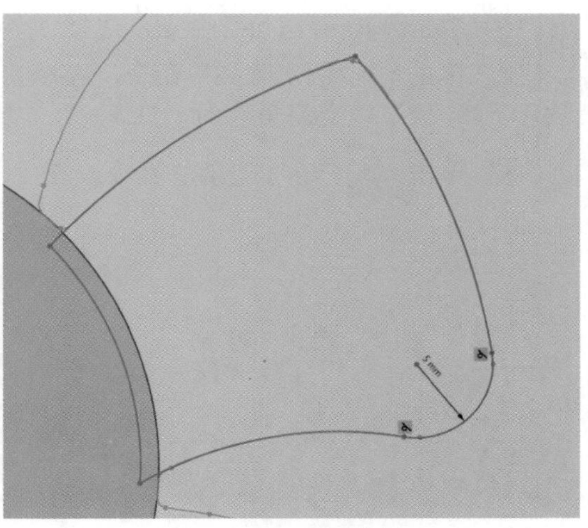

图 9-168　绘制草图

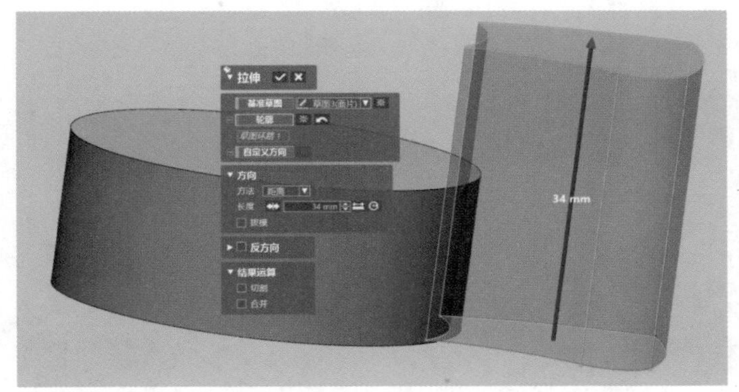

图 9-169　拉伸实体

（15）单击切割“切割”命令，“工具要素”选择“面片拟合 1、面片拟合 2”，“对象体”选择“拉伸 3”，单击“下一步”，保留体选择主体部分，单击✔，即可完成切割实体的操作，如图 9-170 所示。

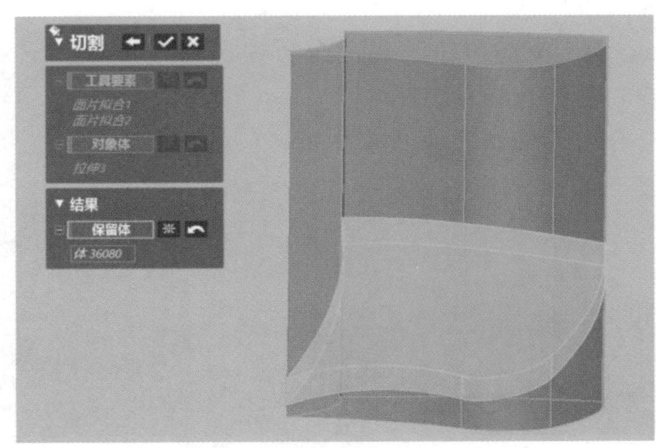

图 9-170　切割实体

（16）单击 圆角 “圆角”命令，选择“全部面圆角”，如图 9-171 所示。

（17）单击 “圆形阵列”命令，选择叶片，在“回转轴”下选取到圆柱领域，在“要素数”下填“7”，“交差角”为“51.4° ”，如图 9-171 所示。

（18）单击 布尔运算 “布尔运算”命令，在“操作方法”下选取“合并”，如图 9-173 所示。

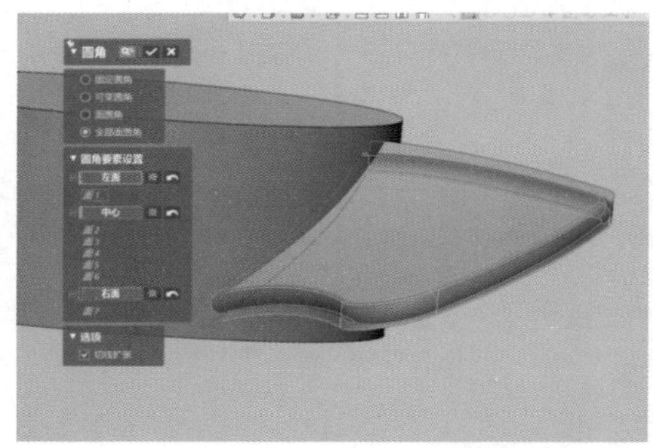
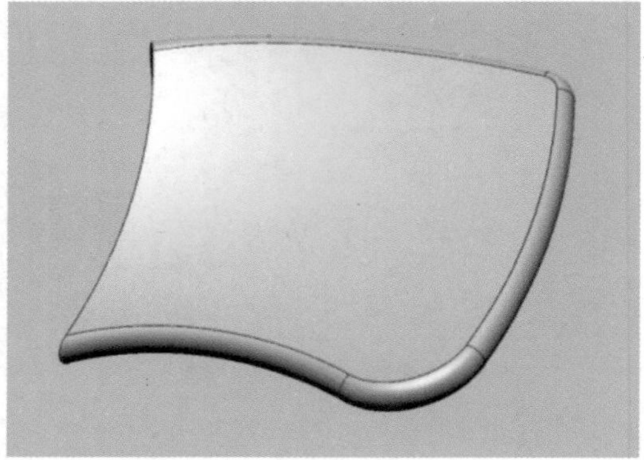

图 9–171　全部面圆角

图 9–172　圆形阵列

图 9–173　布尔运算

（19）选取顶平面领域创建面片草图，如图 9-174 所示。进行拉伸合并，如图 9-175。

（20）单击 圆角 “圆角”命令，选择“固定圆角”，分别选取数据模型的边线 / 面，创建的圆角如图 9-176 所示。

（21）在 Accuracy Analyzer（TM）精度分析中选择“体偏差”，在公差 ±0.1 范围内，观察数据模型的精度，如图 9-177 所示。

（22）单击 “输出”，输出格式可选为 stp。

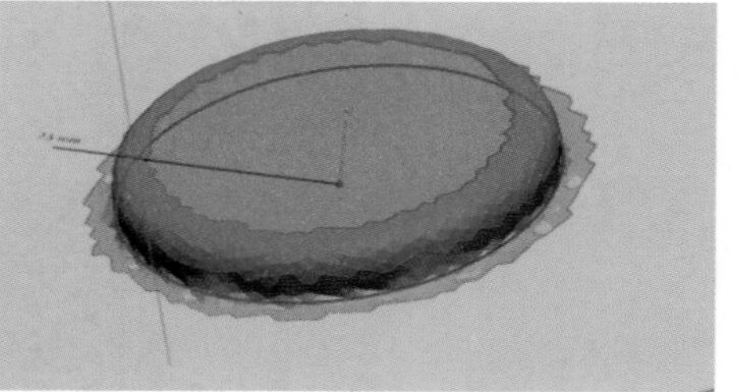

图 9–174　绘制草图

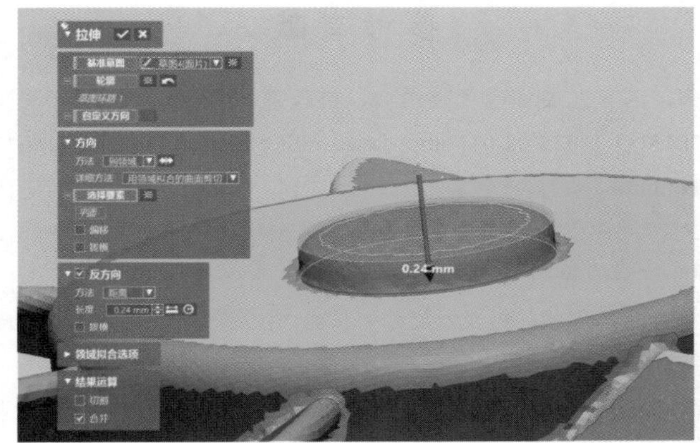

图 9-175　拉伸合并

图 9-176　创建圆角

图 9-177　精度分析

参考文献

[1] 工业和信息化部，国家发展和改革委员会，财政部. 国家增材制造产业发展推进计划（2015—2016年）. 工信部联装[2015]53. [2015-02-01]. http://www.miit.gov.cn/n1146285/n1146352/n3054355/n3057585/n3057590/c3617927/content.html.

[2] 2015年中国3D打印行业市场现状及未来发展趋势分析. 中国投资咨询网. [2015-9-01]. http://www.chyxx.com/industry/201509/345463.html.

[3] 2016年中国3D打印市场现状分析及发展趋势预测. 中国产业信息网. [2016-9-01]. http://www.chyxx.com/industry/201606/426190. html.

[4] 刘然慧，刘纪敏. Geomagic Design X逆向建模设计实用教程. 北京：化学工业出版社，2017.